解決問題的人

See, Solve, Scale

布朗大學改變世界的商業思考

How Anyone Can Turn an Unsolved Problem into a Breakthrough Success

丹尼・沃謝
Danny Warshay

陳芙陽——譯

獻給我的家人，尤其追憶我的父親。

缺乏行動的願景只是夢想，少了願景的行動只是時間的流逝，付諸行動的願景則可以改變世界。

——前南非總統／納爾遜・曼德拉（Nelson Mandela）

前言 …… 009

Part 1
創業是一種進程，而不是精神

Chapter 1
結構化企業進程的博雅教育根源 …… 025

Chapter 2
缺乏資源的好處 …… 033

Part 2
「洞察、解決、擴展」的企業進程

第一步驟：洞察

Chapter 3
找尋並驗證尚未滿足的需求 …… 068

CONTENTS

第二步驟：解決

Chapter 4
制定價值主張——心態準則 096

Chapter 5
發展價值主張——技巧 129

第三步驟：擴展

Chapter 6
創建永續模式 165

Chapter 7
創建永續模式——壯大團隊 249

Chapter 8
創建永續模式——籌募金融資源 288

Part 3

投售簡報

Chapter 9
三份相關的投售文件 …… 319

Chapter 10
需要避免的投售錯誤 …… 331

Chapter 11
說服性溝通 …… 352

結語 …… 362

致謝 …… 374

前言

食物短缺、文盲、教育機會不均、氣候變遷、中東暴力衝突、貧窮、疫情——一個社會當中，這些都是我們所要面臨的難題，此外還存在許多急需解決的問題。身為一個消費者，我們每天也在面對各種問題，像是睡眠，以及令人困惑的飲食選擇等等。而在大公司或其他穩固的組織裡，我們面對的難題在於「長期以同樣的方式行事、無法創新，和瀕臨淘汰的風險」。至於那些我們一心仰賴、期待可以解決這些難題的科學家們，則因為常規的研究方式不再能創造出大家期望的突破，而教人深感挫折。此時，我們必須比以往更把自己視為一個解決問題的「創業者」，就算我們都曾因為缺乏信心和訓練而退縮不前，仍要設法增進自己的能力，開發出具有影響力且大格局的解決方案。本書的基礎精神是：只要擁有正確的工具，人人都可以成為創業家和解決問題的人；而不是要造就那些符合創業神話，在獨角獸的狩獵中，不受規則束縛的傳奇英雄。我撰寫這本書的目的，是想為所有不符合傳統印象、認為自己不是創業家的人建構必須具備的能力。這並不表示這個過程十分容易，它很有挑戰性，可能讓人備感挫折，甚至令人膽怯，最終也不保證成功。但是，指導過成千上萬名學生創業的教學經驗告訴我，社會上仍存在廣大且尚未開發的創業階層，他們因為傳統創業領域的強烈偏見而受到忽視。同時，這本書也希望解決所有創業家都會面對的一個問題：經常依賴本能和直覺行事。透過結構化的進程，可以讓他們的生活變得更輕鬆、更有效率，創業也會更加成功。

正如所有新產品都需要提供有別於競爭對手的特點，「洞察、解決、擴展」所講述的創業方法，著重的是以下三個面向：

- 以**「解決問題」的結構化進程**傳授創業力，使用人類學的研究方法來找出需要解決的問題。這種思考可以預防創業家發展出問題重重的解決方案，並犯下昂貴且致命的錯誤。
- 以**「博雅教育」的技巧**傳授創業力。核心精神如同其他院校也存在的博雅教育（Liberal arts）[1]＊，但我會針對各種類型的背景調整課程，從典型的新創公司、成熟企業，到非營利機構和政府組織，甚至像學術研究實驗室等較為特殊的環境，也都能夠應用。我大學的時候研究的是歷史，但我並沒有成為一名歷史學家，所以學習科學的方法，也不見得會讓人成為一名科學家。然而，我曾以各種意想不到的方式，運用到我的歷史訓練，所以學習科學的學生，也一樣可以運用自己的訓練。「洞察、解決、擴展」的創業方法已培養出許多傳統的創業家，本書會在後續的章節裡提及當中的一些人士；此外，這套進程也將為那些身在安穩的組織環境、認為自己不會成為一個創業家的人，建構必備的能力。

- 以嚴謹的科學調查作為基礎，透過我個人以及許多人的創業經驗，提供讀者往成功邁進的活力。這種以**調查作為後盾的實踐**，源自我兼具創業家和教師的雙重角色。

一旦了解「洞察、解決、擴展」是怎樣發揮作用的，你就會知道：「誰可以成為創業家」這樣的傳統觀念是非常狹隘的。如果各位是我說的「創業黑馬」，就可借此擺脫自我懷疑的束縛，並獲得一個經過實證、能協助駕馭這套創業方法的系統；如果各位是投資者，就會開始發掘一些你的競爭對手可能永遠不會考慮到的潛在創業群體。而在這個過程中，你將會學到：

- 創業家**不需要豐富的資源**。事實上，在創業初期，缺乏資源可以成為一種優勢，豐富的資源往往會成為一種負擔。看完本書，你將不會擔心自己沒有足夠的金錢、專業技能、教育或是出身背景；若是你恰巧擁有豐富的資源，則將學會如何避免讓資源對你造成阻礙。

＊ 以[]標註的編碼為中文版註釋，詳見第三七七頁。

- **沒有「適合創業的心理類型」**，例如：你不必是個外向的人。事實上，內向人士的創新策略，往往會幫創業團隊帶來超乎比例的價值。我即將分享的研究證實中，「多樣性」就是一個成功的創業團隊所具有的關鍵特徵。而不同的人格類型則是多樣性的重要元素，因為彼此的互補，可以為團隊帶來更大的成功。各位將不再因為自己的性格與刻板印象中的創業家不同，而感覺創業遭到阻礙。
- 創業家**不必來自「正確的群體」**，你不用來自矽谷，也不必來自已開發國家或是頂尖大學，更不必符合性別和種族的刻板印象。但就我所知，創投資金只有2.3％落在女性手中[1]*，只有1.5％提供給拉丁語系的創業人士[2]，只有1％提供給黑人族群[3]，在這種現實情況下，我的說法可能會顯得無比天真。芭努・歐茲卡贊–潘恩（Banu Ozkazanc-Pan）和蘇珊・克拉克・蒙汀（Susan Clark Muntean）是我布朗大學的同事，在他們的共同研究中，說明了這個無比慘淡的分配比例，進而作出「投資者在決定投資的對象時，極有可能仰賴刻板印象」的結論[4]。但這樣的做法是可以改變的，而且也應該改變。儘管性別歧視、種族主義和無意識的偏見時常存在這些數據之中，但鼓舞人心的消息是，只要從「個人所在的群體」和你的「人脈強力連結」以外的地方招募到多樣化的團隊成員，就比較有可能成功創業。
- **成功的創業家不一定是從零開始發明、創造**，也可以基於先前的創意，將既存的模式轉換到新的環境中。如果你因為自己目前的技術、設計或創意技巧的水平不夠而無法創業，甚至裹足不前，這個要領將為各位帶來前進的力量。

儘管每個創業家的資源、性格和背景都各不相同，但我仍想在此提醒一些可能造成不利情勢的常見創業傾向。諾貝爾獎得主丹尼爾・康納曼（Daniel Kahneman）和阿默思・塔伏斯基（Amos Tversky）在兩人促進行為經濟學發展的開創性研究中證實，我們「帶有偏見的直覺」會導致錯誤判斷。康納曼的文章指出，他們「記錄了一般人思考上的系統錯誤，並追溯到這些錯誤是源於認知機制的設計，而不是情緒造成的思想敗壞」[5]。換句話說，身為人類，即使自認具備理性和邏輯，我們的判斷力還是會受到意識以外的事物影響。因此，在創業過程的各個關鍵時刻，我會提醒各位，有時完全依賴直覺是錯誤的，這將導致以下常見的判斷失誤：

- 逾半數的創業團隊是由朋友和家族成員組成的，儘管研究顯示，這樣的團隊比較不可能成功。

＊ 未以[]標註的編碼為原書註解，詳見第三八三頁 **QR Code**。

- 找尋和招募團隊成員時，你可能會想從關係密切的人脈網絡中去挖掘，但最好還是起用「弱連結」而不是「強連結」的人士。
- 即使在多樣化的團隊中，許多人還是專注在彼此的共通點，而不是善用多樣化的專長和洞察。
- 「過度熟悉」可能導致我們忽略事後看起來很明顯的事物。
- 解決問題的熱忱可能導致我們過早聚焦在一個潛在的解決方案，而不是形成一個選項組合。
- 我們過度依賴「公司免疫系統」（Corporate Immune Systems，詳見第四章），但它排斥的不只是實際的威脅，還有足以與既存的運作方式一較高下的可貴創新。
- 儘管如先前提及，資源短缺有其好處，但由於我們往往認為愈多愈好，就會持續抓緊、一再貪求和不斷累積資源。
- 我們苦於「固著心態」——這是一種讓人無法以新方式運用事物（像是物品、想法和服務）的認知偏見或心理障礙，而這往往限制了我們看出問題解決方案的能力。[6]
- 在創造的過程中，我們傾向增加而不是減少，但前者通常會使產品變得更加複雜，後者卻經常能夠產生更簡單且更好的解決方案。
- 同時，許多創業家很難放大格局思考，因為他們相信，要減少不可避免的創業風險，就必須讓它保持小規模、井然有序、容易掌握。但這種傾向會阻礙長期的擴展。

- 個人和組織對於失敗的抗拒，限制了我們學習、迭代（Iterate）[2]和改進的本領，也降低了放大格局思考的能力。

這些「人為疏失」的影響極為強大，所以我在「洞察、解決、擴展」的每一個步驟中，都設立了「警告」標示，協助大家辨識並避免這些常見的絆腳石。

我在讀大學的時候，就開始發展「洞察、解決、擴展」的創業方法。我和布朗大學的一群同學，為了解決上班族在「資料收集」和「資料管理」上會遇到的難題成立了一家軟體新創公司，該公司後來賣給了Apple。跟各位一樣，我當時是個徹底的創業新手，但發現自己愛上了學習和創業的所有步驟。我在哈佛商學院和P&G學習並精進了品牌管理的知識，又花費了數年的時間創辦、發展和收集包含軟體、先進材料、消費品及媒體等各領域的新創產業的相關經驗。

不管講授什麼樣的內容，都需要專注它的本質。因此，我透過近十六年的時間，對布朗大學近三千名修習博雅教育的學生、耶魯和特拉維夫大學的MBA學生，還有世界各地的企業，以及非營利組織和政府專業人士，指導「洞察、解決、擴展」的創業方法，得以琢磨出這一整套進程。迄今，這套進程已產生了許多成功的經典新創公司，讓這些創辦人獲得了數百萬美金；同時也在非營利的領域以及其他出乎意料的環境中，造就許多成功的事業。這些創業家在食物浪費、亞馬遜森林砍伐、文盲、中東脫離石油倚賴的經濟轉型等重大問題上，建立了卓越的解決方案。如同我在布朗大學的同事、生態學教授史蒂芬．波德（Stephen Porder）所說的：「我整個學期都在用氣候危機、飢荒、旱災、污染等環境問題讓學生意志消沉，丹尼，接下來就交給你了，讓他們學會如何**解決這些問題**。」

撰寫《解決問題的人》的時候，整理與採納這些方法的同時，我自己也受益良多。多年來，在實踐和傳授創業方法的過程中，我發現了一個重要的問題：許多有志創業的群體都需要一套方法，來協助他們解決隨之而來的問題（**第一步驟——洞察：尋找跟驗證尚未滿足的需求**）。我所開發的這套結構化「洞察、解決、擴展」創業方法，過去是在每一個新的班級、約四十名學生之間小規模地進行（**第二步驟——解決：制定價值主張**）。後來，許多學生敦促我寫下這本書，將這個方法分享給數百萬名、甚至不知道自己能成為創業家的「立志解決問題的人」，作為第三個關鍵步驟（**第三步驟——擴展：創建永續模式**）的實踐。

有眾多創業者從這套進程中受益，我將在後面的章節中，詳述其中一些創業家的經典案例：

- 班恩・崔斯勒（Ben Chesler）在得知我們每年浪費數十億磅重的食物後，他心煩意亂。既然這麼多人都在挨餓，大家怎麼能扔掉這麼多完全沒問題的食物？於是他把沮喪化為動力，成立了 Imperfect Foods，這家公司試圖替「醜陋」的農產品找到歸宿，以低於雜貨店三成的價格從農場直送消費者家門，藉此對抗食物的浪費。班恩和他的團隊讓 Imperfect Foods 從新創企業發展成一家有創投資金支持的繁榮公司，達成了超過兩億五千萬美金的銷售額，還減少了超過一億五千萬磅的食物浪費。
- 當葛文・穆高迪（Gwen Mugodi）得知，祖國辛巴威和鄰近非洲國家的兒童因為母語讀物短缺而很少有機會學習閱讀，她沮喪地搖搖頭。現在，她藉由自己的新創企業 Toreva 出版母語讀物，開始教導非洲兒童閱讀。
- 泰勒・蓋奇（Tyler Gage）、丹恩・麥康比（Dan MacCombie）、蘿拉・湯普森（Laura Thompson）、查理・哈汀（Charlie Harding）和艾登・范諾朋（Aden Van Noppen）等人為厄瓜多農民普遍的低薪情況，以及該國砍伐亞馬遜森林、毀壞農民土地等問題感到震驚，於是他們聯手創辦了 RUNA 飲料公司。這家公司以公平的薪資幫助厄瓜多農民改善生活，也進而協助亞馬遜重新造林。他們從投資人手上籌募到超過兩千五百萬美金，並在公司創辦十年後，賣給美國的 Vita Coco 飲料公司。

- 史考特・諾頓（Scott Norton）不懂美國人為何痴迷於各式各樣的芥末醬，卻只習慣一種品牌的番茄醬[3]。他創辦了Sir Kensington's condiment company，以更好的風味、更加個人化的選擇來填補這個品類的缺口，該公司後來以一億四千萬美金的價格賣給了英國的Unilever[4]。
- 路克・薛文（Luke Sherwin）對床墊購買過程中的各個環節產生疑問，於是找人共同創辦了Casper Sleep，該公司改造了床墊產業，現在更成為一家上市公司，創造逾四億美金的年度營收。

這些創業家「非經典」的部分是，他們都是我博雅教育課堂上的學生，或是曾在我們的創業中心學過「洞察、解決、擴展」這套創業方法。

此外，還有背景更加廣泛、更令人意想不到的創業家在我的研討會中學習過這套進程，他們活躍於美國各地的企業、非營利組織、學術機關和政府單位，同時也投身於中國、埃及、葡萄牙、巴林、斯洛伐尼亞、南非、約旦、巴勒斯坦、以色列、英國、牙買加等世界各地的創業活動，以下是其中幾位代表性人物：

- 米凱・韓德勒（Micah Hendler），他是和平組織「和平種子」（the Seeds of Peace）的創始成員，他認為，如果以色列和巴勒斯坦的青少年能夠一起歌唱，就能一起生活，於是建立了「以色列／巴勒斯坦耶路撒冷青少年合唱團」。

韓德勒學會「洞察、解決、擴展」創業方法，得以放大格局思考，並擴展視野，成立了 Raise Your Voice Labs[5]。

- 埃及國會議員梅伊·艾巴崔恩（May El Batran）和美國駐巴林大使館的美國國務院行政主管丹恩·史托安（Dan Stoian）不約而同地看出，有必要指導中東國家的公民創業，以解決各國的經濟和社會問題。他們邀請我組織「洞察、解決、擴展」的創業方法研討會，作為促進經濟發展的催化劑。我和梅伊在二〇〇八年開始帶領這個埃及最初的創業訓練課程，當時的阿拉伯語中幾乎沒有「創業」一詞，經濟更受到嚴格控制，這些課程都必須經由商務部核准才能進行。如今，當時的學員都成了社會創業和其他深具影響力運動的領導人士。現在，我每年都會回去 RiseUp[6] 帶領研討會，這是中東地區最大的創業高峰會，吸引中東成千上萬的創業家參與。
- 天主教執事派屈克·莫尼漢（Patrick Moynihan）在海地成立了路弗圖克利瑞學校（Louverture Cleary School），為極為貧苦的海地年輕人提供教育。派屈克在這個可以說是上帝傑作的學校中，傾注了他三十年的靈魂，在使用「洞察、解決、擴展」的創業方法後，開始把他的事業擴展成十家免學費的寄宿學校體系，每年不僅為三千六百名學生提供優質教育，還為一千兩百名校友提供大學獎學金。

- 包括美國CVS連鎖藥局、三角洲牙科保險（Delta Dental）、南非一家大型家族洗髮精製造商，以及斯洛伐尼亞硬體製造商等多家老牌公司，都渴望能找到方法，重拾多年前創辦公司時的活力與熱情，他們全都運用了這套進程，來克服公司革新的阻力，以推動內部事業的創新。
- 若你從未想過在創業的過程中，會與相關的科學家、神經學家、化學家和心理學家互動，那麼這套進程將協助你重塑作業模式，進而發現更具意義的問題，得出具有恆續力的解決方案，並為這樣的結果深感震撼。正如布朗大學神經學家克里斯．莫爾（Chris Moore）在我主持的「由下而上的調查」（Bottom-Up Research workshop）研討會後指出：「儘管我從未想過創業研討會能協助我思考這件事，但你的訓練將明顯改變我們進行大腦研究的方式。」

想像一下，只要具備相同的工具，就可以讓各位有能力去解決自己**在意**的問題。想到創業，我們往往只想到那些閃亮的新科技，這當然無可厚非，然而當你深入這些創業過程的核心時，會發現許多耐人尋味的面向與案例，他們運用這套進程解決了重要的問題，其中，有人因此賺到錢，有人藉此行善，也有許多人兩者兼得。

「洞察、解決、擴展」就像是一把「瑞士刀」，無論是「意料之中」或「意料之外」都具備雙面用途，它是屬於每一個人的創業方法，當然也包括你的。

本書的目的，是要寫下我許多學生的創業經歷，就像他們在課堂上學習到的一樣，本書也將以結構化進程來探索創業的過程（第一部）；接著探究三個獨立的步驟──「洞察、解決、擴展」──並經由個案研究與範例，仔細說明每一個步驟的執行方式（第二部）；最後，你將學到如何向投資人、團隊新成員和其他利害關係人投售你的事業（第三部）。

讀完本書，你將學會：

- 定義何謂創業，並且見到它應用在比想像中更廣泛的領域之中。
- 運用關鍵的知識來實踐洞察，藉此建立成功的創業團隊。
- 掌握結構化的「洞察、解決、擴展」的企業進程。
- 像人類學家一樣去觀察和聆聽，找出需要解決的重要問題。
- 先為這些問題設計小規模的解決方案。
- 開始建立模式，以較大的規模來擴展這些解決方案。
- 慢慢琢磨並增進你的分析、寫作和語言表達能力，用溝通的方式找出解決的方案。

- 遠離舒適圈，加強你的創業信心。
- 建立自己的創業網絡，並加入《解決問題的人》全球讀者的線上網絡，與我保持聯繫。

為了讓你在運用這套進程時，獲得與我的學生相同的效果，建議可以參考我在課堂上使用的影片與參考資料，以加強對相關素材的理解，因為這些都是不可或缺的知識。課程中另一個不可或缺的部分是發展出同儕網絡，藉此分享彼此的想法，進而展開合作。課堂上，我的學生會在緊密結合的小組中工作，反思、分享彼此的所學所見。我也會為大家安排私人的線上小組，你可以在這裡認識讀者同好，並深入互動，若你願意，還能與我保持聯繫。你可以在 dannywarshay.com 上了解更多關於這項線上網絡的資訊，並查閱其他的相關內容與資源。

就像在我的課堂上一樣，「參與度」占總成績的30%。

現在就讓我們開始吧。

Part 1

創業是一種進程，而不是精神

我在世界各地講授創業，經常聽人說到「創業精神」，這指的似乎是一種內在能力，普遍認為天生有就有，沒有就沒有。但我並不認同。

想像一下，如果建造橋梁的工程師都被訓練要依賴相同的「建橋精神」，那就太瘋狂了。造橋工程是有基本原則的，它有學習的方法可以傳授，也有循序漸進的過程可以採用。儘管每座橋梁在功能上、使用上和美學上都不盡相同，但是從建造橋梁開始，一直到中段與收尾的部分，都有一套可以掌握和應用的結構化進程。

在我的職業生涯中，我打造了一些成功的公司，隨著每一家新企業的創立，我更加留意的是：能增加成功機會的共通原則，以及有系統的步驟。結果發現，就像造橋一樣，雖然每次創業的結果都不盡相同，但這套「洞察、解決、擴展」的創業方法，在開始、中段和收尾的部分都是可以掌握和應用的，而且，並不取決於一個人的天生素質。

Chapter 1

結構化企業進程的博雅教育根源

我在一九八〇年代於布朗大學攻讀歐洲思想史，在當時，如果對商業感興趣，布朗不會是第一選擇，甚至也不是第二十個會讓人考慮的學校，就算到了現在，布朗也還是沒有商學院。這個學校對它純粹奉獻、致力投入的博雅教育感到自豪，而該校學生也素有奇特、進步的特質，所念科目跟未來從事的工作也多不相同。布朗大學對於學術研究有它獨特的稱呼方式：「主修」他們不說「major」，而是用「concentration」（專注）；等第制評分（letter grades）並不是強制性的，甚至「及格／不及格」也稱作「符合／無學分」（satisfactory/no credit，SNC）。

布朗大學並不渴望作為成功商業人士的搖籃，的確，有些畢業生最後進入商界，但在當時，他們從事的多是顧問或投資銀行家的工作。雖然我的同輩之中很少有人投入新創產業，但在科技起飛的早期階段，我與其他的布朗學生曾與一家叫作「Clearview」的軟體公司合作，這樣的機會對我還是充滿了吸引力。我傾心於「當自己的老闆」這樣的浪漫情懷，被校園流傳的、充滿魅力的矽谷故事和生活方式吸引，這種「創立自我規則」的反主流文化，讓我想起求學時所經歷的學校風氣。最後，我們把 Clearview 賣給了 Apple[7]。

儘管當時的我從未思考過創業的結構化進程，但事後回想，還是發現當時產生的一些初期影響，成了我後來的教學基礎。我喜歡為人們遭遇的阻礙找出解決方案，依據我的夥伴麥特・柯許（Matt Kursh）在他父親診所的觀察結果，我們試著將單調卻重要的事務管理作業流程改為自動化。我確定，當時的我並未像數十年後一樣，將這個過程稱為「由下而上的調查」（Bottom-Up Research workshop），但就某方面來說，我們確實具有人類學的精神，因為藉由觀察和聆聽，我們發現所有辦公室的前端資料收集，都存在自動化表單設計和管理的強烈需求。我們加以迭代（當時我同樣不知道，這個概念在多年後將成為這個方法的核心），並且把我們主張的價值重心，放在解決這種強烈、持久且未被滿足的需求上。於是我們設計了一套軟體系統，讓辦公室員工能夠在最新推出的麥金塔（Macintosh）[8]上，創造出自己完美的電子表單，再用這份表單來收集、管理資料。

看到各行各業的辦公室都開始使用我們的產品，聽到顧客熱烈讚揚他們提高的效率，讓我得到一種快感。我從不知道像辦公室表單這種單調的東西，可以讓人如此振奮。在一九八〇年代中期，我還不知道創業能夠提供一種令人興奮的工作經驗與生活方式，只知道自己喜歡它。

而在之後的職業生涯裡，我在其他幾家不同產業的新創公司工作的成果，都奠基於第一次的創業經驗。我從來不是其中任何一個領域的專家，我不是技術精熟的程式設計師，不是食品科學家，也不是新聞記者，我主要專注在公司的商務層面，而隨著經歷過的每一家新創公司，我在這個逐漸結構化的創業過程中也獲得了更多的經驗。之後我回到布朗大學任教時，就可看出這些經驗的累積是如何影響我的教學方式與知識的傳授。

時間快轉十六年，我在二〇〇五年忽然接到巴雷特．海茲廷（Barrett Hazeltine）的電話，他是布朗大學的傳奇工程學教授，開設了全校最受歡迎的課程。他告訴我，工程學系準備將創業教學「正規化」，正在尋找具有廣泛商務經驗的成功創業家。他欣賞我擁有創業經驗、曾就讀哈佛商學院，也曾在 P&G 這樣的老牌公司任職，問我是否有興趣返回布朗大學任教。

當時的我毫無教書經驗，也不明白他說的「創業指導」到底是什麼意思？這種教學真的可行嗎？為了開發產品，我的 Clearview 夥伴善用了他們在布朗大學資訊工程系的訓練，以及對麥金塔軟體的著迷。但發展業務時，我們依靠的卻是我們的最佳判斷力和博雅教育技能。況且，布朗仍舊沒有商學院，在這所大學的博雅教育環境中，我將遇到連最基礎商業訓練都沒有的學生。巴雷特解釋，愈來愈多的布朗學生受到日益流行的網路新創事業吸引，校方開始為此作出回應。布朗在找尋人才，可以將創業教學融入以博雅教育為本的課程，並且符合布朗學生需求。我不知道布朗的每一個領導階層是否真的了解創業、知道如何運作，不過，我喜歡巴雷特描述的感覺。這是重返布朗大學、回到我求學時期就非常珍視的博雅環境中，講授我職涯經驗的一次機會。

但我很快就發現，自己高估了布朗學生的商業基礎知識，在第一學期的教學期間，我要求學生評估個案研究中一家公司的財務狀況時，一名叫作史考特・諾頓（Scott Norton）的學生靦腆地舉手問說：「什麼叫作資產？」當然，大學生沒有理由要知道特定的商業術語，但我意識到，如果史考特——他是我最優秀的學生之一（後來也創辦了一家極為成功的公司）——不知道什麼叫作資產，那麼他和其他同學對於會計基礎，以及如何在商業中「記帳」也一樣毫無頭緒。這就像在對看不懂樂譜的學生，傳授高階的音樂作曲一樣。

此時，我突然想到一件重要的事，如同前哈佛校長德瑞克・巴克（Derek Bok）說的，博雅教育課程的意義在於「創造一個知識網，藉此在往後人生的無數場合中闡明問題，並啟發判斷力」。這是**無關特定知識主體**的批判思考和問題解決技能。歐洲思想史的學習，教會我如何清楚闡述重要問題、作批判性思考、從原始文本中尋找和評估證據、透過研究調查得出合理答案，同時在書面和陳述報告中傳達具有說服力的論點——這些全是我在職涯中所需要的能力，尤其是在我的新創企業角色中不可或缺的基本技能。

於是，我開始比較不那麼擔心學生是否知道借方和貸方的差別了，不論他們原本主修、研究什麼，我會讓所有布朗的學生在畢業之後，一輩子都懂得如何掌握並應用各種職場的基本技能。簡單來說，沒有商學院的框架來限制他們了解「什麼是創業」、「誰來學習」反而是一種優勢，因為我可以自在地為那些被傳統教學忽略的學生們，講授更廣泛的創業方式。

在整理我職涯中所有創業公司的共同基本特點時，我發現它們都有一個相同目標：**解決問題**。如同前述，Clearview 公司是我參與的第一個新創企業，它發現到一個令許多上班族挫折的資料收集及管理問題，最後這家公司賣給了 Apple。Getaways 則是我與他人共同成立的旅遊雜誌及網路新創公司，我們解決了數百家民宿如何吸引旅客上門光顧的挑戰。因此，對於創業這門獨特的博雅課程，我可以在布朗傳授的重點是：**解決問題的方法**。

為了避免不斷重述我個人的新創經驗——因為它可能無法複製，甚至也不相關——所以我尋找並整理出嚴謹的研究與個案，為這套進程提供解說的資料。我可以定義和教導各種創業方法，這也讓我可以從更廣泛的學科中自由取材，而不是只能引用主流創業領域的商業和科技案例。我非常高興能在最初的教學大綱裡，加入印度的 Aravind 眼科連鎖醫院的案例，以突顯這種創業模式存在的廣大與潛在的影響力。此外，我為先前的學生和研討會參與者建立了正式的校友網絡，他們可以提供意見、互相討論，我也可以根據他們的創業經驗不斷琢磨、更新、改進這套進程。這種討論也必須保持它的新鮮度，才能維持我們三方的學習動力。

十五年來我持續改進這套進程，並將它傳授給布朗大學的學生，以及世界各地成千上萬名的參與者。這套結構化進程包含了所有創業者都能掌握和應用的三個基本原則：

1. **洞察**——尋找跟驗證一個尚未被滿足的需求：你想要解決的問題是什麼？它是這套結構化進程中最關鍵的部分，也必須投入超乎預期的時間和精力。
2. **解決**——制定價值主張：透過迭代過程，為問題開發一個小規模的解決方案。
3. **擴展**——創建永續模式：擴展解決方案並產生長期性的重大影響。

這套結構化進程適用於大範圍的問題，進而產生廣泛的價值主張和永續模式——而不只限定在傳統產業。簡單來說，「洞察、解決、擴展」是一種方法而不是意識形態，讓學生能夠解決商業以外的問題，包括研究實驗室、尋求和平的非營利組織，以及美國大使館的經濟發展倡議。的確，這個方法已經讓許多人賺到大把鈔票，但對更多人來說，它是關於更加宏大的理念。這些創業解決方案有很多做到了「善有善報」，讓世界變得更加美好。

雖然傳統創業概念著重在技術發明上的商業應用，但這套進程對於未來想解決問題的、各種背景的人來說也證實有效。傳統創業概念著重商業成果，這套進程則是把商業模式視為許多永續模式的其中一環，而永續模式可以幫助我們長期性、大規模地解決問題。

正如學習科學不會讓許多受過博雅教育的大學生成為科學家，學習寫作也不會讓人成為專業的作家，但研究證明，這些基本技巧對他們的職業生涯仍舊至關重要。掌握「洞察、解決、擴展」的創業方法，不見得會讓我的學生成為狹隘商業意義上的創業家，但在廣義的專業提升上卻是不可或缺的，因此今後的創業行為不再只是為了商業利益。

「洞察、解決、擴展」的問題解決方法，不僅善用了我自身的博雅教育背景，同時也運用了人文學科、藝術、科學和社會科學的影響力，再進一步把「創業」視為一門獨立的博雅教育。儘管本書仍會提及賈伯斯（Steven Jobs）等廣為人知的創業英雄，但也同時會接觸到愛因斯坦（Albert Einstein）、巴斯德（Louis Pasteur）[9]、聖奧古斯丁（Saint Augustine）[10]、美國詩人馬雅·安傑洛（Maya Angelou）、數學家露絲·諾勒（Ruth Noller）和美國作家詹姆斯·鮑德溫（James

Baldwin）的見解。此外，在撰寫這本書的過程中，我聽到更多鼓舞人心的聲音，其中包括社會學家柏蒂斯．貝里（Bertice Berry）、植物學家羅賓．沃爾．基默爾（Robin Wall Kimmerer）以及墨裔美國文化理論、女性主義理論和酷兒理論學者葛洛莉亞．安札杜亞（Gloria Anzaldua），隨後你也將一一讀到。

Chapter 2
缺乏資源的好處

不要和沒什麼好損失的人交戰，這是場不公平的對戰。
——西班牙哲學家／巴塔沙．葛拉西安《世間智慧的藝術》
（Baltasar Gracián, *The Art of Worldly Wisdom*）

什麼都得不到，就沒什麼好損失的。
——美國創作傳奇歌手／巴布．狄倫〈宛如滾石〉
（Bob Dylan, "Like a Rolling Stone"）

對於每一群新生，首先我都必須打破一些先入為主的觀念，避免限制有志創業者的發展，其中最要破除的是：能夠使用資金、擁有團隊規模、具有時間、家世、人脈、知識和經驗等資源的人，創業才會有好回報。我告訴學生，事實正好相反，尤其是在早期階段，缺乏資源能讓成功的創業家更加受益。「缺乏資源」會讓人養成面對「快速失敗、降低代價」的紀律，並加速迭代，進而找出值得擴展的創新解決方案，同時激勵我們和具備互補技能及經驗的人合作，以提升效率；而他們通常希望我們一起分擔風險，並要求給予回報來作為交換。

另外非常矛盾的是，豐富的資源會造成阻礙，並迫使我們選擇保守的做法。當你太看重資源的保護時，就看不到新的機會和創新的可能，並過於執著特定的結果。有時豐富的資源會讓人過度自信，當分擔風險的誘因消失了，會使人作出在資源缺乏的情況下不會作出的賭注；少了分擔風險的誘因，還會喪失和他人合作的機會，而這些人原本可能會為我們的事業帶來附加的價值。

許多創業公司之所以無法啟動，是因為潛在的創辦人們覺得自己缺乏資源、無法行動，但以下三個故事將告訴各位，實際上並非如此。

R&R公司與「毫無資源」的非凡好處

哈佛商學院的經典個案研究「R&R」中[1]，描述了新創公司創辦人鮑伯．賴斯（Bob Reiss）的故事。隨著一九八〇年代益智桌遊「Trivial Pursuit」的飛快成功，他見到電視主題益智桌遊的商機。鮑伯是一個很好的例子，他空有好點子，卻在推向市場時面臨重大障礙。他也是「易地追隨者」（geographic follower，詳見第五章）的代表例子，我將在「解決：制定價值主張」的步驟中，作更仔細的說明。他注意到「Trivial Pursuit」在加拿大的成功，並從先前的經驗得知，成功的加拿大產品在進入美國市場後，往往會獲得十倍的銷售額。

但鮑伯面臨了什麼障礙？他缺乏資金，而且只有一名兼職員工（助手），團隊中也沒有可以設計、生產、挑選、包裝跟送貨的人，他沒有品牌知名度，他也無法進行信用核查並向顧客收款，而且他的時間有限，估計只有十八個月到兩年的時間，有機會來發展這款益智遊戲，因為在這個愛趕流行的產業中，玩具的生命週期向來短暫。

鮑伯對自己這個主意毫不懷疑，「電視主題益智問答遊戲」可以帶來滾滾財源（後來的評估也證明這是真的）。但考慮到資源不足，鮑伯很有可能在開始之前就會放棄，然而他卻以「紀律」作為回應，並採取創業家的思考，解決了資源短缺的問題。在列出行動所需要的一切條件之後，鮑伯判斷他大概需要五百萬美金的創業資本，這絕對是一個令人卻步的數字，一般人可能沒有五百萬美金的閒錢可用，也可能覺得根本募不到這筆錢。但鮑伯的做法是：將原本用來啟動的固定成本（聘請遊戲設計師、製造產能、銷售團隊、信貸部門等等），轉變為只有在產品銷售時才會產生的變動成本。鮑伯把自己缺少的設計、製造、配銷物流、財務、銷售和行銷等能力，都外包給專家來執行。由於他無法負擔預付款，於是提議將一定比例的營收分享給合作夥伴。這個做法有幾項優點，其中一項是，鮑伯付出未來成功時的收益，將部分風險轉移到合作夥伴身上，也藉此激勵夥伴全力以赴、完成目標。例如，鮑伯沒有聘雇益智遊戲設計師當員工，甚至沒有給付一大筆預付款，而是付給對方一定比例的遊戲最終銷售額，雖然這會讓鮑伯未來賺的錢少於預付金額，但如果狀況不順利，他也可以大幅減少損失。

鮑伯最後終於讓他的桌遊「*TV Guide's* TV Game」成功上市，兩年內，這款遊戲共售出超過五十八萬盒，讓他賺進兩百萬元以上的美金，這樣的結果全是因為他不害怕自己缺乏資源，沒有放棄實現這個超級棒的主意。[23]

Casper Sleep：沒經驗，沒知識，沒問題

初學者的心中存在許多可能性，但專家的心中只存在少許。

——日本禪師／鈴木隆俊《禪者的初心》

（Shunryu Suzuki, *Zen Mind, Beginner's Mind*）[4]

鮑伯．賴斯身為遊戲產業的老手，不論是對產品生命週期的判斷，外包業務給專家的選擇，還是對新款益智桌遊潛在人氣的最初洞察能力，他都有非常深刻的了解。但和鮑伯不同的是，許多首次創業的人往往都要面臨一種根本上的不足：缺乏經驗和知識。不過在新創的初期階段，這也可以成為一種助力。

二〇一四年，兩名我過去的學生在尋求創業機會時，將目光投向了每個人這輩子會買好幾次的產品——床墊，然後開始思考這項產品帶來的基本問題。他們發現，

人們購買床墊的過程問題重重：不舒適的展示空間、令人沮喪的送貨服務、必須在家苦苦等待……而且大型床墊品牌都無法吸引到他們這個年齡層的顧客，使得無差別的選擇太多，導致大家不知道如何才能選到足以使用多年的滿意床墊。所以路克．薛文（Luke Sherwin）和尼爾．帕利克（Neil Parikh）準備重新改造這個購買的流程，但唯一的挑戰是：他們只知道床墊可以拿來睡，此外一無所知。

但也因為缺乏知識和經驗，路克和尼爾在摸索的過程中，完全不被床墊業界的預設流程制約，例如：顧客必須親自試用才會購買、運送方式、使用承諾……這種種的限制都讓他們感覺非常困惑與麻煩。

受益於知識的不足，他們不覺得事情一定要按照某種方式來進行，於是開始提出疑問：要是不必跑到不舒適的展示空間買床墊，而是在舒適的家中下單，結果會怎樣呢？要是不必應付困難又麻煩的送貨流程，而是透過UPS快遞直送家門，結果會怎樣呢？要是不必因為強力推銷，才能下決心購買這個使用壽命長達八到十年的產品，取而代之的是，可以在家裡試用最多一百個晚上，不滿意還能直接退貨、全額退款，結果又會怎樣呢？

現有的床墊產業已在多年前建立了銷售和配送的基本SOP，床墊必須如何銷售的預設模式已行之數十年，這兩個床墊界的新秀用全新的目光找出了問題點，並利用最新的技術，訂立了解決方案。

正是因為Casper Sleep的創辦人所知不多，反而讓購買床墊的所有新步驟都變得可行。消費者喜歡這個不必親自去買床墊的主意，也喜歡床墊能夠跟習以為常的線上商品一起取貨。相較於普通床墊的商家要求顧客當場決定，Casper 一百個晚上的試用期，給予消費者嘗試這種新方法所需要的信心。Casper 的顧客很快就突破了一百萬人，達成超過四億美金的年營收，同時還籌募到一億美金的私募資金，公司總值達到約三億四千萬美金，並在二〇二〇年初完成了首次的公開發行（IPO）[5]，股票在紐約證券交易所上市。

路克和尼爾雖然缺乏專業知識，卻擁有解決問題的能力，對於這樣的人士，創新專家暨哈佛商學院教授卡里姆．拉卡尼（Karim Lakhani）一再重申：「當一個與問題表象相距甚遠的門外漢將問題重新架構，並找出解決方法，此時，重大的創新就因此誕生。」[6]

貓耳帽計畫：從個人約束到啟發人心

> 自由是在限制的環境中尋獲。
>
> ——僧諺

「身受限制」也可以讓人找到靈感。二〇一七年，潔娜．茲威曼（Jayna Zweiman）原本想去華盛頓參加數十萬人的女性遊行，但就像她對滿教室的布朗學生說的一樣，當時她因為頭部受到重創正在療養，很難外出旅行或跑去跟人家人擠人。但她沒有退縮，並開始尋找別種可以產生影響力的方式，她與另一名夥伴有了一個想法：在女性遊行期間號召全國喜好編織的人，在全國各地創造出一片片粉紅色的帽子海。她們在一個中心網站創立計畫並刊登宣言，分享參加辦法，並提供免費的帽子基本圖案，這些帽子後來被稱為「貓耳帽」（Pussyhat），這個名稱不只因為這頂帽子上織了一對貓耳朵，也因為她們想要重新詮釋當時新就任的美國總統被錄到的、歧視女性的言詞[11]。貓耳帽成了一種大膽又有力量的視覺團結宣言，它讓生病或是因為經濟與行程問題無法親自參加遊行的人，都能對女權表現出他們明確的支持。[7]

潔娜承認，她個人的健康因素的確啟發了她這項「貓耳帽計畫」。身為一名建築師，她用過去的建築經驗來解釋她的這場行動：設計建築物的過程，就是在乍看充滿限制與約束的環境中進行的。她還在訪談中說道：「建築設計的靈感是來自受限的環境。眼前這麼多的建築物都存在各種限制，我們必須去思考土地該如何使用、成本要如何管控等問題，不過，這也是建築設計最值得歌頌之處……但是，你若一開始就有了所需的一切資源，往往就無法想出具有意義且絕妙無比的設計了。」

拼裝：從無到有的創造

萊斯大學的史考特・索南辛（Scott Sonenshein）教授在其著作《讓「少」變成「巧」：延展力——更自由、更成功的關鍵》（*Stretch: Unlock the Power of Less-and Achieve More Than You Ever Imagined*）中，也贊同這種隨機應變的力量，要設法利用現有工具，讓稀少的資源發揮到極致，而不是去追求握有更多的資源[8]。這種方式在創業界的流行用語叫作**拼裝**（bricolage），最早提出這個用語的人不是商業專家，而是人類學家克勞德・李維史陀（Claude Lévi-Strauss）。李維史陀在他一九六二年具有里程碑意義的人類學著作[12]中，把「拼裝者」定義為「利用手邊一切來湊合使用的人」[9]。這個名詞很快就擴展到其他領域，包括社會學民族誌、政治學、女性研究、人際關係、複合資訊系統設計、法律研究、教育、演化遺傳學、生物學和經濟學。[10]

羅格斯大學創業研究員泰德・貝克（Ted Baker）和共同研究者里德・尼爾森（Reed Nelson）把拼裝定義為「對於新的問題和機會，將手邊的資源作最大的結合與應用」[11]。他們的研究肯定了「缺乏資源的好處」，也說明了創業家如何運用拼裝來「從無到有地創造事物」。創業家「不會無視手上握有的資源（因此才看得見這些資源）」[12]，並會「盡量利用其他公司忽視的物資、放棄的社會資源，並尋求相關機構的協助」來完成目標[13]。

我們原以為「回收和重新使用」的概念只是針對「一次性產品」的做法，但想想亨利・福特（Henry Ford）[13]，他曾經重複使用供貨商的貨箱來作為汽車車身，這正是用拼裝的方式，讓消費者和供應商共同參與創造的過程。另也可以利用業餘時間從自學的技能切入，例如俄勒岡州的田徑教練比爾・包爾曼（Bill Bowerman）就利用鬆餅機發明了Nike的第一雙跑鞋，這也是一個典型的拼裝創業。拼裝可以創造原本無法取得的產品或服務，協助填補市場的「空白」，例如將放大鏡充作廉價的老花眼鏡，為它賦予新用途。忽略制度認定的規則、懂得變通，甚至是一無所知，這些都是創業家經常用來重塑產業標準的拼裝方法[14]，Casper Sleep的創辦人就是「一無所知」的絕佳範例。

我所知道最鼓舞人心的一個拼裝案例，回答了困惑賽門・貝瑞（Simon Berry）多時的問題。賽門是尚比亞的救難人員，他不明白可口可樂的配銷系統為何能把瓶裝可樂送到地球上幾乎每個人的手中，但他們至今還想不出把救命的治瀉藥物送到開發中國家孩子手上的方法。賽門的團隊和可口可樂合作，設計出一種稱為「Kit Yamoyo」的口服補液鹽（Oral Rehydration Salts）[14]救生包，它可以放在可口可樂貨箱瓶身間的空隙裡。這個案例不但擴展了救命藥物的配送網絡，也成了史考特・柏罕（Scott Burnham）[15]口中所謂「這是」和「這可以是」之間的差別[15]。

圖片來源：賽門．貝瑞發現利用可樂瓶身之間未使用的空隙，
可以把十個「Kit Yamoyo」救生包塞進一個可口可樂貨箱裡。

和「洞察、解決、擴展」最相關的部分是，貝克和尼爾森在將拼裝觀念應用到創業上時，修改並擴大了「湊合」（making do）的意義。「在我們的取樣過程中，觀察到公司常會出現一種有意、且經常是故意的傾向。」他們進一步解釋：「公司往往會忽視普遍認定的物質投入、實踐、定義與標準所帶來的限制，並堅持嘗試解決方案、觀察並處理結果。」[16]不要在意那些會讓我們的方案無法實現的種種「限制」，而是努力嘗試別的方法，並根據結果加以調整，這樣我們就能得到更有價值的成果。

當學生擔心因為缺乏金錢、經驗或高層級的人脈關係而無法創業時，我喜歡分享這些受益於缺乏資源的反直覺觀點，而且經過證實的故事。我在布朗大學和全球的學生就不時會出現這種擔憂，但從美國的普羅維登斯到中國鄭州、從巴勒斯坦的拉馬拉市到牙買加首都京斯敦等地，鮑伯．賴斯的行動對他們的肢體語言帶來了明顯變化——學生聽完他的故事後都挺直了身體，變得無比興奮，因為他們意識到，相對缺乏的資源可能成為自己的優勢。

當我在中國教授創業課程時，一位名叫大衛的學生在聽完「資源短缺的好處」之後，就開始思考一種更方便、更便宜的健身設施。他曾經考慮開一家健身房，但負擔不起典型健身房所需的空間而止步不前。現在他開始重新思考這個問題，如他所述：「一般常見的健身房多是『沃爾瑪[16]尺寸』，有大空間，設備昂貴，器材繁多，有營業時間限制；但我們提供的是二十四小時的『7-Eleven』式健身設施，空間只有三百到四百平方公尺，地點優越，安裝應用程式，導入智慧控制裝置，以具有競爭力的價格提供超便利的服務。」大衛的顧客可以購買長期或短期會員，也能在應用程式上按小時計費。他們的應用程式能進行個人教練與團體運動的登錄安排，智慧裝置可以控制大門和燈光系統，所以他們不需要午夜駐場員工。大衛說他們這種受限於空間的做法叫「凌晨四點健身法」，並表示，這是受到ＮＢＡ球星柯比．布萊恩（Kobe Bryant）的啟發[17]。大衛說：「柯比被譽為全聯盟最努力訓練自己的球員。」

缺乏資源會激發創造力，並強制要求紀律，督促我們跳脫別人嘗試過跟實踐過的思考方式。我希望大家已經明白，你不該因為擔心欠缺資源，而在創業的道路上卻步不前。

豐富資源的負擔

自由只是沒什麼好損失的另一種說法。

——美國歌手／克里斯．克里斯托佛森〈我和鮑比．麥吉〉（Kris Kristofferson, *Me & Bobby McGee*）

人無法學會自認已經知道的東西。

——希臘斯多噶學派哲學家／愛比克泰德（Greek Stoic philosopher Epictetus）

既然會因為缺乏資源而獲益，反過來說，資源豐富就可能成為負擔，甚至為了保護這些資源而讓人變得保守，面對機會時不敢冒險。擁有豐富的資源也可能讓人過於自信，容易因為新的競爭威脅而受挫，並對創新的需求毫不在乎。如果各位像路克和尼爾一樣，那麼就能創造一個，可以跟因為資源負擔而不願改變的老牌公司一較高下的機會；如果各位是這些老牌公司的員工，資源豐富的負擔就成了需要處理的一個重要警訊。

在你還沒讀到前面介紹的 R&R 公司之前，當你想到遊戲產業因為趕時髦的特性，產品週期都極為短暫時，你認為誰比較能夠掌握時機？是只有一人員工，並缺乏專業執行技術的新創公司？還是擁有數萬名員工，並擁有數十億美金資產的世界級玩具公司？我會押注在大型玩具公司身上，如果你跟多數人一樣理性的話，也一定會這麼做。然而，通常一家歷史悠久的世界級公司，他們聰明的管理階層雖然都自許為專業人士，卻可能因為資源太多，擔心造成損失，結果不敢冒險追求這款桌遊的銷售時機。

結果證實，創業家和非創業者具有不同的風險／報酬概念。如果不從公司的角度來比較R&R創業家鮑伯　賴斯與大型玩具公司的產品開發副總（VP）對這個桌遊銷售機會的追求，對這位VP的職涯來說，這麼做會有什麼好處？受到讚美？獲得升遷？還是得到一筆小獎金？在大型的公司中工作，多數員工成功之後並不會得到有意義的股份（或是股東權益等等）；但壞處是，一旦失敗，這位VP很有可能就此丟掉工作。

現在想想鮑伯，如果他和外包團隊所創造的這個遊戲銷售機會成功了，就會得到無限的潛在好處。雖然無法保證他可以達到怎樣的成功，當他是和外包夥伴共享利益，即使最終只有一定的比例，但……只要獲益存在無限的可能，那就仍是無限。所以，和大型遊戲公司的VP相較之下，鮑伯的新創事業如果成功，就能擁有可觀的潛在好處。

那麼鮑伯的壞處又是什麼？他沒有投資自己的半毛錢，房子沒有風險，不會刷爆信用卡。這個新事業的資本和資源來自外部投資者，以及鮑伯所吸引到的各種資源外包夥伴。如果這個事業失敗，他可能會失去的「有意義資源」是他的社會資本，也就是他的「名聲」，以及經營多年的職場和個人關係，這些關係讓他可以號召像是遊戲設計專家來打造新產品，或是為他進行信用查核及收款的公司。然而，相較於產品開發VP的風險／報酬，鮑伯的情況看起來非常吸引人，因為他擁有無限的潛在好處和不是災難性的壞處。

但若考慮不具吸引力的風險／報酬時，這位公司VP又會傾向怎麼做？見到新的遊戲銷售機會出現在桌上時，他的想法會是什麼？他可能會依靠公司掌控的豐富資源嘗試降低風險，或許以焦點團體（focus groups）[18]訪談的方式，調度團隊進行更多調查，要求法律團隊更加仔細查看專利情形，雙重確認沒有侵犯任何智慧財產權，並作三重確認，確保剛剛投入資金的產品線能製造出完美的產品。他會作出理性的判斷，來保護公司掌控的資源；他會作出

大公司VP	鮑伯・賴斯
普通的好處	**無限的好處**
● 升職 ● 受到讚美 ● 獎金	● 無限的A%……等於無限
顯著的壞處	**普通的壞處**
● 丟掉工作	● 沒有投資金錢 ● 沒有卡債 ● 房子沒有風險 ● 打擊社會資本

合理的決定，以迎合大型玩具公司股東的支持；他的行動將會有憑有據，並以擁有豐富的資源為前提……但這麼做的結果會讓他錯過這個新機會。

但請等一下，即便面對這樣的障礙，身為這家公司的經理也並非完全絕望。這些老牌公司的管理階層也可以像鮑伯．賴斯一樣，用「洞察、解決、擴展」的方法來解決問題。如果這裡說的是各位，正如我們逐步解說、推展過來的三項步驟所展示的，大家依然可用人類學的方法，來找出現行產品確實無法解決的新問題，以及因為過度自信、甚至是自大所造成的疏失。大家可以採用我隨後即將分享的心態準則，它們會協助你克服與解決資源豐富所帶來的負擔與問題。最後，當你能夠擴展出新的解決方案時，就能學會將你的資源化為創業優勢了。

我想要再分享一個位居業界頂端的例子，這間公司同樣因為本身的豐富資源而過度自信，容易受到新的競爭威脅，對於開發新機會的需求不以為意。東尼．里德（Tony Ridder）在接任以家族姓氏命名的 Knight Ridder 報業執行長時，這家以發行報紙為主的媒體公司正維持著成功的地位。在網路時代來臨前，報紙一直是我們稱為具有「高度進入障礙」的產業，也就是說，新興報社想和老牌報社競爭必須克服種種障礙，包括高昂的前置啟動成本（像是印刷機）和贏得發行對象的忠誠度，這些難關似乎確保了老字號公司在「可預見的未來」仍保有強勁的淨利率。

「可預見的未來」來了，但隨著網路的出現，這些強大障礙卻逐漸垮下，新興的線上業者完全不必在印刷機和配銷方式上投注大筆金錢，就能啟動他們的事業，同時因為能夠做出更具針對性的內容，足以和 Knight Ridder 最賺錢的廣告管道競爭，於是 Knight Ridder 以龐大發行量為基礎的價值，也逐漸被鯨吞蠶食。

當時，Knight Ridder 報業似乎仍舊值得被看好，畢竟相較於一些資金有限和缺乏經驗的無名新創公司，Knight Ridder 擁有數十億美金的資產，還有數以千計經驗老道的銷售人員、普立茲獎得獎記者、編輯、美編、攝影，以及保持了數十年忠誠度的訂戶。

但問題又出在哪裡呢？Knight Ridder 的豐富資源在於擁有銷售、編輯團隊和成功的報紙基礎設備，但是在追求新興網路機會時，這間公司並未拆分現有的商業模式。當時的競爭者（像是 Google 和 Yahoo!）並沒有需要保護的傳統業務，也沒有那些阻礙網路新做法的成本結構、硬資產、銷售流程和編輯傳統。

Knight Ridder 以「創辦**線上報紙**」來描述他們的新任務時，透露他們的重心是放在傳統業務。在哈佛商學院的 Knight Ridder 個案研究中，東尼．里德對此作出最佳總結：「關於我們的網路業務，事實上是由出身新聞編輯室的人員來運作的，因為他們都是編輯，所以會傾向將其視為報紙來操作。」[17] Google、Yahoo! 和其他資源受限的新創新手成立時，並未以這種傳統的商業術語來描述他們的任務，他們以資源豐富的老牌領導者所無法自由運用的方式，無拘無束地追求這個機會。新創公司自在地發明更個人化和更吸引人的內容刊登和傳達方式，進而創造出更有針對性和更有利潤的廣告平臺。

而更加無濟於事的是，不久前，Knight Ridder 才剛為「Viewtron」這項產品投入一筆可觀的資金，這是一種透過電話線將新聞傳送到螢幕上的服務[18]。Knight Ridder 的領導階層覺得，這個新興的網路跟他們失敗的 Viewtron 事業很像，更糟的是，他們牢記著：Viewtron 帶來五千萬美金的損失。這項失敗的窘境依然歷歷在目，他們到底為什麼要追求這個看起來如此相似的新機會？

因為後見之明，我們常會輕易地認為自己比東尼．里德和他的團隊聰明，覺得我們會假設自己能夠判別，劣質的 Viewtron 和新興的網路有多麼不一樣。我們懂得從先前的失敗汲取教訓，也不會被自身豐富的資源拖累，更會勇於拆分新聞業務以支持新的網路選項……雖然我們一直知道網路世界的存在，但或許就是因為這樣，當我們回顧過去時，就可能輕易以為自己也一定想得到。

但面對過往所確立的資源，以及有望取得重大突破的二十一世紀新技術時，真正的問題並不是當時的我們是否會作出不同的決定，因為現今的時代依然存在相同的不確定性，所以更重要的問題是：我們現在會如何行動？如果身在老字號公司，是否能看出等同當時網路的今日威脅？抑或豐富的資源會不會讓我們選擇保守而對威脅輕忽？豐富的資源是否會讓人過度自信，以致錯失利用資源作為創業優勢的創新機會？事實證明，人們還是可以採用我在本書傳授的方法在傳統公司中追求創業。

這可能會成為「堅持舊模式的報紙業務」與「發明新模式的 Google 或 Yahoo!」之間的差別，接下來，我將有更多這方面的探討。

> **！**
>
> **警告：人為疏失**
>
> 儘管如先前提及，資源短缺有其好處，但由於我們往往認為愈多愈好，就會固守不放、覬覦和累積資源。

創業的定義

這引出了「我們認為創業是什麼」的問題，我的定義借用自以下我以括弧標註的各種經驗和學科。

創業

- 一種結構化進程
- 為了解決問題
- 不考慮當前掌控的資源

一種結構化進程（來自工程學）。
為了解決問題（來自我個人創業經驗＋博雅教育＋工程學）。
不考慮當前掌控的資源（來自典型的哈佛商學院定義）[19]。
那一口氣說完的感覺如何？

在世界各地分享這個定義時，一開始我見到的是「驚訝的表情」，接著是「熱情地點頭」。對剛剛起步的學生、老練的創業家，和置身知名組織的有志創業家來說，把創業定義為解決問題很合理（而我把這裡的「問題」定義成未滿足的需求）。解決問題和處理未滿足的需求是所有創業的核心，不管是賈伯斯的個人電腦、歐普拉（Oprah Gail Winfrey）[19]的多樣化媒體產品、馬斯克（Elon Reeve Musk）[20]的電動車、嘉信理財創辦人施瓦布的個人投資平臺（Charles Schwab Corporation）[21]，還是貝佐斯（Jeff Bezos）[22]價廉方便的買書方式（以及現在增加的一切商品）。把創業建立在解決問題的雄心壯志上，可以讓我們保持專注，協助闡明接下來的步驟，並且激勵我們採取行動。在資源短缺的特定環境下解決問題，可以協助大家變得更像是受益於資源短缺的鮑伯．賴斯，而不是受豐富資源連累的東尼．里德。採納「洞察、解決、擴展」的創業方法，能夠幫助各位學會、掌握跟應用源自基本創業原則的三步驟。記住，不能把創業當成一種精神來學習，我也無法教導各位這樣的精神，但隨著我們一起逐步熟知「洞察、解決、擴展」，就可以見到這個結構逐漸被披露的過程。

Part

2

「洞察、解決、擴展」的企業進程

我剛認識班恩・崔斯勒（Ben Chesler）的時候，他是個熱切自信的布朗大學學生，他已開始關注食物浪費的問題。他無法接受世上有數百萬人在挨餓，但美國供應的食物最後卻有超過四成會流落掩埋場，或是如同自然資源守護委員會（Natural Resources Defense Council，NRDC）[23]說的：「美國人去買食品雜貨的時候會帶走五個袋子，但有兩個袋子會被忘在停車場，然後就這麼把它們留在那裡了，這聽起來似乎很瘋狂，但我們每天都在這麼做。」[1]班恩知道這樣的浪費毫無道理，而且研究顯示，這是地球暖化的一大原因，但是他不知道如何為這個重大問題整理出更詳細的因果關係，也不知道如何集中熱情和精力來解決這個課題。在我的課程中，每個學生都要負責找出一個問題，並制定出一個大規模（年收一億美金）的創業解決方案。在班恩的案例中，雖然他擁有熱情和信心，卻沒有信心能將這個未解的難題，轉變出有突破性的解決方案，所以他和小組成員在這個課程專題中，選擇處理一些比較簡單且平凡的挑戰。

但在班恩完成課程的三年後，我得知他把從課堂學來的創業技巧應用到我們曾在布朗大學討論過的問題，並與志同道合的朋友創辦了一家致力減少食物浪費的新創公司。班恩的公司 Imperfect Foods 這樣描述他們的創業宗旨：

> Imperfect Foods 藉由為「醜陋」的農產品找到去處（尚未滿足的需求），來對抗食物浪費。我們直接從農場下手，以大約低於雜貨店售價三成的價格，送到消費者家

門口（永續模式）。我們的農產品訂購箱不只價格合理、方便、可客製化，而且健康美味（價值主張）。但是Imperfect Foods的格局並非只是一個箱子，而是藉由吃掉「醜陋」的農產品，來協助建立一個更長久和有效率的食物體系，這不但可以對抗食物浪費，也能確保農夫從豐收中得到回報，同時減少土地、化石燃料和水資源的浪費，增加獲得健康食物的途徑，並為員工創造有成就感的職業生涯。你每咬一口奇形怪狀的蘋果或歪歪扭扭的胡蘿蔔，都是在協助我們把世界塑造得更加美好。

請注意我在創業宗旨中用括號標注的「洞察、解決、擴展」三個基本步驟：尚未滿足的需求、價值主張，以及永續模式。

透過電話跟班恩聯繫上時，首先讓我驚訝的是，班恩的新創公司Imperfect Foods剛剛完成了B輪創投融資。我之所以驚訝，是因為從沒聽說有過前面幾輪的募資，而B輪（B代表了「建設」〔Build〕）涉及的金額往往是超過一千萬美金的投資，而他的公司竟然獲得了三千萬美金。能在大學畢業後三年，就完成了三千萬美金的B輪融資，這表示他個人的成長和Imperfect Foods的發展都非常快速。

Imperfect Foods的B輪融資可說是一個重大的里程碑，新創公司找到了要解決的問題，並對這個問題開發出小規模的解決方案，但在創建具有長期影響的模式時，如果本身的資源不足以支持，就必須嘗試籌募這種類型的資金。籌募資金同時也意味著創業家要擁有遠大的目光，而這個案例正是「有志者事竟成」的最佳展現。

此外，我進一步探究的結果，班恩透露 Imperfect Foods 已經達成了五年最低的營收目標，這是我要求創業課程的學生對他們的商業專題必做的數字估算。班恩說：「丹尼，我雖然不能透露細節，但我可以這麼說，我們已經超越了你課堂上所要求訂立的營收目標了。」他告訴我，Imperfect Foods 的營收不到三年就突破了一億美金大關，這可以說是頂尖表現，因為只有極少比例的創投支持公司能夠做到這件事，更別說班恩團隊只花了幾年時間就辦到了[2]。

班恩強調，身為沒接受過創業訓練的博雅教育學生，在上我的課之前，他曾覺得自己沒有資格創業。而現在，「洞察、解決、擴展」這三個步驟，尤其是第一個步驟（藉用由下而上的調查，找到並驗證一個未滿足的需求）指引他解決了問題。以下就讓我們來聽聽，班恩如何親身分享他的「洞察、解決、擴展」創業過程。

班恩談創辦 Imperfect Foods

我們準備成立 Imperfect Foods 的時候，雖然知道浪費食物是一個環境問題，卻不知道該如何證明，這其實也是消費者和農民的問題。因為不確定要從哪裡著手，我們決定效法企業進程裡的方法，直接去農場參訪。我們站在幫農產品作分類的大型機器旁邊，看著蘋果和櫻桃按照大小、形狀和顏色分門別類，高速呼嘯而過，然後一一落入那一望無際的桶子裡。當堆高機運走數以噸計的水果時，我記得自己還問說：「桶子裡裝的是什麼？」結果得到這樣的答案：「哦，那是不符合雜貨店標準的水果。」此時我們已經知道，自己要解決的問題是什麼了。

好的，現在有個問題需要處理，那就作好準備，好好解決它吧！我們聽到工廠的經理正在交談，提到這些桶子裡的農產品即將白白浪費，我們問說能不能免費送給我們。「不行，但我們可以用漂亮的價格賣給你們。」得知這項消息，我們準備為農民設計一個有實際價值的銷售系統。我們從之前的消費者調查中得知，當價格比雜貨店售價便宜三成時，消費者就願意為這些「醜陋」的農產品買單。仔細盤算之後，我們了解到自己既可以符合消費者需求，同時又能為農民提供實質收益，於是Imperfect Foods就這樣誕生了——這是一家線上雜貨店，我們用比實體雜貨店便宜三成的價格，把農場裡「醜陋」但新鮮的蔬果送到消費者家中。

當這個生意愈來愈受到歡迎，我們很快就意識到必須學會擴展，而且速度必須要快。但考慮到我們這種線上食品雜貨店，是屬於利潤相對較低的資金密集型產業，我們了解到：公司必須進行「A輪」融資。剛開始我們很猶豫，擔心這會減少對公司股份的持有比例，讓我們無法完全掌控業務，而後者的關係更為重大，因為我們當初創辦這家公司的原因之一，就是想解決環境問題。經過多次爭論，我們認為募資仍是最好的辦法，因為——我們寧可只要這塊大餅中的這一小片就好。接著選擇與我們使命一致的創投業者，由霍華·舒茲（Howard Schultz）[24]創辦的創投公司Maveron來帶領融資，接下來就如各位看到的，這份初始的投資計畫為Imperfect Foods帶來了重大成就。

即將結束這次通話時，班恩說明了他和 Imperfect Foods 對 B 輪創投資金的用途規畫。「我們已經有了十一個配送中心，到今年年底前，預計在全國各地擴展到三十處。我們現在有一千多名員工，還準備盡快招聘到更多合適的人才。」在超過二十五個市場中，Imperfect Foods 不但擁有數十萬客戶，還拯救了一億五千萬磅的食物，並對一百多家的食物銀行和非營利組織捐贈了數百萬磅的食物，同時還支援了兩百位以上的農夫，確保他們種植的一切（即使是彎曲的黃瓜和過小的蘋果）都可以得到公道的價格[3]。

班恩是一個沒有創業經驗或商業背景的博雅教育學生，但他具備明確目標，有決心改善世界，他的成功案例，證明了這套流程可以賦予創業家執行的能力。我知道大家可能都有不同的動機，啟動的環境也各不相同，也可能為了一個未解決的問題受挫好一段時間，並試圖了解自己想解決的問題是什麼，或也可能只有一種隱隱約約的感覺，單純被自認的刺激、獨立和耀眼的創業家生活所吸引。如果各位是在一個成熟的組織裡工作，可能會期待自己學到的這套進程之後能幫助組織推動改革，並且解決組織、消費者、客戶或其他利害關係人的問題。

為了避免大家認為，我所有的學生都帶著像班恩這樣的自信來上課，或是覺得，自己需要有這樣的信心才能展開這套進程，接著再讓我分享一下艾瑪．巴特勒（Emma Butler）的案例。我們或許可以把艾瑪稱為「勉強的創業家」，她會來上這門課是因為有幾個好朋友選修了我的課，並鼓勵她一起來。上課第一天，她緊張到發抖，為什麼呢？她無法想像主修視覺藝術和法語研究的學生，會跟創業課程有什麼關聯，但她很快就發現：自己的直覺錯了。

艾瑪在我的課程中掌握到這套進程，現在她成為了Intimately的創辦人兼執行長，這是一家專為女性身障者設計「適應性服裝」（Adaptive clothing）[25]的公司。艾瑪的母親罹患了纖維肌痛症，導致肌肉和骨骼會廣泛性疼痛，這讓艾瑪對適應性服裝這塊領域一直非常關注。在我講解完「由下而上的調查」（見第三章）的重要性之後，艾瑪聆聽了超過兩百五十名各種身障女性的想法，找出並確認這些女性在嘗試自行穿衣時所面臨到的不同挑戰。

幾年之後，艾瑪成立了一家成長中的公司，募集了資金，贏得幾次國際投售競爭，發展出品牌及供應鏈，並且登上《富比士》、《魅力》和《創業家》等雜誌的人物專題。

當我請艾瑪進一步分享本身的創業軌跡時，她給予的回應遠超出我所了解的內容，其中還包含她上這門課時的體驗，以下是她分享的內容：

艾瑪．巴特勒談創辦 Intimately

在丹尼的課程中，我和其他學生共同研究一個擴增實境的應用程式（AR app），藉此讓大型消費品牌能以獨特的方式獲得Z世代的顧客。不管我們為這個專題做了什麼樣的作業，每次我回家後，都會對 Intimately 進行同樣的工作，如果我們的研究小組一起建立了財務模式，我當晚就會在宿舍為 Intimately 建立財務模式。所有作業我都做了兩次，當我們為應用程式撰寫營運計畫書時，我也為 Intimately 寫了營運計畫書。比起班上那些了解財務模式甚至是營運模式的同學（我對這兩者都一無所知），我的學習曲線比較陡峭，但我不斷工作、閱讀、重新閱讀、做作業、重做作業，直到了解為止。後來，我終於可以參與並訂立整個營運計畫書和投售簡報（pitch），我們這個小組最後拿到A的成績。

丹尼有兩堂課尤其讓我印象深刻，一堂是早期傳授的「由下而上的調查」。當我們開始為課堂專題的AR／VR應用程式進行調查時，我也對自己感興趣的適應性服裝有了更多的思考。我有我母親的經驗可以做為坊間數據，但是身障者的情況形形色色，每種診斷都不盡相同。想要了解身障衣物，我必須和各種身障女性交談。我沒有給她們看產品，也沒有要求意見回饋，或是進行焦點式的團體訪談，我只是試著聆聽，理解她們的穿衣日常，讓我對女性身障者如何穿衣，以及所有身障者的相似之處，可以有更全面的了解。

從所有的、由下而上的調查互動中，我發現身障者穿衣有兩個主要痛點：

- 我們需要致力於固定技術（鈕扣、拉鍊、鉤環扣）。既然我們可以送人上月球，為什麼身障女性仍必須摸索如何擺弄鈕扣，或使用扎手的魔鬼氈呢？
- 我們需要重新設計機動性的衣服開口。例如，彎腰套上褲管的穿褲子方法，對坐輪椅或雙腳癱瘓的人來說根本是不可能的任務，為此我們設計了側面開口的長褲，這樣使用者就不必再彎腰穿褲了。

有了這些發現，為了解決第一個問題，我需要找到擅長工業設計，並且可以發明新型固定方式的人。同時，我還需要一個了解衣服結構的成員，來重新設計我們穿衣的方式。在建立這個產品團隊時，我知道我需要在首次徵人時，就找到這兩個領域的超級巨星。

在完成了早期的、由下而上的互動式調查，並把自己代入身障女性來購物之後，我終於明白了身障人士如何購買和發現產品的過程。比方說，因車禍造成脊髓受損的傷殘人士會去醫院，而醫師、職能治療師和物理治療師就會在這裡，協助患者了解成為身障人士後的新生活。他們會推薦輪椅品牌與最好的援助團體，並推薦購買何種可載輪椅的廂型車，當然還有適應性服裝。身障購物者不會因為需要買衣服而跑去翻《*Vogue*》雜誌，而是會直接問職能治療師和其他身障者，如何才能買到適合自己的產品，這也就是為何 Intimately 要和全國的職能治療師、物理治療師，以及克里斯多夫・李維基金會（Christopher Reeve Foundation）[26]等身障組織建立策略夥伴關係的緣故。如果不曾跟這些女性交談，我就不會了解如何接近這些身障社群。我可以創造出優秀的產品，但如果沒有採取人類學家般的行動，去了解她們購物的地方和方式，我就會錯失我的市場。

聆聽這些女性的心聲對我而言也非常重要，因為這樣才能真的把事情做對。我知道只要做得正確，就可以順利開發這個，因身負各種障礙而影響穿衣方式，並在全球擁有六億名需求的女性市場。如果我要為這群沒有得到足夠服務的邊緣族群創造出什麼物品，就要想出一個既能表現尊重、又可以幫助她們解決問題的方案，我不想成為另一個利用這群人的「勵志色情片」（inspirational porn）[27]社會創業家，我希望面對這些尚未被滿足的需求，並好好解決它。

第二堂我永遠不會忘記的課程叫「願景練習」（Landscape Exercise）（註：在後面的章節將會詳盡介紹這個練習）。丹尼告訴我們，思考時要從長遠的角度著眼，並放大格局；預先想到二〇五〇年，並思考我們想要見到的世界，再從那裡去回溯發明。我們的班級小組順利完成了作業，思考我們希望自己的公司在二〇五〇年能達成什麼樣的成就，這段期間，我也同步思考著我的公司。

原本我認為，Intimately 會是一家銷售身障女性胸罩和內衣的線上零售商。因為我觀察到其他像是 ThirdLove 或 True & Co 等內衣公司，前者籌募了六千八百萬美金，後者還被PVH服飾收購，而我班上的一個組員還曾在這家公司工作過。不過當我思考到，希望世界在二〇五〇年會變成什麼樣子的時候，我意識到，自己想要的是整個時尚產業產生文化上的轉變。

我思索我所找出的問題會如何演進，思考自己想像中二〇五〇年的身障社群會是怎樣的光景。我在隨堂筆記本上寫下了這樣的句子：「我想要見到身障的美國總統」、「世界級的身障超級名模」、「身障人士獲得較高的就業率」。如果我們出現了身障者總統，或是身障者有了高就業率，他們就需要真正合身的職場衣著，並且應該擁有從商務休閒、學院風到波希米亞等各種風格的選擇。我無法獨力為身障人士提供數千種服裝風格的穿衣選擇，但我能做到的是，將技術授權給大品牌，讓它們開始生產「適應性服裝」系列，我們可以通力合作，為時尚產業帶來全面性的改變。

我也想過二〇五〇年可能發生的事，以及我個人的生活場景。設想看看，如果我擁有身障的子女，會希望他們住在怎樣的世界？不管是教育、職業或在時尚方面，他們都應該得到非身障人士所擁有的一切選擇和機會。

如果我有身障的女兒，絕不希望她知道，非身障和身障女性之間存在購物的差別，我想要她在所有大型品牌中都能找得到適應性服裝。這個思考過程，部分歸功於這項願景練習的訓練。幾年後的現在，Intimately已轉向成為一家B2B[28]品牌，我們授權自己的適應性服裝技術和專利給大型公司，我想要讓我未來的女兒擁有所有的穿衣選擇。

我承認，這套進程的構成要素、我所分享的故事，甚至是我使用的字彙往往是來自新創業界。我也從先前提及的其他廣泛背景中，提供了大量例子。但是，我並不想堆砌討論「企業創新」的大量書籍和其他資源，而是提供在經典新創公司以外領域，運用「洞察、解決、擴展」的「勾動人心的例子」。我說「勾動人心」，是因為儘管不是每個細節都精準符合這套進程，但還是出現了意想不到的例子，像是我先前提及的神經科學家克里斯．莫爾，他就了解到這個創業進程可以助他加強自己突破性的研究。

我曾透過研討會在成熟組織中講授這套創業進程，得知大家渴望找到重新點燃創業火花的方法。員工和領導者擔心會被新創公司取代，他們想要在這場全新的競爭中重新掌握優勢，並渴望學習如何像新創企業那樣擁有競爭力，而本書和這套進程將會幫助他們達成目標。如同我在前言中透露的，這種擴展的創業觀也有助投資者發現到連對手都還沒注意到的機會。

能夠對上述所有類別的有志創業者教導這套進程，是我職業生涯中最有意義的一件事。我也想在這本書裡貫徹這個精神，但要這樣做的話，就必須在「傳統新創公司的創業家故事」與「其他背景的創業家故事」之間找到正確的平衡。但不管各位在哪裡工作，我都鼓勵大家閱讀這本書裡所有的故事，並思考他們帶來的啟發。

每個人的職涯各不相同，在不同的職場與不同的角色背景中，如果懂得應用「洞察、解決、擴展」這套方法，將協助各位面對各種工作都能表現出色。

我在自己的職業和教學生涯中，學到最重要的一課是：為了取得成功，各種領域的創業家都需要關心他們正在解決的問題。而這也是這套進程極為關鍵的特點，詳盡的介紹請見第四章的「熱情大於動力」、「目標大於熱情」、「咆哮」這三個章節，裡面介紹了一個名為「生存的意義」（生き甲斐／Ikigai）的日本哲學概念，意指「如何活出有目標的人生」，它結合以下四個基本要素：**擅長的事**、**喜歡做的事**，並重視**世界的需求**，還有對許多創業者來說最重要的事——**得到的報酬**。在這些章節中，各位將會看到一個，完成所有的創業進程卻失敗收場的創業家，因為到頭來，他看重的只有自己的財務潛力。

就在我們即將深入探討這個案例之前，我在此先提到這個「生存的意義」是因為，如果創業是一種解決問題的結構化進程，各位對於自己想要經營的領域，目前的想法極有可能還是很模糊的，而這個過程又十分重要。大家對於細節層面，用不著像班恩這麼急切，現實上也非如此不可，甚至我可能還會建議你要讓心放鬆一點，如此才能避免太過先入為主，而阻礙了趣味的追求。但是，我也不希望大家漫無目的尋找可以解決的舊問題。

如果大家對於可以激發自己去關注的目標毫無頭緒，可以直接翻到第四章最後的「生存的意義單元」，或至少花上幾分鐘思考一下，然後寫下自己**擅長的事**、**喜歡做的事**，以及**世界的需求**中讓各位感興趣的主題，例如：讓班恩沮喪的原因，是社會對於食物的浪費；對艾瑪而言，則是她媽媽穿衣時面臨的挑戰。了解整體問題的類別，有助於他們在進程的第一步驟「洞察」中，找到並驗證特定的未滿足需求。以我在前言中特別指出的創業家來說，在這初期階段的目標層面，還有其他例子，就是關注教育障礙的葛文·穆高迪和派屈克·莫尼漢；不滿床墊配銷管道的Casper創辦人路克和尼爾；以及梅伊·艾巴崔恩和丹恩·史托安，兩人都認為經濟發展是埃及和巴林迫切面臨的整體問題。

有些人會獨自一人展開行動，有些人已組成團隊進行這套企業進程。在第七章，我會分享許多關於打造成功創業團隊的指導方針，以及過程中需要避免的錯誤。簡單來說，成功的創業團隊最重要的特徵就是「多元化」。現在，如果你已經組好了團隊，我鼓勵各位一起仔細閱讀「洞察、解決、擴展」三步驟。如果是單打獨鬥，我希望在你開始把這套進程應用在感興趣的目標時，能夠對於組織一個團隊的過程有所期待。

最後，儘管這裡分享的是一個結構化進程，但我不打算填鴨式地灌輸每一個細節。這種彈性讓人可以調整「洞察、解決、擴展」的步驟，讓不同類型的創業家根據不同的需要，用不同的方式來解決問題。畢竟，對於軟體公司、研究實驗室和介於兩者之間的各種領域來說，創業家們是不可能以相同方式來應用這套進程的。

正如前面所提及，我對創業的定義包括向工程學的致意，我將以父親的一件軼事，作為對這套進程介紹的簡短完結。我父親是美國航太總署的化學工程師，我小時候跟朋友在家附近騎單車兜風時，有一次單車掉鏈，我請他來幫忙修理，而他就像航太總署的工程師那樣處理問題。他拖出價值等同五金行的一堆工具，把它們擺放在車道上，再著手修理鏈條和鏈輪。經過一段對八歲小孩來說像永恆一樣長的操作後，他終於修好了我的車。

過了幾天，鏈條又再次脫落，我好怕要再看一次這個需要鬆解、扭轉和上緊零件的繁瑣過程，但好友麥可看過我父親的仔細操作，他抓住我的單車，把車翻過來，接著把鏈條推回鏈輪上，幾秒後我們就繼續上路了。我父親其中一個最迷人的地方，就是對工程細節的專注，我們對他充滿尊敬，懷抱著對他的愛與敬重，在此我就不深入敘述這段過程的所有細節。我父親對每一個步驟皆採取按部就班的、精確工程的概念來處置，這雖能引起一些人的共鳴，但對某些人來說，他們得將我提供的概念指導方針作一些調整，就像麥可幫我「修車」一樣。而遇到關係重大，需要一一遵循特定步驟的細節時，我也會直言不諱。

Chapter 3

第一步驟：洞察

找尋並驗證尚未滿足的需求

真正充滿發現的旅程不在於尋找新大陸，而是以新的觀點去看。

——法國意識流作家／馬賽爾·普魯斯特（Marcel Proust）

世界隨著人們看待它的方式而改變，如果改變一個人看待現實的方法，即使只是毫釐，也可以改變世界。

——美國作家／詹姆斯·鮑德溫（James Baldwin）

如何展開這套進程？

在這個創業方法中，第一個應該採取的步驟是什麼？又是怎麼開始的？如果創業是一種解決問題的結構化進程，那麼可以在哪裡找到機會（也就是需要解決的問題），然後又該如何去驗證它？如同我先前的建議，最重要的是，思考一個能讓各位關心的事物產生共鳴的目標領域，例如醫療保健、教育、營養。各位或許還記得哈佛商學院學者比爾．沙曼（Bill Sahlman）的見解，他說：「機會無所不在：每一個商業問題，每一個危機，每一個不滿的消費者，每一個非消費者，每一個環境背景的改變，每一個不可能，每一個適得其反的誘因都是一個機會。」但事實雖然如此，比爾也知道這句話並不是讓這些機會浮出水面的咒語，而且就算可以讓它們浮出水面，並發現他們的存在，又要怎麼判斷它們是值得追求的？這些都是創業家展開行動時最具挑戰的問題。當我們在執行這套方法的第一步驟「洞察：找尋並驗證尚未滿足的需求」時，這些問題就是我們要特別關注的地方。

由上而下的調查

我在世界各地認識的多數創業者都告訴我，他們的事業都是從「由上而下的調查」開始的。針對所選產業的規模和成長速度，找尋由別人已經整理好的第二手資料，接著再用合乎邏輯的方式加以劃分，像是區分出狗食、貓食、鬣蜥食、馬食……然後再去思考此時此刻存在哪些競爭。

這種調查方式或許必要，但並不充分，如果一個有抱負的創業家止步於此，那更證實了這種調查方式可能有害。他們以為這種由「專家」整理的二手調查符合需求，而且他們永遠無法作出成功創業家向來作出的創造性推論。這可是一個代價高昂的錯誤。

由上而下的調查限制了我們的思考，因為它衡量的是現有市場的活動，目標物是「已存在」而不是「能夠存在」或「應該存在」的東西，由於資料來自公共資源，大家都可以取得，所以也不具任何競爭優勢。

想像一下，如果 Casper 的路克和尼爾只依靠由上而下的調查所得到的床墊產業統計數據，裡面會披露什麼情況？床墊擁有三百億美金的全球市場，每年成長 2%，由少數幾家資源豐富的老牌廠商主導，這些廠商同時具有完善的傳統銷售和配銷方法。這一切資料都是現有的床墊公司，甚至是其他有抱負的創業者可以取得的資料，光憑這些無法提供路克和尼爾創造性的洞察力，或讓他們了解未滿足的睡眠需求和床墊購買的需要，也無法給予他們任何專業、獨到的見解。

還記得共同創辦 Sir Kensington's condiment company 的史考特．諾頓嗎？這間公司後來據說以一億四千萬美金被英國的 Unilever 收購。要是史考特依賴由上而下的統計數據，知道全球有四十一億五千萬美金的番茄醬市場，成長率 3.8%，甚至比床墊產業更為牢不可破，只由幾家廠商和一個主要廠商 Heinz 主導，那他會作出什麼樣的結論？同樣地，這種我們幾秒鐘就可以在網路上找到的包套調查，都無法讓史考特洞察調味料消費者面對的問題。Heinz、ConAgra、Del Monte 等番茄醬產業的主導者都已取得相同、甚至更多的資料，這些資料並無法提供史考特任何特殊的見解。如果由上而下的調查確實不具備「洞察、解決、擴展」第一步驟所提供的競爭優勢，那什麼東西才做得到呢？

由下而上的調查

如果我問人們想要什麼，他們會說更快的馬。

——美國汽車大亨／亨利・福特（Henry Ford）

由下而上的調查避開了第二手分析，採用第一手的方法，觀察、聆聽消費者及整個供應鏈中其他人的想法。我們要得知消費者面對的問題，只憑消費者說出所需要的東西是不夠的，由下而上的調查才能夠揭開消費者真正的需求。如同亨利・福特上述的發言，由於看法受到現有經驗的限制，這經常和消費者所說出的需要不一樣。由下而上的調查方法讓我們得以減少帶入過程中的自身偏見。

未滿足、強烈且持久的需求

首先，讓我們釐清一下，這裡所謂「未滿足」的需求指的是什麼意思。在這種情況下，「未滿足」可以代表完全沒有滿足，也可以指部分滿足，換句話說，我們是在尋找未能完全滿足的需求。造就創業家的其中一個因素，是他們有能力說出「要是事情不是這樣，會怎麼樣呢？」如同我接下來所分享的例子，這樣通常需要把以往的需求視作只有部分被滿足，要想像如何可以變得更好。大部分的人看起來像是已經被滿足的需求，但創業家以全新的眼光來看待的話，就能夠看出其實真正的需求並未被滿足。

事實上，我們應該限定應該尋找的需求類型，因為不是所有需求都是相等的，而且處理某些需求更有機會成功，這裡我指的正是：**強烈且持久的需求**。

為什麼要是強烈的需求？資深創業投資家索恩・史帕克曼（Thorne Sparkman）在準備進行投資時，喜歡說他想要找到可以處理「頭髮著火」這種需求的對象。如他所說：「頭髮著火就會激發大家找水澆熄。」就像大部分的投資者一樣，索恩更願意投資的，是那些在處理消費者想解決的問題的公司。消費者花的都是他們辛苦賺來的錢，如果他們的強烈需求受到重視，就更能激發他們抽出信用卡來消費。洛琳・潘多頓（Lorine Pendleton）是成功的天使投資人，也是我們中心的入駐創業家之一，她以不同的比喻如此強調：她寧可投資的新創公司是賣阿斯匹靈，也不要是賣維他命。

而為什麼是持久的需求呢？如果我們要付出「洞察、解決、擴展」這套進程所需要的一切努力——找尋並驗證未滿足的需求、制定價值主張、創造永續模式——與其選擇短期和一時的流行，為什麼不把焦點放在長期的需求上？就這一點來說，維他命可能比阿斯匹靈更具有長期吸引力，所以理想的需求或許是能同時治療頭痛的維他命。

但這難道是一成不變的規則嗎？為何不能創辦一家著重微弱需求，甚至單純想讓「某種東西」成功的新創公司呢？當然可能。那些處理無聊渴望的創業「成功」

案例更是不勝枚舉，有人記得寵物石[29]、甘藍娃娃[30]或是寶可夢GO[31]嗎？鮑伯・賴斯的桌遊新創公司就是一個利用短期機會的好例子。整體而言，我建議在「洞察、解決、擴展」的早期階段要聰明地睜大眼睛、打開耳朵，找尋強烈和持久的需求。

成為人類學家

在二〇〇九年，我曾受邀和人類學家莉娜・弗魯澤蒂（Lina Fruzzetti）教授一起講授「文化創業」的暑期課程。我其實不清楚文化創業是什麼意思，後來發現莉娜也不知道。當我們集思討論教學方法時，我從莉娜那裡了解到人類學中的「民族誌」研究，最關鍵的步驟就是由下而上的調查。民族誌的調查方法、研究設計、訓練和評估，可以幫助人類學家排除那些可能造成改變的干預做法，然後去觀察和聆聽各民族在生活環境中的自然行為。就如同亨利・福特說的，不用去問他們到底想要什麼。

同步你的心

> 你必須從顧客體驗開始著手，再致力反推到技術上；不能從技術發端，再嘗試找出銷售對象。
>
> ——Apple 共同創辦人／史蒂夫・賈伯斯（Steve Jobs）

另一種由下而上調查的說法是「同理心」，也就是設身處地去想。當我們跟對方感同身受的時候，會去**批評**別人的鞋子嗎？我們應該告訴他們：「小子，你的鞋子真是太過時了」嗎？我們應該介紹和賣給他們更新、更好的款式嗎？當然不是。在這個時候，在創業方法的第一階段，當準備尋找和驗證沒有獲得滿足的需求時，我們需要自律，避免評判，並且避免匆匆對下一步作出結論。其他文化對同理心有不同的比喻，幾年前當我教導一群日本教職員時，他們告訴我，在日本，他們把同理心形容成「與你的心同步」。對於我們嘗試在創業第一步驟中所做的事，這是不是一種絕妙的表達方式？我們想要感受別人的感覺，像人類學家那樣觀察和聆聽人們的自然行為而不去改變他們的行為，作為尋找和驗證沒有獲得滿足的需求的一種方法，作為發現和界定我們想要解決的問題的一種方式。

我為什麼強調觀察和聆聽，同時提醒不要介紹跟推銷？讓我們坦然面對吧，創業會讓我們熱中於解決問題。我知道即使是在這個進程的早期階段，要抵抗誘惑，不去介紹我們的想法和解決方案是極大的考驗。因為我們常會認為，就算是靈光一閃想到的、解決問題的辦法，不是就該直接說出來嗎？這樣的想法其實情有可原，但問題是，在一開始我們沒有解決的方案，也沒有任何產品或服務，頂多只有一種模糊、未成形、未驗證的想法，還沒有把它轉換成一種機會。簡單來說，我們還沒有任何可以具體介紹跟販售的東西。我們有的充其量可能只是問題重重的解決方案，這是一種代價高昂且莽撞的創業方法。「洞察、解決、擴展」的價值在於，避免以運氣作為成功的基礎，並讓機會對你有利。

科技家尤其經常陷入這個常見的陷阱，而提供了問題重重的解決方案。想想可與手機連結的Google眼鏡或電動牙刷，這些產品想要解決什麼問題？開發人員在發明前是否有去了解未滿足的需求？技術人員比其他人更容易草率地結束關鍵的第一步驟，成為「技術推力」的受害者。不管是獨自一人，還是成熟的組織或實驗室，專注技術的創業家都可以從仿效人類學家般的行為和具有同理心的紀律中受益。抵抗上述這些情有可原的誘惑，不要太快預設自己的技術將會解決一個重要問題。

各位可能會很訝異，Apple早期的行銷哲學第一點，不是最先進的科技或完美的設計，而是同理心，強調的是一種與顧客感受有關的親密連結。Apple的哲學是：「我們會比其他公司更真實了解消費者的需求。」如果說這點和賈伯斯以傑出設計者身分，向顧客推薦個人發明的普遍形象相違背，各位可能會更訝異地發現，賈伯斯知道，只要他能秉持同理心去傾聽顧客，就能學到東西：「如果我們可以饒舌般說出他們的需求、感覺和動機，就可以藉由給予他們想要的東西，作出適當回應。」[1]

在第三步驟——**擴展：創建一個永續模式**——我們將更進一步運用這些透過人類學由下而上的調查所得到的同理心觀點，因為同理心也是成功品牌推廣的基礎。對投資者和其他潛在利害關係人投售時，這些見解也會讓各位變得可信。

現在，讓我根據多年來傳授由下而上調查的可貴技巧，以及看到創業家在運用這方法時可能犯下的錯誤，提出幾個警告。這裡我不考慮採用問卷調查或焦點團體訪談，其中甚至還有一個可能會讓各位訝異的警告：要求坦率的意見回饋，是無法讓人界定需求的。

不要問卷調查或焦點團體訪談

由於 SurveyMonkey 等線上資源讓問卷調查變得簡單且成本低廉，我的學生和研討會參與者經常求助問卷調查作為由下而上調查的一部分。但如果想觀察和聆聽人們在生活環境中的自然行為，問卷調查並不是有效的方式，它迫使我們在電腦螢幕上回答預先設定好的問題，讓我們的焦點偏向別人要我們聚焦的問題，誘導我們猜測問卷調查設計者想了解的事，以自認會取悅他們的方式回答問題。簡單來說，問卷調查是一種做作不自然的互動。沒有人可以在填問卷的時候，自然呈現自己的生活。在問卷調查中，我們無法探測到強調的語氣，看到肢體語言，聽見別人的怒氣或焦慮。如《四步創業法》（*Four Steps to the Epiphany*）作者史蒂夫．布蘭克（Steve Blank）指出，問卷調查無法讓人觀察到受訪者的瞳孔放大。同時，這種調查過程和人類學或同理心無關，我經常看到問卷調查結果在最早期階段作出統計的結論，像是「我們調查的對象中，有87%……（等等廢話）。」這讓我尷尬地想起在 P&G 的調查培訓中得到的強烈提醒：質性調查[32]先於量性調查[33]。即使在 P&G，就算有量性調查也只限於產品已進入開發過程的階段，而且可能只在新產品推出的幾年後進行。因此，當發現並驗證未滿足的需求時，要抗拒誘惑，不要屈服於簡單和看似有效率的問卷調查。焦點團體和問卷調查的顧慮一樣，沒有人會在參加焦點團體訪談時呈現自己的生活。焦點團體訪談需要回答別人擬訂的特定問題，使我們偏向尋找取悅引導人的方法，討論的動能也不自然，往往會有一、兩名參與者想要主導和影響團體意見。簡單來說，焦點團體訪談迫使參與者的行為變得做作，無法幫助我們像人類學家那樣觀察和傾聽人們的生活方式。因此，在早期階段也要避免採取焦點團體訪談。

不要意見回饋

記住我們在創業進程中的位置。就像人類學家，我們以同理心找尋並驗證**未滿足的需求**，我們尚未對此構想出任何**解決方案**。然而，即使在進程的第一階段，我們腦海中可能會浮現一些隨機的產品點子，這很自然，但問題是，我看到有些創業者會急著為這些點子詢求意見回饋。就像問卷調查和焦點團體訪談在第一階段為非常原始的點子尋求意見回饋時，容易造成偏見，還會打亂那些我們用於解決問題的自然互動。儘管我們可能會被要求釐清所聽見和觀察到的東西，但這跟為還不成熟的點子尋求意見回饋是不同的。就如同我前面的警告，不要在過程的最早階段進行介紹跟推銷，要避免詢問意見與回饋。

想像一下，當原本應該觀察和聆聽的未滿足需求，卻難以抗拒地為腦海迸現的產品構想尋求意見時，會發生怎樣的事？在初期階段的多數情況下，很可能會得到兩種極端反應：我喜歡或討厭這個隨興的點子。如果我們在此時為隨興的點子尋求意見，多數人會從朋友、家人或其他熟知我們的人身上取得。而事實上，他們非常了解我們，一旦察覺到我們心中的熱情就不想潑冷水，說我們的點子糟透了，因為這沒什麼好處，只會傷了彼此的感情。

另一方面，如果我們在早期階段的確有個萌芽中的主意，為何有些人會告訴我們它糟透了？或許是因為他們感覺我們在推銷，於是滿懷戒備。此時，任何隨興的點子充其量只能算是萌芽狀態，還未準備好尋求意見回饋，所以不要詢問意見，而要專注於尋找未滿足的需求。

觀察比想像中還難

最難看見的是眼前的東西。

——德國詩人／約翰・沃夫岡・馮・歌德（Johann Wolfgang von Goethe）

當證人，不當判官。

——佛教教義

重要的不是你望見什麼，而是看見什麼。

——美國超驗主義文學家／亨利．大衛．梭羅（Henry David Thoreau）

由下而上的調查到底有多困難？我只有這個建議：觀察人們。我承認，這聽起來很容易，但在我的經驗裡，它知易行難。觀察其實比想像中還困難，就讓我來證明給你看。

請花一分鐘觀看下面這支一群人在傳球的影片，其中一半的人穿白衣，一半的人著黑衣。各位的任務很簡單，就是把目光集中在白衣人身上，數數他們彼此之間傳了幾次球。影片很短，很快就會結束，預備好就請開始數吧：

2

他們傳了幾次球？你數對了嗎？如果各位跟我分享這短片的多數對象一樣，很可能得到了正確答案。

但各位也很可能忽略了大猩猩。由獲獎無數的實驗心理學家暨認知科學家丹尼爾・西蒙斯（Daniel Simons）所設計的這個研究顯示，平均有超過半數的人沒注意到大猩猩。我第一次看影片的時候，忽略了大猩猩。事實上，我還發誓說這是騙局。怎麼可能？我怎麼可能忽略就在我眼前走過的大猩猩？是的，觀察比想像中還難。我告訴各位要注意什麼，這個偏見導致大家看不到似乎不可能忽略的東西。我們全都帶有偏見，尤其是在認為自己知道要看什麼，以及準備證實自己猜疑的事實屬實的時候。我們已經承認，身為創業家，我們很高興在此為自己確信存在的問題提供解決方案。我們帶有偏見的熱情是否可能導致我們「忽略大猩猩」？這種現象甚至有個複雜的科學名稱：「不注意視盲」（inattentional blindness）[34]。

以下是另一個例子。崔夫頓・德魯（Trafton Drew）在哈佛醫學院擔任注意力研究員時，對具備專科認證的放射科醫師展示了一張肺部組織的X光片，要求他們檢查組織有無癌細胞[3]。這張X光片可說是這些醫師都很了解的東西，是他們經過醫學院和學士後醫學院多年訓練學會的事情。這裡附上X光片的連結，請花上幾秒鐘觀察，看看是否注意到任何不尋常的地方：

現在看一下組織的右上部位，看到大猩猩了嗎？各位可能會很驚訝說，這些專業的放射科醫師裡竟有百分之八十三的人忽略了它。美國公共廣播電臺記錄了德魯的結論：「這不是因為放射科醫師的目光剛好沒有落在這隻生氣的大猩猩上，問題反而是他們的大腦局限在進行中的事，它們在找尋致癌的結節，而不是大猩猩。『他們直視它，但因為不是在找大猩猩，就沒看出它是大猩猩。』德魯說道。換句話說，我們思考的東西——我們專注的東西——如此激烈地過濾了我們周遭的世界，以致明確決定了我們所能看見的事物。」[4]記住豐富資源所帶來的負擔，如果我們是特定領域的專家，豐富的經驗會讓毫無偏見的觀察比想像中更難執行。

法國生物學家路易．巴斯德（Louis Pasteur）或許沒有思考過由下而上的調查，但當他說出「在觀察的領域，機會只有利於作好準備的心靈」時，他顯然了解觀察和作好觀察準備的重要性。想作好準備，有一部分在於承認觀察比想像的還難。

!

警告：人為疏失

「過度熟悉」可能導致我們忽略事後看來很明顯的事物。

別說「我發現了！」而要說「嗯……這很有意思……」

科幻小說家暨生物化學教授以撒．艾西莫夫（Isaac Asimov）曾說：「科學裡最讓人興奮，並預告了某種新發現的句子不是『我發現了！』，而是『嗯……這很有意思……』」在「洞察、解決、擴展」進程的第一個關鍵步驟中，各位可能會以跟原本預期不一樣的方式感受到這一點。就像結構化企業進程克服了創業是在表現正確「精神」的偏見，進行由下而上的調查也證明了一個觀念並不屬實——神話般的科學家、成功的創業家並不會在一個頓悟時刻，發現關鍵的看法。我從未見過這種情況，相反地，如同艾西莫夫的科學經驗，在創業過程中，尋找尚未滿足的需求時，需要留意走進視野裡的「大猩猩」。這些時刻，我們對於這些觀察的含義毫無頭緒，但要去留心自己什麼時候會本能地感覺到「嗯……某些事很有意思」。如此一來，就會知道自己快接近了，這是各位很可能已注意到某個未滿足需求的跡象

在《創意從何而來》（*Where Good Ideas Come From: The Natural History of Innovation*）一書中，史蒂夫．強森（Steven Johnson）討論到「緩慢的預感」這個概念——在小小預感的碰撞之外，遠大的點子往往需要一段時間才能萌芽，它們從艾西莫夫提到「嗯……這很有意思」的觀察中開始，隨時間慢慢成了格局宏大的點子，並藉由自身及與他人的碰撞逐步發展[5]。

投入由下而上的調查

艱困的遠大計畫（moonshot）不是從腦力激盪得來的聰明答案，
而是從找尋正確答案的辛苦工作開始。

——美國作家／德瑞克・湯普森〈Google X實驗室和突破性創意的科學〉（Derek Thompson, "Google X and the Science of Radical Creativity"）[6]

愛因斯坦提醒：「如果我有一小時來解決一個問題，而我的生命取決於這個答案。我會花前五十五分鐘來確定正確的提問……一旦知道正確的提問，我就可以在五分鐘內解決問題。」愛因斯坦的見解有助於闡明「洞察、解決、擴展」第一步驟的重要性，他說明了為什麼應該在這個階段付出這麼多的時間和努力。我很能體會想要急速結束第一步驟的誘惑，我了解大家可能熱切地想要離開這階段，讓產品問世。但在愛因斯坦這個「一小時」的比喻中，前五十五分鐘要用來尋找跟驗證要處理的未滿足需求，因為一旦確立了第一步，處理需求的可靠價值主張就會隨之誕生。缺乏合理的未滿足需求其實是在浪費時間，否則你最好祈禱自己夠幸運。

由下而上的調查至關重要

幾年前，我偶然發現一些研究調查，探討新創公司失敗的原因。猜猜最主要的原因是什麼？資金不足？團隊摩擦？面臨競爭？管理挑戰？都猜得不錯。但事實上，排名第一的原因是「忽略消費者」，排名第二的是「沒有市場需求」[7]。這是怎麼一回事？首先，真的很難想像認真的創業家會忽略他們的消費者，有時我們的確不該接受消費者的說法，但忽略並不是創業成功的竅門，之後我們會再詳述這件事；而說到沒有市場需求，這的確引人注目，也完全印證了由下而上調查的必要性。如果想要讓機會對自己有利，由下而上的調查是一個好方法，它可以讓新創公司預防這兩個最常見的失敗原因。希望我已說服大家，先花時間在尋找、驗證未滿足需求的重要性，並從界定我們想解決的問題來展開這個過程，否則我們只會得到問題重重的解決方案。然而，我從自己帶領過的幾百堂課程和研討會中得知，「故事」有助於強化概念，也有助於記憶。我最早的課程學生以及研討會學員見到我時都會笑著問說，我是否還在分享多年前跟他們講的由下而上調查的故事。即使他們不記得我說的由下而上調查的精確理論基礎，卻還是記得這些小型個案的細節和差異。

Tide 洗滌劑

我無法相信你說的話，因為我看見你做的事。

——美國作家／詹姆斯・鮑德溫（James Baldwin）

我在許多情況下都愛提到一件事，這也是我學生最喜歡的故事之一，我認為它是 P&G 的傳說，內容涉及 Tide 的管理者。Tide 是一個深受喜愛的成功品牌，是各位可能用過的洗滌劑。在這個故事發生時，Tide 是一種放在紙盒裡的洗衣粉，已問世約三十年，而當時的品牌負責人員想要了解 Tide 消費者對包裝的看法。他們是由下而上調查的專家，採用開放性的問題，讓消費者能夠以個人方式來述說自己的故事。他們迴避掉封閉式的問題，因為這會限制答案範圍，而且也比較像是問卷調查。他們遵循了我自稱的「沃謝試金石」（Warshay litmus test）：也就是至少有八成的時間是用來聆聽，而消費者聲稱對紙盒包裝很滿意。

但 Tide 團隊並未直接採信聽到的內容，所謂聆聽至少八成的時間，是指說話時間少於兩成，也或許是完全沒有，表示這是一種徹底的觀察，所以他們請求其中一些消費者准許他們到家中觀察使用狀況，也就是在住家自然使用產品的情況。簡單來說，Tide 品牌小組的作為就像人類學家。我們繼續這個 P&G 的傳說，曾說很滿意 Tide、邀請品牌小組到家中的一名婦人拿出盒裝 Tide，她先放到流理檯上，然後拉開抽屜，抽出一把尖銳的刀子去**戳**紙盒，刺出一個小洞後，她開始把洗衣粉倒進量杯。Tide品牌小組**驚駭地**目睹了整個過程，這個瘋狂的婦人為什麼要戳盒子的側面？婦人顯得有些困惑：「三十年來我都是這樣用你們的產品，而且我喜歡這麼做。」

這個傳說的出現讓Tide有所領悟，並促進了新產品的開發，不僅更改了包裝，還推出名為Liquid Tide的新產品。這並非一夕之間發生的童話，而是經過多重驗證的調查，還有重要的產品開發、測試和行銷作業的結果。對我們來說，關鍵在於這一切始於由下而上的調查——觀察並聆聽人們自然的行為——尋找跟驗證未滿足的需求。

我家三個孩子聽我說過這個故事好多次，並笑我在說故事的時候，身體重心總是會往前傾。雖然它部分內容是以訛傳訛的說法，但我還是喜歡這個故事，因為它為想要掌握「洞察、解決、擴展」第一步驟的任何人，提供了幾個關鍵的教訓。

首先要記住的是，Tide品牌團隊在Tide成立三十年後，才發現這項未獲滿足的需求。整整三十年！由此可見，由下而上的調查不只在新事業的最早期階段有價值，也會在產品或服務的整個生命期間持續傳遞這種價值。P&G從未停止進行由下而上的調查，你們也應該一樣。

第二，Tide品牌團隊在「聆聽」這項環節做得非常出色。但是，只詢問消費者跟聽他們說的話還不夠，還要像人類學家在自然的生活環境觀察顧客，才能發現未滿足的需求。

第三，同時也是最重要的，這名消費者並不知道她遇到問題。辨識這一點不是她的責任，解決問題也不是。如同賈伯斯說的：「有人說『給予消費者想要的』，但這不是我的方法，我們的工作是要在消費者之前，找出他們未來想要的東西。」[8]

Dawn 洗碗精

一個類似 P&G 的傳說，當 Dawn 洗碗精品牌團隊想要了解顧客的產品使用滿意度，他們用了同樣的方法：聆聽顧客，在顧客家裡觀察。他們注意到一個出乎意料的情況經常出現：消費者會用 Dawn 洗碗精……來洗蔬果，但標籤上並未標明 Dawn 有這個用途。Dawn 品牌團隊比世界上任何人都更加了解他們的產品跟洗碗這件事，卻不知道有人會拿 Dawn 來洗蔬果。這需要觀察消費者的生活環境，不以造作的方式來使用產品，才能發現有什麼需求未被滿足。

「用我們的洗碗精來洗青花菜的這些瘋子到底是誰？」這些洗碗專家原本很可能會忽略這些顧客，忽視這些在眼前走動的大猩猩，但他們並沒有。他們當時雖然不知道怎麼去理解這個觀察，但至少還是注意到了，更因這樣的洞察力發現了一個潮流，引導 P&G 開發出一個名為 Fit 的新品牌，它是一種針對清洗蔬果而設計的洗潔劑。

Premama——用不著成為 P&G

這樣的調查不只會在大公司出現，以我在布朗大學學士課程的一個團隊為例，課程中學生組成一個團隊，開始進行「洞察、解決、擴展」創業進程的每一個步驟，包括在期末向創業投資人進行投售簡報。有一年在課程開始時，由四名男同學組成的團隊跑來找我，說他們陷入僵局，他們知道自己想要在營養領域推出產品，卻很難找到要解決的特定問題。我鼓勵他們進行更多由下而上的調查，並建議他們去附近全食超市的營養食品貨架區晃晃，觀察顧客，或許再問一些開放性的問題，讓顧客用自己的話來談論他們的使用經驗。幾小時後，他們衝回來找我，興奮地分享剛才的觀察，滔滔不絕地說：「我們似乎找到了一些東西，我們花了幾小時去觀察營養品貨架區的顧客，並注意到孕婦從架上拿取維他命的方式。」

他們說，這些孕婦看起來頗為氣惱、失望跟不開心。她們透露說，來全食超市是要找產前維他命，這四名男同學因此得知，孕婦乃至備孕婦女為了寶寶的健康都必須吃這種維他命。這些孕婦消費者不開心的地方是，她們找到的維他命都是大顆的藥丸，難吞，味道又不好，不但加重了孕婦已有的噁心感受，還造成便秘，這就像是在跟周遭的人說她們懷孕了。

這四個人都不會是產前維他命的顧客，然而，這個小組提出了簡短的開放式問題，非常出色地進行了帶有同理心的觀察和聆聽，尋找和驗證未滿足的需求。在他們找到眾多女性所面對的這個問題後，我讓他們聯繫了一名叫作曼尼・史騰（Manny Stern）的產品開發專家，對方協助他們重新配製這些維他命，改成方便的專利粉末包裝。女性可以隨身攜帶，方便加入任何飲料。這種新形式提供了跟標準藥丸形式相同的營養，但方便服用，味道良好，不會讓她們感到噁心或造成便秘。

時間快進，他們的公司——Premama——贏得了羅德島商業競賽（Rhode Island Business Competition）[35]，目前已在天使投資和創業投資募集了逾一千萬美金。他們的產前產品銷售狀況優於老牌公司，經過團隊的多樣化調整後，他們在相同的女性消費群間進行了更多由下而上的調查，尋找跟確認了額外的未滿足需求，隨後推出更多不同類別的營養品。

在我們進行下一步之前，我要為由下而上的調查應用時機，提供兩個額外建議。首先，

儘管之前分享的三個例子著重在面向消費者的產品，但還是可以將同樣的方式應用到服務業及B2B事業。同時，還可以跟神經科學家克里斯．莫爾所說明的細節一樣，應用到商業以外的領域。

南非洗髮精，別讓「完美」成為「良好」的敵人

我希望藉由家父修車的故事來強調一件事：有時候，我們不必遵循創業進程的每一個細節。事實上，有時我們即使想這麼做也做不到。為了強化如何運用由下而上調查的整體概念，接下來我會簡單說明過去在南非一家個人護理用品公司，被問到分享這項訓練的情況。我鼓勵他們從尋找跟驗證未滿足的需求開始，並介紹由下而上的調查。他們深深著迷，負責該公司洗髮精品牌的一名女性舉手發言，告訴我和場上所有人她迫不及待想要嘗試，但有一個挑戰：當顧客在淋浴間全身赤裸使用產品時，她要怎麼觀察顧客的使用狀況？我必須承認，她說到了重點。但是我們對這個挑戰進行「研討」，幾分鐘後，另一名女性舉手說：「是這樣的，我們有個牌子的洗髮精可以讓年輕媽媽洗新生兒的頭髮，我敢說會有媽媽願意讓我們去觀察的。」大家同意了這一點，儘管這不是他們原本想要做的事，但還是決定一試。

果然，他們的確得到幾位媽媽的許可，了解一些重要的顧客看法。例如，他們得知有些家庭也會用洗髮精來洗水盆，甚至是浴室地板。我不透露他們是怎麼處理

這個由下而上發現的情況，反而是提出了挑戰：好好想想你會怎麼做？

這個例子的重點在於，由下而上的調查就算不完美也還是有價值的，別讓「完美」成為「良好」的敵人。一如南非洗髮精的例子，即使無法完美應用由下而上的調查，以「不完美」的方式進行也無妨。不管是用在產品、服務、企業對顧客或企業對企業，請記住由下而上調查的基本原則：

- 抱持人類學的精神和同理心，觀察人們的自然行為。
- 提出簡短、開放性的問題，好好聆聽對方的回應。
- 避免封閉性問題，這會讓人感覺像在口頭調查，而且往往會將答案限制在「是」或「不是」的結果。
- 在第一步驟中，當你準備尋找跟驗證未滿足的需求時，要抗拒誘惑，不要介紹與推銷，或為腦海浮現的隨興主意徵詢意見。

無論「完美」與否，記住要深入了解整個供應鏈，而不是僅僅透過觀察和聆聽顧客。供應商、製造商、經銷商、競爭對手——所有這一切，以及其他讓你感興趣的一般接觸環節，都可以提供尋找跟驗證未滿足需求的寶貴機會。

讓人陷入麻煩的不是不了解的事，而是了解但實則錯誤的事。

——馬克・吐溫（電影《大賣空》引言）

（Mark Twain〔as quoted in the film *The Big Short*〕）

和有志創業者分享由下而上的調查技巧時，我經常察覺到不耐煩的情緒，甚至會看到有人翻白眼。「對，對，但我已經做過一些了。」我看得出他們心裡這麼想，或是「對，但別擔心，我可是猜想正確的罕見創業家，我真的確定自己早已了解顧客的需求。」在這些情況下，我會要求他們能夠遷就我，再去做一些由下而上的調查。

以下是我對他們說的話：想像一下，各位確實進行了更多的由下而上的調查，然後發現自己對觀察和聆聽到的事已百分之百了解。是的，這不是在浪費時間，因為這會讓各位感覺更有自信，也可以跟希望招募到公司的人分享額外的小故事。但猜猜看結果如何？這種事從未發生。百分之百的情況是，那些抱持懷疑的人衝回來告訴我他們弄錯的地方，以及一些細微的差異。即使他們原本對於潛在需求的了解已有八成的正確度，但仍表示存在兩成的錯誤。最後的比例可能決定了創業的成功或失敗，成功的關鍵就在細微和細緻的洞察力。就算各位有信心已掌握了第一步驟，也請遷就我一下，採用我在此提出的方式，回去進行更多由下而上的調查。

例如，在Premama的案例中，從由下而上的調查發現了產前維他命這個未滿足的需求，然而，丹恩團隊並未止步於最初的發現。Premama的第一個產品叫作Priwater，這是含有一劑產前營養素的瓶裝飲料。追加的由下而上的調查發現目標客群抗拒這樣的瓶子，不僅攜帶不便，還像是在宣揚她們懷孕的訊息。聆聽雜貨店經理的意見，可以了解到製造、銷售和儲放的物流挑戰，因為用的是沉重易碎的瓶子，而且內容物主要是水。追加的由下而上的調查讓關鍵產品轉向更為方便的粉末包裝，Premama對此申請專利，隨後推出產品，擴大了事業。

商業以外的未滿足需求

之前我曾承諾要分享更多，為何「洞察、解決、擴展」是方法論而不是意識形態，以及為何它可以適用在超越商業的廣泛領域。就任布朗大學新成立的尼爾森創業中心執行主任的第一天，我走進布朗大學卡尼腦科學機構的黛安・利普斯康（Diane Lipscombe）主任的辦公室。儘管我不確定新的創業中心和一群神經科學研究者能產生怎樣的合作模式，我仍希望可以作一下討論。由於跨學科思考是布朗文化的特點，我猜想結合卡尼腦科學機構的「巧克力」和我們的「花生醬」可能會產生某種吸引人的東西。黛安也具有開放性思維，在我們簡短的對話中，出現了幾個強烈且相關的未滿足需求。最值得注意的是，平均而言，研究的想法轉化成現實世界的臨床應用需要十七年[9]。不知不覺中，我們已同意由我為卡尼的腦部研究人員舉辦一場由下而上的調查研討會。

這些科學研究人員接受了人類學和同理心的方法，並欣賞 Tide、Dawn 和 Premama 的故事。但讓我們面對事實吧，不管研討會成員看起來多麼愉快，重要的還是他們如何應用所學及其產生的影響，而直到會議結束後，我才了解到這一點。

在這次研討會後不久，我接到世界級腦部研究學者克里斯．莫爾的電子郵件，讓我了解到「洞察、解決、擴展」這套企業進程的潛力超乎我的想像。克里斯寫道：「這是非常棒的研討會，科學上有個非常重要的關聯，科學家一旦擁有創造性想法，就知道如何運用『科學方法』，但令人驚訝的是，幾乎沒有相關的訓練告訴我們，如何在前置時期取得創造性想法。」我請克里斯進一步說明，他解釋說，研究人員經常會作假設，再透過科學實驗證明是否正確，但是他們卻沒有充分的前置調查，能夠了解這個假設是否會產生足夠的重大臨床影響，以及是否可以減少通往現實世界所需要的十七年時間。「丹尼，你的由下而上的調查讓我們了解到，我們往往略過了一開始決定要做實驗的部分。」他強調：「儘管我從未想過創業研討會能幫我看見這件事，但是你的訓練將改變我們進行腦部研究的方法，讓它產生更有關聯、更快速的臨床影響。」**哇！**那時我意識到，自己所掌握的不單單只是一套展開更好事業的結構性方法。

幾百位「企業進程」的校友已把這三個步驟應用在五花八門的領域：政府、醫學、非營利組織、大公司、軍隊、藝術、新創公司，以及像克里斯的研究實驗室及其他許多領域。不管身處什麼環境，不管面對怎樣的挑戰，各位都可以用由下而上的調查作為解決問題的第一步。記住，「洞察、解決、擴展」是方法論，不是意識形態。

我希望大家運用由下而上的調查，藉此找出重要的問題。但是，如何從不討喜的產前維他命藥丸，轉變成容易消化又美味的女性專用營養補給品呢？請繼續看下去。

Chapter
4

第二步驟：解決

制定價值主張——心態準則

價值主張是什麼？

如果「洞察、解決、擴展」的第一步驟是界定要解決的問題，第二步驟就是要動手解決。或許是在實驗室、教室、空房間，也或許是在車庫、社群創業加速器（social enterprise accelerator）[36]、創客空間（makerspace）[37]、企業創新空間，以小範圍進行確認並試驗解決方案。在這一章中，我們將學習何謂價值主張，採取關鍵的預備步驟，把自己放進具創造力的思考框架，好發展出突破性的解決方案，同時學會使用幾種有價值的創新工具，回答三個用來釐清的問題，逐步完成結構化的價值主張練習，並且效仿優秀的案例，協助制定自己的價值主張。沒有人與生俱來就有這些技能，但每個人都可以掌握，這就是**解決：制定價值主張**的意義。

價值主張是人們經常誤用的名詞之一。當我請經驗豐富的創業家講解這個名詞時，他們經常結結巴巴，只有一些人明白它指的是提供給潛在消費者的一種價值，但他們往往忽略的是，傳達價值主張的能力更是舉足輕重。

如同我在布朗大學的同事安格斯・欽貢（Angus Kingon）的定義，價值主張是一種「以**經濟**術語，將顧客**需求**與使用你的產品或服務所得到的**好處**相結合的聲明」。讓我們來釐清一下這句話裡的粗體字，確保大家了解所談論的內容。

首先，各位或許會注意到一個我們應該已經很熟悉的名詞：**需求**。請記住我前面所說的，以及「洞察、解決、擴展」第一步驟的重點：尋找跟驗證尚未滿足的需求。事實上，這不是舊需求，而是**強烈且持久的需求**。

其次，注意**好處**這個名詞。好處指的是，我們承諾交給顧客，而且能夠解決他們需求的東西。《推動商業腦》（*Jump Start Your Business Brain*）[1]作者道格・霍爾（Doug Hall）強調，承諾的好處應該要**鮮明**。這表示，這些優點對我們潛在的顧客來說必須清晰易見，不需要他們特別努力才能了解。道格同時強調，除了這些明顯的優點，還需要傳達為何潛在的顧客應該**信任**我們會貫徹承諾，不但提供這些好處，也能解決他們的問題。最後，道格提醒我們即使承諾明顯的好處，而且潛在顧客相信我們可以辦到，我們還是得讓自己跟提出同樣承諾的競爭者**截然不同**。道格稱這是三大「行銷物理定律」，也是新創公司成功的關鍵。事實上，每當看到新創公司停滯不前，只要檢視這些基本因素，經常可以發現至少其中一項有不足之處。

除了要明顯、可靠、截然不同，區分出特色和優點也很重要。特色是描述承諾**內容**的一種方式——用來介紹你的解決方案，你的特色可能涉及隱含的技術，甚至是支持這項技術的科學背景。但要記住的是，不管特色再怎麼酷炫，消費者都不會因為特色而購買產品。例如，Apple 知道消費者不會因為新進晶片而買最新的筆記型電腦，而是為了它的優點——讓工作更有效率也更可靠。

隨著人工智慧受到廣泛產業的認同，它的支持者經常強調特色中的「酷因素」（cool factor）。創業投資人蘿西歐・吳（Rocio Wu）卻提醒創業家，不要依靠人工智慧的誘人特色來吸引顧客，而是要著重在人工智慧能提供的好處，原因在於：「顧客不是在追尋技術，而是想要得到解決問題的方案，若只是把服務或產品定位成『健康照護的人工智慧』或是『銷售的人工智慧』絕對不夠具體……商界領導者會希望知道你深入了解他們的問題和機會，而你的解決方案是針對他們的狀況，為他們量身打造，表現出人工智慧應該可以提供更好的解決方案。」[2]

如果特色是更強調功能，並且回答產品**能力**的關鍵問題，那麼，就只是著重在產品或服務處理顧客需求的方式。簡單來說，「優點」回答了**為什麼**的關鍵問題：為什麼我應該喜歡？為什麼我應該買這項產品？

我喜歡哈佛商學院前行銷學教授暨《哈佛商業評論》編輯泰德・利維特（Ted Levitt）區分特色（什麼）和優點（為什麼）的方式，他提醒我們：「人們不想買一個四分之一吋的鑽頭，他們想買的是四分之一吋的鑽孔。」優點能解決強烈且持久的基本需求，因而促進我們的潛在顧客採取行動。它們藉由心理觸動來解決顧客的問題，如果能夠描繪你的解決方案，讓它不只改變顧客做的事，還照顧到他們的感受，那你就接近「優點」了。

賽門．西奈克（Simon Sinek）那場激勵人心的ＴＥＤ演講是我跟每位學生都會分享的，這場演講與他的著作《先問，為什麼？》（*Start with Why*）[3]都提出一個有力的提醒：「你做什麼，人們不一定買單；他們買的是你為什麼做。」西奈克引用萊特兄弟、賈伯斯、沃茲尼克和馬丁路德．金恩等商業及其他領域的例子：「他們的目標和他人並無不同，他們的系統和過程也很容易複製……（然而）他們是一群一流的領導者，從事非常非常特別的事，他們激勵了我們。」優點回答了**為什麼**這個問題，當我們開始進行，並強調**為什麼**的時候，便有了激勵的力量。我們要挖掘表面的特色或功能（**什麼**）背後的基本心理需求。

最後，我們要盡量使用集中且精確的心理學和人口統計學語言，明確說明產品或服務受益的對象。我在這裡看到的典型錯誤是，目標顧客的定位不夠精確，這將是第三步驟「**擴展：創建永續模式**」的一個問題，我們要運用有限資源對準市場，建立品牌，擄獲顧客。即使在早期階段，我們還是需要開始定義誰**不是**目標顧客。

而現在，記住在問題解決之前，我們所找到跟驗證過的問題時，需要思考三個基本問題：

- **為什麼**：優點
- **什麼**：特色
- **誰**：產品或服務受益的對象

制定突破性價值主張的心態準則

在「洞察、解決、擴展」這套進程的第一步驟「洞察：尋找跟驗證尚未滿足的需求」裡，我要求大家著重在「是什麼？」」。透過人類學家的觀察和行為模式，加上同理心來採取行動，以看見事物原本的樣貌。這並不容易，因為光是「拋開偏見」就是一個挑戰，觀察事物原本的樣貌比想像的還困難。

在接下來的步驟「解決：制定價值主張」中，我請大家查看事物「可能」的樣貌。由於方法不同，因此也很困難，除非我們先延伸自己的心智，否則我們對於事物的認知會限制我們以不同視角觀察的能力。我的英國皇家藝術學會朋友史考特・柏罕（Scott Burnham）曾針對這個現象，寫出名為《這個可能》（*This Could*）[4]的傑出著作。史考特講述了一個心智延伸帶來影響力的經典實驗，也就是哈佛大學心理學家艾倫・蘭格（Ellen Langer）和同事艾莉森・派柏（Alison Piper）進行的實驗，兩人說明了她稱為條件式思考的影響。兩組參與者用鉛筆工作，他們不免會寫錯字。其中一組會拿到橡皮筋，同時被告知「這是橡皮筋」，接到要求改正錯字時，有百分之三的組員會意識到橡皮筋同時也可以當成橡皮擦。而另一組參與者拿到橡皮筋時，被告知「這可能是橡皮筋」，有百分之四十的人意識到橡皮筋也可以拿來擦錯字[5]。

聽到事物「可能是」而非「是什麼」的時候，就足以延伸第二組的思考，以不同角度見到橡皮筋的潛力。就像著手制定價值主張，以解決第一步驟所驗證的問題，在這個步驟中，我們需要把心態從**是什麼**轉移成**可能是什麼**。

鮑伯·強斯頓（Bob Johnston）和道格·貝特（Doug Bate）是我的好友兼定期教學合作夥伴，他們也是策略創新團體的創辦人，曾合著《策略創新的力量》（*The Power of Strategy Innovation*），協助了無數的大型公司和組織轉型成功的創新專家。在他們傑出的職業生涯中，提供了客戶幾個制定價值主張的準則。在深入特定價值主張的問題解決技能之前，請先思考這些準則，作為心理熱身活動。

展開熱身前，請先思考一下二戰時期的創造力專家露絲·諾勒（Ruth Noller）[6]的見解。身為數學專家，露絲以數學公式呈現了她的建議：C＝fa(KIE)，其中創造力（C）得自於知識（K）、想像力（I）和評估（E）的交互作用。對我們的目標而言最重要的是，諾勒強調公式的關鍵催化劑在於態度（a）。她認為，如果沒有正確的態度，再多的知識、想像力、評估和任何因素，都無法帶來創造性的成果[7]。換句話說，必須對新想法的可能性抱持開放的態度。

在統整想法前，先廣泛思考

得到好想法的最好方法就是擁有許多想法。
——兩度諾貝爾獎得主／萊納斯．鮑林（Linus Pauling）

如果無法一直深掘同一個洞，就無法挖出不同地方的洞。
——橫向思考暨創造力專家／愛德華．狄波諾（Edward de Bono）

在任何創造過程的早期階段，我們往往急著取得結論。我們可能會覺得時間太少，無法在「過程」中閒晃，而且急著得到「產品」。我們可能覺得既然知道「正確答案」，何不直接進行？我們可能會因為把想法擴展到合適以外的範圍，而在同儕和上級之間覺得尷尬。新創公司的創業家最常見的傾向之一就是過度自信[8]，因此出現了匆忙得出結論的情況。我確定大家在創造過程中有時會過早縮小焦點，並為此找出其他許多的原因或藉口。

但是，我要在此提出警告，協助大家在制定價值主張的時候避開這些傾向。鮑伯．強斯頓和道格．貝特提醒我們要抗拒這些自然的傾向，改成在統整自己的想法前，先廣泛思考。也就是說，首先要採取廣泛的方法，盡可能不受限地思考，不加以編輯，納入所有想法，並知道自己之後會有機會找出最好的選擇。

「廣泛思考」意指不考慮實際限制，不評判、不評估、不批評地產生想法。華頓商學院的組織心理學家亞當・格蘭特（Adam Grant）用了更具體的說明，他警告說：「最早的二十個點子實際上不如接下來的十五個點子有創意，如果想要發揮極致的創造力，需要提出兩百個點子，才能達到別出心裁的最高點。」簡單來說，廣泛思考會浮現意外的突破性解決方案，太早統整想法的話，就會容易錯過。

警告：人為疏失

解決問題的熱忱可能導致我們過早聚焦在一個潛在的解決方案，而不是形成有選項的組合。

創造想法的組合，降低風險

要作到廣泛思考，有種具體方式是發展出潛在機會的組合，然後在互動過程中進行測試。畢竟，在過程的早期階段，怎麼可能知道哪一個是可以追求的正確想法？透過能夠進行測試、學習和調整的互動過程，可以鎖定在最有機會成功的一個或更多想法。在嘗試某些想法的過程中，可能會遇到致命的缺陷。根據吉羅德・希爾斯（Gerald Hills）和羅伯特・辛（Robert Singh）所進行的研究，想法的**數量**，是生成想法或創造機會的最重要層面之一。根據他們的研究，超過百分之八十二的新興創業家在最終選擇之前，會生成一到五個想法[9][10]，把一個機會組合帶入創業進程的後續步驟中，但是統整想法前「先廣泛思考」的實用之處。當你針對確定的問題，進行發展解決方案的過程中，務必保持開放的心態，接受多重可能的解答，而不要只單戀一枝花。

「讓創新想法可行」比「讓可行想法創新」容易

當鮑伯．強斯頓多年前對我班上學生說這句話時，它就像閃電般擊中了我，我從未這樣思考過。想像你自己置身在成熟組織的會議，鼓起勇氣提出建議時，卻被人（所有人？）攻擊，批評你的想法極其不切實際：「但我們的預算已沒有空間。」「沒有部門適合它。」「我們的技術根本還不足以進行這樣的事。」新創的創業家也可能出現遲疑：「我們沒有負擔這種方法的資金。」「我們還沒想出這部分的解決方案。」「我們團隊沒人知道怎麼進行。」一如前面所討論的，成功的新創公司似乎更能創新的原因之一，是比較不會死板看待自己既定的能力。

在制定價值主張的這個階段，看看你是否能抵抗這些重大誘惑，學著不從「可行性」去評估早期脆弱的想法。為什麼呢？縮減絕對行不通的想法難道不是更有效率嗎？是，也不是。是，就字面意義來說，它可能會更有效率，但效率不該是主宰這個過程的因素，之後會有時間來進行削除、減少、修訂，甚至是淘汰。在某個時期，我們可能必須考慮預算和技術限制，然而，在創造構想的早期階段，更重要的是避免根據我們可能顧慮的可行性來加以評估。抵抗這種常見的傾向，可以協助團隊的每個人更自在地說出自己的想法。

擁抱「外卡」想法

儘管我在這裡提醒大家，要抵抗自己聚焦在「可行性」上的傾向，但如果各位跟大多數的人一樣，大概還是會忍不住關注。出於這個原因，當鮑伯和道格來我的班上進行講座時，他們要求學生在想法清單上至少要加上一個「外卡」（wild card）——一種不切實際，而且大家都無意按照原樣執行的想法。為了強制大家執行，他們要求當事人寫下「非法、不道德，或是會讓人遭到解僱」的想法清單。

課堂上所列出的形形色色外卡例子中，包括了防曬藥丸、大麻呼吸測定器、無人機樹苗種植、透過空氣為個人及家用裝置充電的電源路由器、重新回收玻璃成為砂子來協助逆轉海灘侵蝕的裝置、兼具空調作用的一般窗戶、符合道德的女性色情文學（學生團隊所進行的最後兩個案例，還成了那個學期的最佳企業）。瘋狂的外卡想法強迫我們放開可行性的過濾器，讓我們大笑，創意的點子反而源源不絕出現。

在許多情況下，這些荒謬的想法會以從未預料到的方式實現。

鮑伯和道格透過一個著名的創新故事，來說明強制實行外卡的概念。有一天，創新顧問小組協助通用食品（General Foods）糖果部門的一個團隊進行發想，糖果部門需要新的想法重振產品線，儘管已有關於「廣泛思考」以及「選擇創新而非可行性」的準則，這個團隊還是無法產生突破性的想法。顧問要求他們加入幾個外卡想法後，有人脫口而出：「會說話的糖果怎麼樣？」大家都笑了，誰聽說過會說話的糖果？

而在經過幾秒鐘的沉默之後，一名食品技術人員大聲說：「是這樣的，我們沒有讓糖果說話的技術，倒是有一種糖和二氧化碳的配方，能夠讓糖在嘴巴裡跳動爆裂，發出有趣的聲音。」大家可能已經猜到，這催生出了「跳跳糖」，並在市場上轟動多年。

提防抑制創業的阻力

如果準備在成熟的組織運用「洞察、解決、擴展」這套進程，就要掌握可能造成不利的「三個基本阻力」，也需要對此格外敏銳。這些阻力會造成我們停滯跟過濾似乎不可行的想法，也會限制我們接納外卡想法的意願，而外卡想法可以協助我們擴大機會，並帶來巨大的可能性。

如果準備在較小的新創環境用這個方法，也請留意，因為這些概念同樣適用。不論環境為何，我要提醒大家注意這些阻力，避免它抑制創業進程。

公司重力

鮑伯和道格把第一個阻力稱為「公司重力」。兩人在作品《策略創新的力量》（*The Power of Strategy Innovation*）中指出：「如同美國航太總署的火箭要抵達新的星球，需要掙脫地球的重力場，（創業）團隊要發現新的機會，必須掙脫『公司重力』的阻力。」[11]他們把公司重力定義為「阻止員工過於遠離目前商業模式來進行冒險的一種無形阻力」。換句話說就是：「這不是我們做事的方式。」公司重力反映出隱含的假設，公司和市場的運作方式皆會限制創新的方法，這裡產生的是演化，而不是革命[12]。誰都不能在無重力的情況下生存；但是在價值主張的發展過程中，請確保它不會限制我們的創造力。

公司短視

跟創業障礙有關的另一個源頭就是鮑伯和道格所說的公司短視：「眼前生意的緊迫，取代了未來業務的重要性，因而導致了短視的觀點。」[13]老字號組織的領導人有兩個基本責任：維持堡壘、創造未來。如你所知，掌管老字號組織的人很難做到兩者兼顧。

維持眼前生意的短視，是「資源豐富會造成負擔」的另一個絕佳說明。擁有業務需要維持的生意的公司，在剛開始時，可能會認為自己比新加入的新創公司更具優勢。這些企業出現短視，不得不耗費精力和資源維持現有的業務，也就是所謂的「維持堡壘」。前面談豐富資源的章節討論過 Knight Ridder 報業，他們就是難以掙脫成功的報紙身分，因此無法利用網路所提供的新機會。至於 Google 及其他和 Knight Ridder 競爭的新創公司，既沒有需要維持的固有業務、需要捍衛的既有市場，也沒有需要維持的堡壘。相反地，他們可以把稀少的資源投入創造未來。所以請留意「現有需求」的緊迫呼喚，因為這會轉移你創造未來的注意力。

公司免疫系統

不利老字號組織發展創業精神的第三個阻力，就是鮑伯和道格所說的「公司免疫系統」，也就是「現有公司體制和流程所扮演的角色，它們『驅除』威脅整體業務穩定的一切事物」。跟公司重力的隱含假設不同，公司免疫系統包括了明確的體制和流程，例如薪資獎勵或是調整投資回報的門檻。當公司免疫系統驅除威脅組織的事物時，同時也驅除了改善組織的可能性[14]。

道格和我分享了一家非處方藥知名公司的案例，該公司的銷售額逐年趨緩，需要新的產品點子來增加成長率。鮑伯和道格協助他們，提出許多有趣的新產品，但後來都沒有實踐。因為推出新產品對公司的盈利狀況，甚至對股價可能造成短期影響，讓他們止步不前。強勁的財務業績和不願讓業務落入危險的心態（即使長期來看，新產品／品牌會有更強的收益成長），形成了免疫系統反應，讓新產品無法面世，也正是這個專案，讓鮑伯和道格定義了公司免疫系統的概念。

另一個案例，則是製造廠的負責人他們不想製造新產品，因為這樣必須停止其他產品的生產線，重置機器，為新產品進行小型運作。這將改變他們該地區的年度生產目標，接著影響到他們的獎金——這是為了確保公司效率所預設的目標，阻礙到新產品誕生的另一種情況。

公司免疫系統因為確實有其價值，成了三項阻力中最隱蔽的一項。事實上，這些體制和流程對於現有組織的生存來說，很多是不可或缺的。組織免疫系統的比喻，當然是根據生存所需要的生物免疫系統而來。沒有免疫系統，就會受到細菌和病毒感染，而沒有這些防禦，生命就會死亡。只是，我們自身的免疫系統還是可能機能失常、過度活躍，或是變得太激烈，甚至可能把器官當成病原體而去攻擊它們。這些自體免疫問題潛伏其中，我們無法除去免疫系統，否則就無法生存。同樣地，當組織免疫系統變得太過激烈，我們也無法直接除去，不然組織可能會無法存續。克雷頓．克里斯汀生（Clayton Christensen）在《創新的兩難》（*The Innovator's Dilemma*）中，以另一種方式這麼說：

> 管理的一個困境是，本質上，建立流程是為了讓員工能夠日復一日，以一致方式進行重複性工作。為了確保一致，就不應改變——或是如果必須改變，就要遵循嚴格管控的程序，但這也表示組織賴以創造價值的機制，本質上不利於改變[15]。

公司免疫系統和克里斯汀生所提到的流程，儘管在某些地方有用，卻也抑制了我們的能力，無法思考解決在「洞察、解決、擴展」進程中，我們投入大量時間精力找出的問題。

警告：人為疏失

我們過度依賴「公司免疫系統」，但它排斥的不只是實際的威脅，還有足以與現存運作方式一較高下的可貴創新。

Aparigraha（不執著）：脫離豐富資源

我們需要的遠比我們認為的要少得多。

——美國作家／馬雅・安傑洛（Maya Angelou）

我們所表演中的魔術，並不是我自己想施展的，而是遊戲本身呼喚著我。

——潘恩和泰勒魔術秀的潘恩（Teller, of Penn & Teller）

每天都有餽贈降臨在我們身上，但其用意不是要我們保留它。
它們的生命不斷運作，就在我們所共享的每個呼吸中。

——美國環境與生物學教授／羅賓・沃爾・基默爾《編織茅香》（Robin Wall Kimmerer, *Braiding Sweetgrass*）[16]

一天上午，我走進週日瑜伽課時，見到夏娜（Shannah）老師在黑板寫下梵語「aparigraha」（不執著）——它是關於道德行為的五大瑜伽持戒，提醒我們不占有、不依戀的重要性。多年來，夏娜通常會在讓人容易固守不放、覬覦和累積資源的十二月假期前後，提醒我們不要依戀。Aparigraha 是一種精神紀律，要承認我們所擁有的已經足夠，不需要別人擁有的東西。

當我向夏娜請教如何在創業進程中實現aparigraha紀律時，她給了我以下的建議：

- 注意呼吸。讓吸氣和呼氣的簡單動作教導我們生命的完整，而不需要緊抓不放。如果只是吸氣，會來到無法繼續的地步，所以必須呼氣（放手），為下一次吸氣釋出空間，再接下來的正確做法就是去接受新的事物。換句話說，生命是持續地充滿和清空，呼吸就是一個最好的比喻。請記下這樣的觀察與經驗。
- 看看身邊的實物，這些東西是否讓人感覺自由和輕鬆，還是緊緊附著於你，讓你覺得沉重和拖累？記住，你依附的東西也會依附你。東西太多就會產生維護的問題，最後會困住我們。請試著體驗享受和依戀之間的不同。
- 留意你強加給人們、地方和事物的期望，以及要求對方給予你慣常的安慰與充實感。注意這些期望是怎樣讓你受到限制，又是怎樣經常讓你感到不滿。
- 如同身體有肌肉，心智也有被人遺忘的「肌肉」。我們往往偏向於「堅持」的肌肉，所以需要發展更強壯的「放手」肌肉，透過頻繁使用這樣的肌肉，可以讓我們保持良好的思考，先從小事開始練習，可以為日後出現的大事作好準備。留意自己執著的時刻，不管是在情緒、想法、信仰、習慣，還是事物，讓「放手」的肌肉做一些運動。

一如歐普拉所說：「呼吸，放手，提醒自己，這一刻是你唯一確定知道自己擁有的時刻。」

進行 aparigraha 精神訓練，可以讓缺乏資源的創業家相信資源已經足夠，正如前面所說，這甚至比擁有太多資源更加具有優勢。Aparigraha 可以協助我們接受開頭提到的創業定義概念：**不顧及當前掌握的資源**。

那如果擁有豐富的資源，應該怎麼做才能避免它們造成妨礙？Aparigraha 的心態可以避免這些豐富資源阻礙我們，我們不必認定自己必須捨棄，才能成為創業家。

請記住我們創業定義的最後部分，不管你的資源短缺或豐富，aparigraha 都容許我們在不顧及目前掌握資源的情況下行動。

Aparigraha 也強調無常。就像佛教徒的無所住信條[38]，aparigraha 讓我們得以看見超乎現有樣貌的事物，讓我們放開已習慣的事物現狀，開始想像它們可能的樣子。它承認創業就是「改變慣例，打破規則，並創立新規則」。如同瑜伽和冥想常見的做法，黛博拉．艾德勒（Deborah Adele）在《持戒與遵行》（*The Yamas and Niyamas*）以呼吸來比喻 aparigraha：「就像呼吸，如果屏氣過久，原本滋養我們的東西就會變得有毒。Aparigraha 邀請我們進行天賜的活動，體驗當下的親密感和接觸，然後放手，下一件事就會接著來到。」[17]

我在商學院畢業後，立刻跟兩名同學去阿拉斯加待了兩星期。我們花了一星期在銅河（Copper River）[39]的偏遠河段泛舟，另一星期在黑河灣（Blackstone Bay）[40]划皮艇。這場冒險的困難在於，我們要實際前往河流、海灣的過程，這一路上不可避免的還有天氣、動物、裝備和食物等難題要克服。

我們的嚮導叫作凱文（Kevin），他的安靜睿智，影響了我們這三個自以為無所不知的傲慢ＭＢＡ。凱文注意到我們非常執著於照料裝備、食物和橡皮艇，於是他給了我們什麼建議呢？「弄濕你的靴子，延後吃午餐，這樣就沒什麼好擔心的了。」我當時很喜歡這句話，現在也一樣喜歡，因為這非常有見解地點出了執迷會如何使我們嘗試去保護擁有的東西，以及會付出何種代價。他倒是沒教我們把午餐和靴子扔出船外，而是建議我們克服憂慮和執著，轉而好好享受旅程。在本書中，我不會教你去放棄手中的任何資源，但建議各位遵照凱文的提議，要設法阻止它們主宰我們的思緒。

一如印第安人植物學家暨《編織茅香》（*Braiding Sweetgrass*）作者羅賓・沃爾・基默爾（Robin Wall Kimmerer）的說法：「短缺和豐裕是心靈和精神的特質，也是經濟的特質。」[18]

到期日

如同我透過「提醒標示」所強調的，本書的一個重要主題在於協助我們克服阻礙進展的認知偏見，這也是我不斷提醒的事。由下而上的調查幫助我們放鬆人際互動中經常出現的偏見，留意並避免在早期階段向他人介紹，或尋求意見回饋，因為這會讓人太快執著於隨機出現的產品點子。Aparigraha 是一種協助人類克服固守不放、覬覦和累積資源的心態。然而，Aparigraha 難以捉摸，即使對最有經驗的瑜伽修行者也是一種挑戰，需要窮其一生來學習與掌握。

有時候，我們必須將方法制度化，如此才能認同並克服這些自然的天性。當歐林工程學院（Olin College）一九九七年在麻州尼德漢創辦時，著眼於改造工程教育，藉此突顯自身和其他名校的不同。校方意識到無法在創校初期就找出學生所有未滿足的需求，所以覺得在投入資源做大規模的擴張之前，必須先調整他們的價值主張。現在，歐林以革新的工程課程聞名，課程跨學科且不分科系，完全專注於設計和創新，教學方法則強調以「團隊」為基礎。

雖然歐林學院在二〇〇〇年初期取得初步成功，但每隔幾年，全體教職員就會一起檢視學校課程，有時還會重寫一些內容。歐林沒有把課程交給機會來進行演化，也沒有依賴未來領導者的傑出洞察，甚至也沒有用精神紀律，來逼迫領導者在想像自己資源不足的情況下管理。歐林並不期望可以克服學校組織的重力（gravity）、短視、免疫系統等阻力，這些都是既有資源不斷累積造成的內在問題。歐林按照製造商的做法，對課程的周期設立限制——換句話說，就是設定到期日。歐林透過嚴格的紀律，迫使許多資源無法累積，這樣就可以重新發明新事物。它強迫學院「以資源短缺的假設」來行事：再次尋找跟驗證未滿足或部分未滿足的需求，重啟價值主張的制定。我想說的是，這種方法迫使歐林的領導階層可以用全新的眼光看待一切。

熱情大於動力

我沒有特殊天賦，只是有充滿熱情的好奇心。

——美國理論物理學家／愛因斯坦（Albert Einstein）

直到知道你有多在乎之前，沒人在乎你知道多少。

——第二十六任美國總統／泰迪．羅斯福（Teddy Roosevelt）

成功的創業家往往熱愛自己所做的事，陶醉在創業家的身分中[19]。在少見的情況下，充滿抱負的創業家會嘗試推出自己沒有熱情的東西，但往往就會失敗。創業並不容易，甚至比困難還不足以形容。各位想要改變世界，解決長久以來對我們造成挑戰、困惑，甚至是困擾的問題；各位冒著風險開荒闢路，這的確不容易。儘管我和大家分享的企業進程有學術可信度，「洞察、解決、擴展」這套方法卻不能算是一種學術或智力上的嘗試，因為我們無法不帶情感地貫徹整個過程。不管是在實驗室、創客空間、社群創業加速器、醫院、軍事基地、博物館、政府單位、大公司，或其他為了解決問題的環境，成功的關鍵因素都在於熱情。

早在我還是一個專注於消費者健康和天然產品的創業投資人時，我需要閱讀數以百計的商業計畫，跟幾十位創業家開會，我就已見識到這件事。每一個人都對自己的創業任務充滿熱情，儘管表情會隨著個性有所不同，我仍舊可以感受到，這股熱情會激勵他們超越前進的障礙。這些人之中，有的受過醫學訓練，但許多人沒有，卻都相信自己發現了可以治療癌症的天然物質，不打算讓「通過美國食品及藥物管理局認證」這種小事阻礙他們。有人想要把自己認為是長壽關鍵的新飲食商業化，他們身為六十歲長者，看起來卻像三十歲，他們決心成為自己飲食療法有效的活證明。愈來愈多領域以外的技術專家熱切期待，把他們的技能應用到天然產品的產業，以及該產業較為落後的零售和配銷基礎設施上。雖然這些認真的創業家單憑熱情，無法作為我投資的充分理由，但保持熱情卻有其必要，而且投資家裡不是只有我這麼認為。哈佛商學院教授喬恩．雅次莫維茲（Jon Jachimowicz）的研究指出，在投售簡報中展現熱情的創業家確實會得到更多的投資出價，這其中的關係也很密切，甚至「創業家在熱情的表達上每增加一個差距，就會提高了40.4％獲得資金的機會。」[20][21]

在我個人的投資經驗中，雖然我遇上的大部分創業家都展現了熱情，卻也有極少數的例外。我曾見過一個特別的創業家，他深具抱負，具有令人欽佩的背景，不只出身頂尖大學和商學院，還擁有市場分析專業的顧問公司資歷。他帶來一份由上而下的精緻分析調查報告，調查過商店貨架上每一個天然食品分類後，他得出的結論是：消費者對於全天然的義大利食品有著未滿足的需求。當時我的創投經驗還不多，必須承認他的各種證書，對於成長率、盈利和製造等各項數據的引用，以及宛如商學院個案研究的經銷策略，都非常吸引我。他滿足了所有要求，而且，他還擁有矽谷資深人士藍迪．高米沙（Randy Komisar）[41]所說的**動力**（drive）。高米沙把「動力」定義為「推動一個人邁向他認為有必要去做的事」的一種力量。

然而隨著會面時間一久，一些問題也跟著清晰浮現。當然，他的試算表格和圖表顯現了典型的「曲棍球桿現象」（hockey stick）[42]銷售預測。他的製造業分析所預告的利潤，會讓所有MBA露出微笑，他同時引用業界專家認為特定食品市場具有驚人成長率的說法。但顯然，主導談話的是他的大腦和錢包，我們完全看不到他的心。他看起來確實善於掌握這個產業的動能，但讓人感覺不出他在乎這個機會。他並未證明，如果這麼做，世界就會變得更好。換句話說，他缺乏了一種熱情：把人拉向一個無法抗拒的事物[22]。我開始回顧個人的創業經驗，想起那些克服挑戰的過程有多麼艱難，於是決定放棄這個案子。

這並不是說，如果一開始沒有感覺到強烈的熱情，就應該放棄這個案子。事實上，有時透過「洞察、解決、擴展」的方法，可以披露跟協助表達潛在的熱情。找到一個非常想要解決的問題，發展出一個能夠開始進行的價值主張，設想及發展一個永續模式——這些步驟都可以反映潛在的熱情，並提供有意義的方式來表達跟擴大這些熱情。

丹恩·亞齊茲（Dan Aziz）是先前提到的產前維他命新創公司 Premama 的創辦人，他最鮮明的特質之一就是：他抱持熱情，想幫助有醫療需求的人。如同 Premama 最大投資人的說法，他投資這家公司的理由是因為丹恩，尤其是因為他知道丹恩擁有極大的熱情，就算遇到阻礙也會「穿牆而過」。Premama 是一個很好的例子，可以幫助我討論現在要談的「提升熱情的雙向工具」。在前往全食超市進行由下而上的調查、尋找跟驗證到孕婦尚未滿足的需求時，丹恩及新創團隊剛開始只是直覺感受到一種潛在的熱情。在推出和擴大 Premama 期間，丹恩對於價值主張和永續模式的持續追求，進一步闡明了這種熱情的幅度、深度和範圍。它提供了一種工具，讓丹恩可以透過它滋養熱情，並繼續以更大的規模展現熱情。

評估或取得理性和熱情之間的完美平衡，並不容易。就像依娃·狄莫爾（Eva de Mol）在《哈佛商業評論》的文章〈成功新創團隊之道〉（What Makes a Successful Startup Team）所說，納入共同的創業熱情並取得平衡，是創業團隊優異表現的基礎。

> 當我們談論團隊成員的經驗（硬實力）及其熱情與願景（軟實力）之間的平衡時，有個傑出團隊恪守的甜蜜點。如果團隊成員極為聰明和老道，卻因為對於公司願景沒有共識，而不想分享知識，他們的知識對事業就毫無用處。這些熱情和願景的差異，反而會讓團隊的表現更糟[23]。

目標大於熱情[24]

帶著目標行走，就會和命運碰撞。

——美國社會學家、作家、講師和教育家／柏蒂斯・貝里（Bertice Berry）

找到感覺輕鬆的工作或職業，這對你和世界都是最仁慈的事。如果有幸進入這個地方，那就是成功。

——多次創業家暨旅行軟體 Hopstop 創辦人／奇內杜・艾徹羅（Chinedu Echeruo）

儘管熱情對於激發動力有其必要，而熱情也比純然的動力更加可取，我還是想要分享一些提醒。首先，熱情雖然是一種積極的情緒，但重要的研究仍顯示，過多的熱情也會阻礙創業家進步。正如瑪莉莎・卡登（Melissa Cardon）[43]和研究同事在〈創業熱情的本質和經驗〉（The Nature and Experience of Entrepreneurial Passion）一文中指出：「太過積極和強烈的熱情，可能會限制創業家解決問題的創造力……因為創業家不願探索替代的選項，擔心這樣做會削弱或分散自己強烈的積極。」[25]

其次，儘管投資人更有可能支持在投售簡報中展現熱情的創業者，熱情卻是裝不來的。雖然投資人經常投資那些創辦人表達出真誠熱情的事業，但是他們也**比較不會**支持言不由衷的創業家[26]。

第三，對於維持創業動力來說，目標比熱情更重要。光靠熱情是無法培養足以貫徹長期目標的韌性或毅力；熱情是一種情緒狀態，而就本質來說，情緒稍縱即逝。而另一方面，目標是一種幸福感，更多的是包含熱情及其他重要因素的心靈狀態。熱情是自我導向，是關於對事情的感受，而目標則是對自己有意義、對他人也重要的雙重交集。

想要突破僅是單純的熱情，就要把目標定義為追求對自身有意義，同時對世界也重要的事物。

的確，不管我們追求什麼，重要的是要能反映自身的優先順序，但是我們仍舊需要考慮自身對周遭世界的影響。

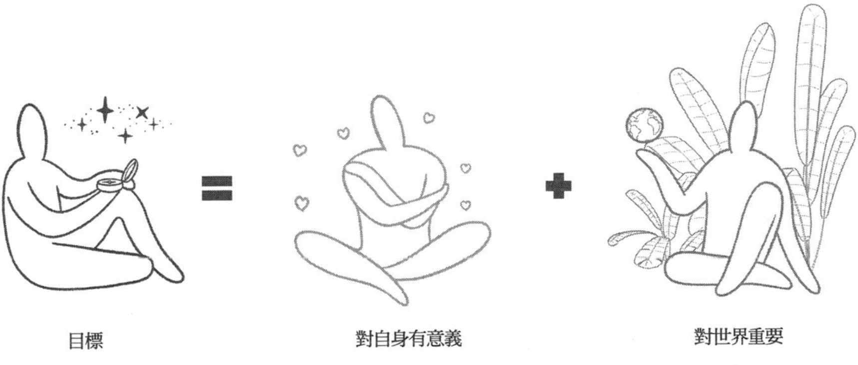

Courtesy of Wayfinder

更具體的說法是，要記住目標是**擅長的事**和**喜歡做的事**的交集，並專注於世界的需求。注意到「需求」這個詞了嗎？沒錯，需求是「洞察、解決、擴展」三步驟的重要連結。目標把「我們喜歡做什麼」和「擅長什麼」的熱情結合起來，引導到滿足某種需求上。對許多創業家來說，另一個重要連結是納入**得到的報酬**。一如之前提到的日本用語「生存的意義」（生き甲斐／Ikigai）——過著一種古老的、有目標的人生方法——強調了這四個關鍵元素的和諧。下方的圖示，正說明了甜蜜點的位置：

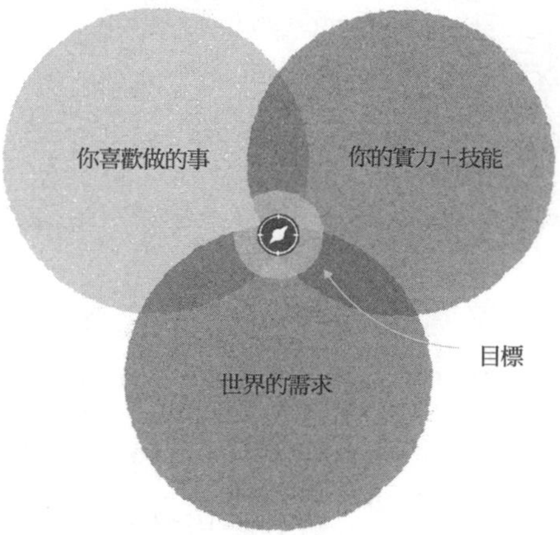

Courtesy of Wayfinder

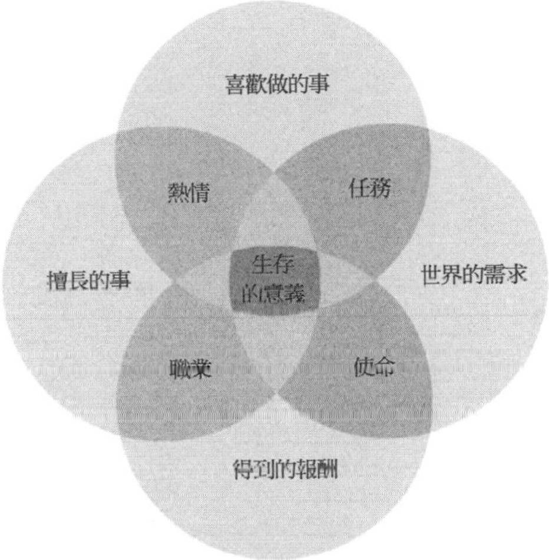

再次想想 Premama 的丹恩．亞齊茲，當他的團隊找到並驗證世界的一個重要需求時，為什麼滿足孕婦特別的醫藥需求對他產生了意義？為什麼 Premama 不只表現出他的熱情，更提升到目標層面？丹恩的過去是否激勵了他？青春期住在加拿大時，丹恩擅長曲棍球，似乎注定要加入美國曲棍球聯盟（NHL）。然而，在一個炎熱的晴朗夏日，他到朋友的度假小屋玩寬板滑水時，被繩子纏住脖子，又遭到快艇猛力拉扯，導致丹恩整個人俯臥癱瘓在水中。幸好附近有人具有足夠的應變知識，對方小心翼翼地扶好他，讓他保持呼吸，救護車緊急把他送去醫院，他接受了一場救命手術才康復出院。從此以後，丹恩沒辦法再進行曲棍球這種身體碰撞的運動了，但還是可以運動，他加入布朗大學的划船隊，最後贏得全美冠軍。透過在運動方面的努力，丹恩培養出促使他「穿牆而過」的**動力**。展開新事業的熱情催化了他對創業的熱愛，這也成為他性格的重要部分。瀕死的經驗讓丹恩對健康照護產生敏銳的同理心，因此出現解決的動力。如果說熱情激發了他最初的創業興趣，那麼解決孕婦面臨的某些醫療問題的目標，則支撐了他的這些興趣。

「擁有目標」可以激發並引導我們的熱情，也對我們的健康產生影響。擁有人生目標的成年人，據說在心理健康、人生狀態、希望、韌性和生活滿意度等方面都更高。此外研究也發現，有人生目標的人比較長壽，心臟病、阿茲海默症和中風的發作率明顯比較低[27][28]。

「擁有目標」甚至可以保護創業者免於創業壓力所造成的負面情緒[29]，加州大學舊金山分校的研究教師暨創業家布萊克．葛芬（Blake Gurfein）總結一系列研究後指出：「有些創業者似乎沒有出現因為高度壓力引起的健康負面影響，這可能因為有目標的創業家擁有高度自主權。」

撇開創業壓力，如果創業是處理需求的一種過程，而需求是目標的基本組成元素；如果目標讓我們茁壯健康、降低壓力，甚至更長壽，這也就是認可了創業對我們自己和我們可以影響的世界有其價值。藍迪．高米沙（Randy Komisar）在《僧侶與謎語》（*Monk and the Riddle*）提醒大家不要活在延後的人生計畫[30]裡，像是：「我只會做那個顧問工作一小段時間，我會存下一大筆錢。」接著承諾：「幾年後，我就會去追求自己的人生目標。」太多選擇延後人生計畫的人，即使有蘭迪所說的動力，卻沒有熱情，更別說是對眼前所做的事帶有使命感。更糟的是，許多人始終沒有去做會讓他們快樂，以及對世界重要的事情。

即使是真的投入創業的人，如果只考慮追求創業的財務成果，也可能活在延後的人生計畫裡。那位想成為義大利食品創業家的聰明人士，他排好所有骨牌，認為它們會倒向創造烹飪財富的方向。但他缺少的是：弄清楚這件事對他**為什麼**重要？長期滿足強烈和持久的需求**為什麼**很重要？

咆哮

願我們做重要的工作。

——美國女性主義學者／葛洛莉亞・安札杜亞（Gloria Anzaldúa）[31]

你的時間有限，所以不要浪費在為別人而活。

——史蒂夫・賈伯斯（Steve Jobs）[32]

我在布朗大學的每一堂課，都會分享學生所說的「咆哮」（Rant）概念。我生性不喜歡咆哮，但見到許多創業的學生像旅鼠般前往華爾街或顧問公司，哀嘆不快樂、失去熱情跟目標時，我不得不採取行動來協助他們翻轉這種狀況。每個學期，當學生過來請教我銀行或顧問工作的面試建議時，我就知道「咆哮」的時間到了。

我首先在黑板上畫了張圖表，顯示布朗大學這些有志創業的學生在入學時，可說是全世界思想最開明的十八歲年輕人，然而不知道為什麼，經過了四年時間，他們作出一個結論，布朗的畢業生只有兩件事可做：顧問和銀行業。

這種趨勢讓我感到很困惑，因為幾乎所有學生在申請修課的個人介紹中，都表示想要成為企業家。然而到了要找工作的關頭，很多人卻說顧問或銀行工作對他們的創業理想將是很好的訓練，藉此讓他們的「延後人生計畫」合理化。我對他們直言以告，這兩處都不是學習創業基本技能的地方。對創業來說，需要掌握的技能是建立多樣化團隊、創造產品或服務、發展品牌、銷售和籌募資金。儘管在那裡會學到其他東西，但這些創業技能，卻不是顧問或銀行工作所能傳授的。

我必須努力不懈地說明，才能讓一些學生理解。有時，我會用一個運動來比喻：讓我們想像一下，你想成為波士頓紅襪隊的先發游擊手，然後你跟我說，為了作好準備，打算在隸屬紅襪隊的3A小聯盟球場經營食物專賣店。「食物專賣店？」我反問：「要成為大聯盟的游擊手，需要學會強力打擊，學會雙殺，並在對方盜向二壘時保護壘包，這樣才對吧？」學生回答說：「不，你不懂，我要對棒球迷供應熱狗、蘇打水、椒鹽餅，我既然要說棒球術語，我要跟棒球員多接觸。」這些專注於銀行和顧問工作的學生將圍繞著創業家，講創業的術語，但是，他們不會置身創業遊戲裡，或是其他可以磨練創業技能的環境中。

創業的定義是「不考慮目前掌握的資源，解決重要問題」，而「創業本身」在我們討論過的所有背景中，都是培養這些技能的一種方式。讀完本書後，各位可能會投入創業；也可能加入創業公司，作出貢獻，並從中學習。例如，Venture for America（VFA）就是一個很棒的組織，它由布朗大學畢業生、前美國總統競選人楊安澤（Andrew Yang）創辦，這裡提供訓練，據點和學員遍及十多個城市的新創公司安置學員，努力為各城市的創業生態系統增加價值。VFA成員早已成為現今創業成員族群的一部分，也是VFA校友們的珍貴人脈。他們得到持續的指導和專業的發展訓練，為地方新創公司和社區組織作出貢獻。

傑佛瑞．巴斯更（Jeffrey Bussgang）的《進入新創國度：找對工作的基本指南》（*Entering StartUpLand: An Essential Guide to Finding the Right Job*）[33]就是一本在新創公司找工作的絕佳指南，大家可以在新創公司作出有意義的貢獻，並得到寶貴跟相關的創業經驗。另外，你在現在的公司和其他成熟組織中，也可能學到創業技能，關鍵在於，你找的工作要能提供機會，能夠學習到自己未來創立公司所需要的東西。請記住，我是在P&G公司學會由下而上調查的基本原理。從事產品或專案管理的工作，可以訓練我們找出具體的問題解決方案，也學會預算控制和時間控管。當你置身在雇用、管理，甚至會解雇他人的環境中，可以訓練我們在自己的公司發生相同情形時，先學會這個流程如何進行。但這樣的學習大多是在工作中產生的，所以請尋找能提供這種明確訓練的組織。訓練本身通常都是很有價值的，對你有幫助的學習信號也是，請將這些條件視為就業的優先事項。

好消息是，「咆哮」可以讓人看清情況，避免了學生心中的真實使命其實在別的地方，卻要屈從於顧問公司和投資銀行誘人的呼喚。當理想破滅的銀行員和顧問們回來找我時，我要他們重新閱讀藍迪．高米沙的《僧侶與謎語》，這本書是我最後一堂課上的指定讀物。高米沙非常清楚延後人生計畫對生活造成的危害：投入了不會讓人感覺快樂、沒有充實感，或對長期願景沒有幫助的事情，也感覺像是違反了自己的價值觀，背叛了自我的信念。

正如史丹佛心理學教授比爾．戴蒙（Bill Damon）所說：「現今日益嚴重的重大問題其實不是壓力，而是沒有意義。」幫自己一個忙：讀讀高米沙的書吧。

Chapter 5

第二步驟：解決

發展價值主張——技巧

各位的思維已經從「是什麼」延伸到「可能是什麼」，現在該是進一步深入「第二步驟：發展價值主張」的時候了。正如各位所記得的，這個步驟是開始於回答「什麼」、「誰」和最重要的「為什麼」等問題。我說「開始」，是因為這部分的過程往往不是線性的，而是反覆的，需要從多角度進行第一步驟中所確定的問題。因此，我要在本章中分享一些不同的技巧，協助大家設計解決方案，並回答三個價值主張的問題。回顧一下我父親幫我修理單車鏈條的故事，或許有人想要努力學會每一個技巧，再仔細應用在自己的解決方案上，也或許有人更願意取得某些技巧的要點，並且快速掌握。

我所介紹的第一個技巧是，成為「易地追隨者」（Geographic Follower）。這個技巧可能令人訝異的是，不必從零開始發明，就可採用別人在他處開發的解決方案為基礎，再應用到自己的情況中。其次，正如「洞察、解決、擴展」從結構中獲益一樣，「系統性創新思考」（Systematic Inventive Thinking，SIT）也一樣，它把我們的創造性思考結構化，並限制在一些常見的模式中。第三個是「群體提案評估法」（Nominal Group Technique），這是腦力激盪的結構性替代方案。第四個技巧是以鮑伯・賴斯的方法為基礎的「開放性創新」，也就是利用他人的專業技術，為自己帶來成功的益智桌遊事業一樣。最後則是一句格言：「不要墜入愛河，喜歡就好。」這將協助各位從快速且代價不高的失敗中獲益。

易地追隨者

未來已經來臨——只是分布不均。

——科幻小說家／威廉・吉布森（William Gibson）

在整個世界都在舉行一場盛大的派對時，少數的局外人和怪胎……看到了經濟核心的巨大謊言，而他們之所以看到，是因為他們做了其他傻瓜從未想過的事情……他們觀察了。

——電影《大賣空》（*The Big Short*）開場白

許多滿懷抱負的創業家——尤其是科技領域——認為必須從零開始發明才合法。但結果證明，許多成功的創業公司會向其他的企業取經，借鑒他們解決相似問題的見解與成功經驗。

我們在第二章討論過桌遊創造者鮑伯．賴斯的故事，他靠益智桌遊創造了財富，但這不是他的發明。事實上，他見到「Trivial Pursuit」開始在加拿大蓬勃發展，認為可以把這個概念帶到美國市場。在鮑伯的職業生涯中，他對於引進加拿大的概念到美國的市場，已發展出一套敏銳的模式識別能力。他知道在更大的美國市場中，產品銷售量往往可達十倍。鮑伯事業的萌芽不是來自實驗室，也不是創客空間，而是來自他如何注意到源自加拿大的概念經歷。當鮑伯受邀來課堂上分享時，他說：「這就像是添加字母到拼字板原有單字的字首或字尾，然後贏得所有字母的分數一樣，學習別人的勝利公式並不可恥。」但是，這並不表示我們可以不用發展出差異化的價值主張，好跟競爭產品作出區隔。鮑伯．賴斯和團隊開發的益智桌遊雖然是受到先驅產品「Trivial Pursuit」的啟發，但它的格式和執行方法卻不一樣。鮑伯改良了遊戲版本，甚至改良了製造和銷售的方式。他和《*TV Guide*》合作，利用它的品牌知名度和一千七百萬的發行量，將遊戲命名為「*TV Guide's* TV Game」。睜大眼睛留意加拿大市場，這就是鮑伯一開始能發展出價值主張的關鍵。

多年前，我接待了一群訪問布朗大學的北京大學中國學生，當我們討論到 R&R 益智桌遊公司時，創業家不必從零發明的想法讓他們深受震撼。他們渴望了解「洞察、解決、擴展」這套進程，而當中有許多人抱持著跟我的工程同事一樣的偏見：他們認為第一步是發明東西。進行到 R&R 這部分的討論時，我們談到如果鮑伯沒有發明益智桌遊這個概念，那他到底做了什麼？我說他做了一件不那麼複雜的事：眼觀四方。我鼓勵這些中國學生趁還待在城裡時這麼做，提醒他們不要把時間全花在布朗校園中，我建議他們去市區的普羅維斯登購物中心或街上的全食超市，然後像鮑伯做的一樣：眼觀四方。

他們見到了北京沒有的東西，見到可以在北京複製的概念。他們也注意到北京有而我們這裡沒有，或許可以在美國複製的東西。要澄清的是，我說的當然不是竊取別人的概念，或侵犯別人的智慧財產權。我說的是注意趨勢，可以在他處利用的流行趨勢。簡而言之，我指的是以全新的眼光看待事物。聽起來很簡單，對吧？但就像由下而上的調查，這樣的觀察方式涉及開發一組新的肌肉。鮑伯．賴斯不是唯一觀察到「Trivial Pursuit」在加拿大日益流行的人，成千上萬的消費者已經買了這個桌遊。鮑伯以他先前的經驗，注意到這項早期趨勢，看出若把這概念帶到美國市場，將具有十倍銷售額的潛力，而且他知道如何利用稀少的資源來實現自己的想法。

注意其他地方的趨勢，是發展價值主張的一個合法來源，稱為**易地追隨者**。複製者透過以下模式來創造價值：發現和精進一種商業模式，選擇其中必要的組成部分，在合適的地理位置複製模式，開發使知識轉移成為慣例的能力，並且在複製模式後維持運作[1]。如果擔心自己欠缺發明事物的技術能力，這可能為各位開啟一種不同的思考方式，整體來說它與創業有關，而且與發展價值主張尤其相關。

如果你已經擁有這些技術能力，這個概念對你也同樣有利，因為它更能消除你必須從零發明才能使用這些技術的偏見，布朗大學的化學家克里斯多夫．羅斯派查克（Christoph Rose-Petruck）就是一個好例子。他的實驗室有許多突破性的發現，在參加為期一天的創業進程研討會時，他告訴我，他想學習如何把自己的研究投入創業，而他最大的突破來自我們討論 R&R 的時刻。如同克里斯多夫了解的：「成為創業家前，不必取得開創性的新發現，對既存概念賦予新用途，也可能是贏家。」這個看法讓克里斯多夫著重在並非是他發明、卻可應用在新用途上的其他技術，例如幾十年來，X 光相位對比影像一直是許多物理和化學實驗室的常用技術，比傳統 X 光提供更好的影像品質和影像細節。透過新創公司「研究儀器公司」（Research Instruments Corporation），克里斯多夫以全新角度看待這項影像技術，把它應用在醫學和製造業的新領域。

大衛．艾波斯坦（David Epstein）在《跨能致勝》（*Range*）一書中指出：「曾在海外工作的科學家……比不曾在海外工作的科學家更可能產生較大的科學影響。記錄這個趨勢的經濟學家認為，其中一個原因可能是流動『套利』機會，也就是從一個市場取得想法，再帶到會讓它顯得更稀有、更有價值的另一個市場。」[2]

系統性創新思維

「你是說你把我們的生活比喻成十四行詩？一種嚴謹的形式，但自由在裡頭嗎？」「沒錯。」啥太太說：「你得到形式，但必須自己書寫十四行詩，你說的東西完全取決於你。」

——瑪德琳．蘭歌《時間的皺摺》（Madeleine L'Engle, *A Wrinkle in Time*）[3]

正如我們前面所看到的 Tide、Dawn、Premama 等由下而上的調查案例，有時創業家發現他們致力解決的問題，源自從現有產品或服務收集而來的看法。Tide 洗滌劑的一位女性顧客數十年來都用戳破盒子的方式來使用產品，說明她的問題不在洗衣本身，而是包裝盒的操作方式；Dawn 洗碗精的顧客透露了洗滌蔬果的問題，這是目前的產品從未考量過的需求。丹恩・亞齊茲和其他 Premama 創辦人發現，不是孕婦需要提供基本養分給胎兒，而是產前維他命產品的服用方式存有缺點。改造現有產品或服務，就是價值主張的一種有力來源。

這樣的改變充滿挑戰，其中之一就是二十世紀初期德國心理學家卡爾・鄧克（Karl Duncker）所說的「固著」（fixedness）——這是一種認知偏見或心理障礙，讓人無法採取有助於解決問題的新方式來使用物品[4]。在著名的蠟燭實驗中，卡爾・鄧克給參與者一根蠟燭、一盒圖釘與一盒火柴，要求他們把點燃的蠟燭固定在牆上，同時要避免蠟油滴到下面的桌子。大部分的人嘗試把蠟燭釘在牆上，或使用熔蠟把它黏在牆上，但都失敗了。真正的關鍵在於，要把盒子看成不只是圖釘的容器，將它釘在牆上，再作為蠟燭點燃後的立架使用。打破固有思維，看出盒子不只是圖釘的容器。

系統性創新思維（SIT）的方法論就是這樣的一種做法，它協助我們辨識、進而打破固著的想法，以發展出嶄新的價值，或是以寶貴的全新方式來傳遞現有價值。整體來說，就跟「洞察、解決、擴展」一樣，SIT或許有點違反直覺，因為它要求我們採取一些常見的創造模式，去建構或限制我們的創造性思維。傑科布．高登柏格（Jacob Goldenberg）[44]、羅尼．霍洛威茲（Roni Horowitz）[45]、安儂．列瓦夫（Amnon Levav）[46]和大衛．馬澤斯基（David Mazursky）[47]根據二十五年來，面對創造過程中不同類型創業團體的研究和經驗，發現大部分的創新都遵循一種重複的模式。他們意識到按照這些常見模式建構跟規範創意團隊的流程，將產生突破性的想法和成功的結果。以安儂的話來說：

> SIT方法和創新工具的核心關鍵在於：創新的解決方案具有共同模式。不要著重在創新解決方案的不同之處，而是著重在它們是否有任何共同點，進而發展出形成SIT核心的五種思考工具。[56]

SIT結構化發明方法定義了五種思考工具：減法、乘法、除法、任務統一的加法，以及屬性相依。我把SIT納入創業進程解決階段的其中一個原因在於，高登柏格和馬澤斯基的研究指出，兩組高度創新的產品中有一種不對稱性。在最終成功的產品中，有很高比例可以用這五種SIT模式之一來解釋；然而不成功的產品中，幾乎都無法用SIT模式來解釋[7]。想像一下，如果投資者下注在產品或服務符合這五種SIT模式的公司，將擁有怎樣的力量？如果身處大型組織，SIT將使你得以判斷哪些新產品或服務值得內在資源的支持；如果身處新創公司，SIT將使你能夠發明或改造更有可能成功的產品或服務。

《盒內思考：有效創新的簡單法則》（*Inside the Box: A Proven System of Creativity for Breakthrough Results*）的共同作者德魯・博依（Drew Boyd）跟我分享一個重要的澄清概念：SIT不是一種設計技術，而是一種創造技術，它的工具協助我們擺脫固著心態，讓我們能解決已發現的問題；SIT是一種見解和益處的生成器。打破固著心態之後，就可以更專注在新產品的設計或服務。

警告：人為疏失

我們苦於「固著心態」——這是一種讓人無法以新方式運用事物（像是物品、想法和服務）的認知偏見或心理障礙，也往往限制了我們看出問題解決方式的能力。

減法

第一個工具是減法，它從現有產品或服務來刪除基本要素，並為現有要素的新安排找到有益的用途。「不以**增加**要素或屬性來嘗試改良產品，而是刪除它們，尤其是那些看似可取，或甚至不可或缺的部分。」就像鮑伯・強斯頓提醒我們避免在早期階段批評可行性，德魯・博依也提醒我們專注在新產品或服務的好處，而不是它運作的方式。例如，移除兒童餐椅的椅腳，最終會發現它的好處——可以固定在桌邊、且變得更好攜帶[8]；減少雇用銀行出納員，然後我們得到了自動櫃員機；移除鏡框，我們得到了隱形眼鏡。達文西（Leonardo da Vinci）了解這一點，因為他觀察到：「詩人得知自己已臻完美，並不是在無處可加之時，而是在無處可減之際。」

我從減法開始的原因是，這是我們因為直覺而誤入歧途的另一個領域。正如組織行為專家嘉柏莉歐・亞當斯（Gabriele Adams）和維吉尼亞大學的同事經歷八個實驗[48]證明，我們常會預設去增加東西，而不是減去它們，前者往往使產品更加複雜，後者則帶來更好、更簡單的解決方案。[9,10]

我在新冠疫情隔離期間撰寫本書時，經歷了一種刪減形式。在疫情出現前，布朗大學對全體教師調查後發現，不到兩成的教師考慮線上教學。但就在幾個月後，毫無預警地，百分之百的教師都這麼做了。疫情迫使我們所有人不再考慮布朗校園的實體設施，而就在幾個星期前，我們還覺得實體課程不可或缺。疫情讓我們別無選擇，只能使用 Zoom 這樣的線上平臺講課，進行我們中心的課程計畫。

對一些人來說，「沒有多少時間準備」是一個重大挑戰。但對另一些人來說，疫情卻能擺脫實體地點的限制，讓人得以採用不同的方法，以及就某方面來說，更有效的方式授課。線上功能讓我們可以在班上進行投票，劃分分組討論室，邀請更多遠程來賓加入我們。就像aparigraha，大家可能會認為刪減是一種實驗方法，用來試驗資源少得超乎想像時還存在哪些好處，並協助我們克服累積的傾向。

警告：人為疏失

在創造的過程中，我們傾向於增加，而不是減少，前者通常使產品變得更複雜，後者則經常能產生更簡單和更好的解決方案。[11]

乘法

乘法是SIT所確認的另一個普遍創新模式，方法和減法截然不同：乘法對現有的產品或服務複製一個要素，然後以質性方法加以改變；複製的要素應該進行更改，而更改方式一開始往往看似沒有意義。這項工具的兩個關鍵字是**更多**和**不同**，複製一個或更多已經存在於產品的東西，按照讓它變得不同的參數來改變要素。就像兩門垃圾桶，讓使用者可以同時進行拋棄和回收的垃圾分類，這就是一個乘法的例子。複製並改變現有要素，例如額外的箱子，然後賦予它一項新的、有益的用途。另一個例子是Gillette雙刀刮鬍刀，增加額外的刀片，若只是多提供一個刮鬍表面，並未滿足SIT的定義；但複製現有刀片，並安裝在不同的角度，就可以滿足SIT的定義，因為雙刀刮鬍刀能抬起鬍根，讓另一道刀片能夠更俐落刮掉鬍子[12]。

除法

第三種的普遍創新模式是除法，切割並重新安排產品或服務的要素，最後形成新的版本。如同德魯提醒我的，人類是天生的劃分者，所以這種技術感覺很自然：書桌分成抽屜，抽屜藉由懸掛式文件夾再細分；電腦印表機分離出墨水匣，甚至再細分為黑色、青色、黃色和洋紅色的墨水匣。使用除法工具能強迫我們思考不同結構，不管是把產品或服務作為一個整體或單獨的要素層面。遙控器是「功能劃分」的好例子，把轉換頻道、音量調整和裝置選擇等功能，融合成一個更便利的可攜式裝置。讓乘客可以在家辦理登機、托運行李和儲存登機證的航空公司，也是經歷了一種劃分的形式[13]。把產品劃分到各個要素中，讓我們可以自由地用新方法重新建構，也增加我們處理的自由度。舊時的高傳真音響設備把揚聲器和轉盤整合在一個機櫃裡，現在則讓位給模組化的揚聲器、無線電收音機、CD和錄音帶播放器，讓使用者可以客製化音響系統[14]。我喜歡德魯的無人機案例，它說明了兩種不同的劃分：**地點**，因為飛機和駕駛員分隔；還有**時間**，因為航程經常得提早預設程式，隔了許久才能執行。使用除法工具時，先對產品的功能重新作出安排，你不必知道原因，只要確認它會帶來什麼好處即可。

任務統一的加法

SIT團隊察覺到的第四項普遍創新模式是，給予現有資源（產品、服務或附近其他東西的要素）額外的任務。愛迪生（Thomas Edison）改造他的大門，把門連接到附近的水泵，這樣只要有人進出的時候就能夠抽水。我們發現這種情況經常出現在資源受限的環境，人們透過任務統一的加法來物盡其用，例如貝都因人藉由駱駝完成大量任務：運輸、貨幣、牛奶、拿駱駝皮做帳篷、遮陽、防風，並把糞便充當燃料。資源較為豐富的社會則往往在每一項任務上投注使用特定資源，像是加入防曬功能的乳液。我們或許也可以把消費者拿Dawn洗碗精洗蔬果的例子，視為任務統一的形式。

德魯提醒我們不要把任務統一想成捆綁（例如，瑞士刀就只是把獨立功能捆綁在一起）或是調整用途，新產品或服務必須有額外功能，才能變得更有價值。

屬性相依

隨著雨水降落快慢而改變速度的雨刷，是產品依循第五個普遍創新模式「屬性相依」的例子。不像SIT其他模式著重在產品或服務的要素，「屬性相依」涉及**性質**——產品或要素內可以改變的特色（像是顏色、大小、材質、功能）。可以藉由把產品的特色，在理應不存在的地方建立起新關係，或是修改、解除原有的關係以激發創新思維。這可以是產品或服務的兩個內在屬性，或是如同變速雨刷的例子，就是內在屬性和環境屬性的關係。如果兩項皆為環境屬性（例如時間和天氣），因為我們無法控制它們，屬性相依模式就不管用。

以一副標準眼鏡來說，鏡片的顏色和外在光線條件沒有相依關係。藉由在鏡片顏色（內在屬性）和陽光（環境屬性）之間建立相依關係，設計出在陽光下會改變顏色的變色鏡片，如此一來便不需要特地為晴天購買新眼鏡[15]。服務方面的例子則是「優惠時段」：酒水價格（內在屬性）隨著當日時間（環境屬性）改變而下降。最近許多創新，都出現在可調整的智慧型產品（例如用來調整座椅或其他車子設定的汽車遙控器）就是屬性相依的例子。

SIT有點像日本俳句，每首俳句都由三個句子組成，第一句要有五個字音，第二句七個，第三句五個。儘管我們可能認為以這種被約束的模式會限制詩意的創造，事實上這種限制卻產生驚人的成果。例如以下這個作品，就被視為松尾芭蕉[49]最有名的俳句：

一處古池塘　　古池や
青蛙躍入水中央　　蛙飛びこむ
池水的聲音　　水の音

同樣地，我們可能會覺得，把思維約束在五種ＳＩＴ結構化模式中會限制創造力。但相反地，依循ＳＩＴ的方法，可以讓團隊的創意源源不絕，尤其是已在現有產品或服務中找到、並驗證未滿足需求的情況下。

安儂和團隊經常依循「機能隨形」（function follows form）這個格言。為了協助客戶打破固著心態，他們讓大家使用這五種方法來修改產品形式以創造新機能。誠如所知，我首先專注於尋找尚未滿足的需求，接著擔心自己會建立出問題重重的解決方案。「洞察、解決、擴展」方法中的平衡之道是一種混合，如果透過由下而上的調查找到、也驗證了和現有產品或服務相關的未滿足需求，我建議將這五個ＳＩＴ模式納入你的武器庫，將它視為制定價值主張的工具。

當丹恩．亞齊茲和 Premama 團隊遇到對產前維他命膠囊不滿意的孕婦時，他們使用刪減法來改造維他命的交付機制：他們把膠囊認定為一種「不可或缺的要素」，再去想像移除膠囊後的產品。作為下一個步驟，我要他們聯繫食品開發專家曼尼．史騰，雙方一起探索「非膠囊」維他命的可能性。除了創造出更容易吞嚥的形式，團隊還調配出各種口味，在美味之餘，同時也掩蓋了一些頗具挑戰性的味道（像是鋅）。成果是粉末狀的產前維他命，這正是藉由刪減現在不再視為不可或缺的要素，提供孕婦更多價值。

Dear Kate 的任務統一

這是另一個例子：茱莉．西蓋爾（Julie Sygiel），她是布朗大學化學工程系的學生，在二〇〇八年參加我的創業課程前，她沒有過任何與創業有關的經驗。經過一學期的課程，茱莉和課堂事業團隊找到跟驗證了一個困擾半數人口的未滿足需求——月經側漏和污漬，她們提出一種特殊的內褲來解決這個問題。

因為我屬於另一半的人口，當茱莉和她的團隊提出要解決這個問題時，我不確定他們的想法是否夠大。「這是個大機會嗎？」我記得自己這麼問。「或許你們可以回去找找在女性內衣領域有一席之地的類似公司，證明這類公司能夠產生重大影響。」

茱莉和團隊毫不畏懼地找到了 Spanx，這家女性內衣公司研發了革命性的塑身三角褲和緊身褲，當時已創下兩億五千萬美金的營收。經過更多由下而上的調查，包括和各年齡層女性就經期問題進行互動，甚至在校園廁所隔間張貼開放式問句，他們採用任務統一法則，開發出新的內衣系列，融入女性在護墊、衛生棉和其他經期產品中可以找到的功能。他們創辦了一間公司 Dear Kate，以下是公司官網對他們產品的描述：

> 我們卓越的抗漏抗污 Underlux™ 技術
> 內建於所有 Dear Kate 內衣
> 和躍動服（activewear）之中
>
> 流血、流汗，
> 不讓任何事阻擋我們。
>
> 夜用型衛生棉毀壞妳心愛衣服的日子
> 將不復存在。
> Dear Kate 的產品完美適合妳的週期，
> 可以支撐高達兩條衛生棉條的量，
> 穿上它，
> 可以在量少的日子提供包覆，
> 或在量多的日子提供後援。

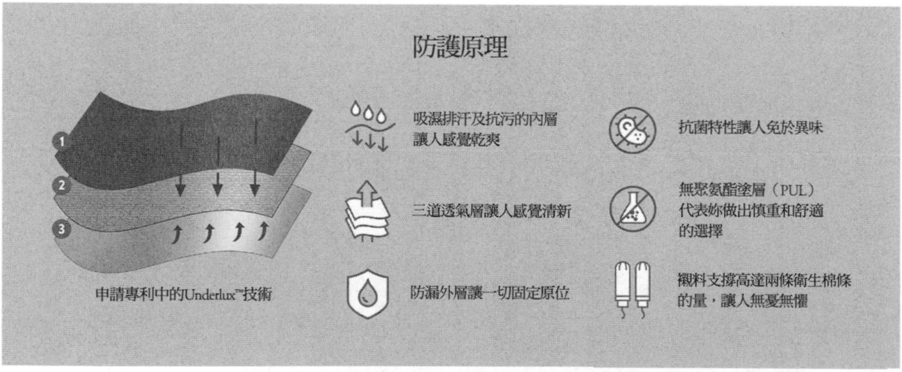
防護原理
1
2
3
申請專利中的Underlux™技術
吸濕排汗及抗污的內層
讓人感覺乾爽
三道透氣層讓人感覺清新
防漏外層讓一切固定原位
抗菌特性讓人免於異味
無聚氨酯塗層（PUL）
代表妳做出慎重和舒適
的選擇
襯料支撐高達兩條衛生棉條
的量，讓人無憂無懼

開放性創新吸引、也激勵專家解決挑戰性問題

SIT是我所知最有效的團隊創新技巧之一，但如何把途徑擴展到團隊之外呢？開放性創新競賽是吸引跟激勵不同背景的專家解決挑戰性問題的方法，這是一種二十一世紀的價值主張工具，應該納入個人的武器庫。例如，在美國醫學會期刊《*JAMA*》的文章〈以群眾創新開發基於人工智慧的標靶治療解決方案〉（Use of Crowd Innovation to Develop an Artificial Intelligence–Based Solution for Radiation Therapy Targeting）中，癌症研究人員描述了他們張貼在Topcoder.com的競賽——這是針對超過一百萬名程式設計師的社群，主辦線上演算法挑戰的商業平臺。這項特別的競賽為一個複雜肺癌的問題徵求解決方案，並提供了五萬五千美金的總獎金。最後前五名透過人工智慧，開發出了跟腫瘤學家的臨床治療一樣出色的方法，這表示人工智慧演算法，可以轉移專業臨床醫師的技術到衛生資源不足的環境，改善全球的癌症照護[16]。

那麼，開放性創新和「洞察、解決、擴展」有什麼明確的關聯呢？比起能「直接掌控的資源」，這些癌症研究人員動員了更多「創造性的問題解決資源」（creative problem-solving resources）：平臺上有一百萬名程式設計師、來自六十二個國家登記參加挑戰的五百六十四名競賽者、提出解決方案的三十四名確實貢獻者，以及贏得

獎金的前五名人士。更重要的是，這些貢獻者反映了我們將在第七章仔細討論的多樣性，這對成功的創業團隊來說至關重要，許多針對影像問題展開競爭的 Topcoder 參與者來自各行各業。即使撇開多樣性問題，Topcoder 平臺「具體招募了非相同領域的專家」[17]，他們就像 Casper 床墊新創公司的路克和尼爾，受益於知識不足，而在這個案例中，指的則是對特定癌症的知識短缺。

大家或許會好奇是什麼激勵了這些貢獻者的參與？哈佛商學院教授卡里姆・拉卡尼（Karim Lakhani）指出：「主要動機是財務，但其他因素也會影響。有些競賽者喜歡進入社群，有些喜歡經由平臺上的排名，或擊敗『最優秀的人』來得到認可。雖然大部分的人會輸掉比賽，但人們還是會持續參賽。」[18] 像 Topcoder 這樣的平臺可以輕鬆入門，與此同時，透過開放性創新來將解決方案外包小群眾也愈來愈受到歡迎，而且很有效率，對我們來說，這就是一種解決問題的創業方法。

作為事業藍圖的價值主張練習

在發展價值主張的這個階段，我們討論過如何以正確的心態，來克服許多限制了創新解決方案的人性傾向。我們已經開始透過系統性的創新思維，和其他創造性的創新技巧，來制訂初步的解決方案。現在為了協助大家強化價值主張的基礎，並提供溝通的架構，這裡我要分享一個練習。這個練習幫助我的學生和研討會參與者釐清了價值主張的基本觀念，並開始進行溝通。大家將會注意到它運用了上述分享內容的價值主張要素。

請使用以下的格式和文字（以「針對」開頭）造句，寫下明顯的好處為何。

【誰】

- 針對（量化目標客群）
- 誰（需求或機會的量化說明）

【什麼】

- 這項（產品／服務名稱）是（產品／服務類別特色）

【為什麼】

- 這項（好處的說明）

現在寫下第二個句子，談讓人相信的真正理由：

- 因為（讓人相信的真正理由），顧客會信任我們有能力提供這些好處寫下關於極大差異的第三個句子：

- 我們不像（競爭對手），我們的產品（差異的量化說明）

如果是在學期中的創業課程進行這項練習，我會給予意見回饋，學生可以多次重複成果。這是我會注重細節的少數幾個練習之一，而且會要求大家按照精確的指示執行。如果這個階段做得馬虎草率，之後就會出現問題，最終還是得回到這個階段重新來過；如果不清楚自己在解決誰的問題，那麼在嘗試面向、獲得顧客時就會降低工作效率；如果不確定解決的問題內容為何，行銷訊息就會變得不管用，更糟的是，它可能會成為一個滿是問題的解決方案；如果無法使用目標客群的語言，來回答他們為什麼想要買你的產品，那麼你賣的就是一個鑽頭，而不是四分之一英寸孔洞的好處。請務必嚴格依照指示執行，例如，第一句若不是用「針對」開頭，那結果就會大錯特錯。

其次，讓你的好處明顯可辨，讓你的理由真實可信，讓你與人的差異大到相差十萬八千里。

請特別注意，我在要求量化你的產品或服務時，跟競爭對方不同的地方。列出質化的理由往往非常單純，而以數字來表示，則需要深入挖掘，直到了解彼此的差異。量化程度通常是極大差異的戲劇性來源（例如，這臺吸塵器從地毯吸取的灰塵是競爭對手的十六倍）。對投資人進行簡報時或是在行銷訊息中，如果需要傳達產品的差異，用數字來表示會更具說服力。

價值主張範例

以下是布朗大學企業專題的一個優秀（即使不算完美）範例：

針對想要增加利潤並減少食物浪費的餐廳，「阿基里斯」是一項預測性分析服務，可以告知餐廳業者什麼時候應該購買特定食材，以降低購買成本和庫存成本。我們的團隊擁有豐富的軟體工程經驗，建立一個方便使用的直觀平臺，因此能夠提供這些好處。而且，我們團隊有食品服務業的經驗，可以跟顧客建立聯繫。不像依賴業者的直覺或過去的人脈，我們的產品將匯集並處理食物價格的相關數據，使得餐廳業者比競爭對手多出兩成的成本優勢。

以下是我為這本書做出的價值主張練習：

為了數百萬名不堅持狹隘商業概念和技術刻板觀念的有志創業者，《解決問題的人》賦予廣大且多樣化的問題解決者需要的能力。一些從未想過自己會創業的讀者會相信丹尼．沃謝講授這套方法的能力，因為他十六年來教過超過三千名學生，其中多數為布朗大學博雅教育的學生、耶魯和特拉維夫大學的MBA學生，以及全球專業人士；丹尼本身的創業成功經驗，是從布朗大學的同窗將共同創辦的軟體新創公司賣給Apple開始的。跟其他的成功創業家不同，他們教導和多半是隨機且無關的故事，本書編入大量的學術研究成果，其中包括哈佛商學院的個案，以及丹尼許多學生的事業經驗。本書也不同於其他作品，認為創業家必須出自特別背景，或天生就是創意天才，還要符合某種人格特質，《解決問題的人》是以一套任何人都可以學習、掌握並加以應用的結構化進程，它賦予數百萬名有抱負、卻不知道自己是創業家的問題解決者必備的能力。

價值主張練習本身就是一種需要迭代的東西。它是我們是否具有扎實價值主張元素的試金石，如果沒有，弱點就會顯露。但這不成問題，只要轉回到需要加強的部分就可以了。例如，可能需要進行更多由下而上的調查，才能更清楚目前正在解決的問題，或是更精確地釐清遇到問題的對象。各位或許想要在其他地方找尋解決的方案，改變用途之後再引為己用；或是想要從自身團隊之外，透過開放性的創新來吸引其他人參與。各位可能想要透過五個SIT模式重新思考，希望取得一個極為不同的解決方案。如果無法量化差異，就要回頭再嘗試一次。

請將這個練習的成果視為你的事業藍圖。如果要搭建房屋，先在藍圖上進行修改，會比開始蓋房子後（更糟的是房子已經蓋好了）才這麼做來得有效率。

腦力激盪的結構性替代方案

早期階段的事業團隊，在價值主張發展過程所面對的其中一個挑戰，就是「管理團體動力」，確保過程中每位成員的意見都能被聽到。群體提案評估法（NGT）最初由安卓．戴貝克（André Delbecq）和安德魯．范德文（Andrew H. Van de Ven）開發，這是一種腦力激盪的結構性替代方案，促進包括內向者在內的所有參與者作出貢獻，並協助團體達成共識[19]。在Google簡單搜尋一下，就會得到幾千筆關於NGT的描述和參考資料，這裡就不再贅述。但為了方便參考，以下列出《擴展期刊》（*Journal of Extension*）[20]編寫的基本原則。

1. 把在場人員分成小組……最好圍著桌子坐下。
2. 陳述一個開放性問題。
3. 讓每個人各自安靜地花幾分鐘進行腦力激盪，思索一切可能的想法，然後把它寫下來。記住亞當．格蘭特在第四章的提醒，可能需要高達兩百個點子才能達成新的突破。

4. 讓每個小組透過分享來收集想法（每次一人，每人一個回應），並以關鍵字記錄在活動式掛圖板上。不准批評，但鼓勵說明問題。
5. 讓每個人進行評估，匿名投票選出幾個最棒的想法（舉例來說，最好的想法得五分，次好得四分，諸如此類）。
6. 在小組分享投票結果，並列成表格。準備小組報告，公開得到最多分數的想法，和更大的小組分享。
7. 留時間進行簡短的小組報告，介紹各自的解決方案。

不要太早灌混凝土

在解決方案的早期階段，透過價值主張的練習，精心定出三個句子後，我們應該記住「價值主張」的「主張」一詞，代表著我們有所主張。我們還不知道主張會如何被接收。舉例來說，我們不能為了建人行道就立刻灌上混凝土，而是應該先小範圍，確認哪些區塊的草坪長不出草來，以了解目標客群都在哪裡走動。將稀少的資源投入即將啟動的事業之前，請先確認我們的想法正確無誤。

近年來，愈來愈多創業家轉向艾瑞克．萊斯（Eric Ries）稱為「精實創業」（Lean Startup）的方法，以實至名歸的創業大師史蒂夫．布蘭克（Steve Blank）的聰明教導為基礎。史蒂夫和艾瑞克著重在過程的極早期，開發他們稱為最低可行產品

（minimally viable product，MVP），作為向早期顧客尋求明確合格意見回饋的基礎。

當史蒂夫來我們中心演講時，我發現我們的創業方法有許多共通之處。我喜歡史蒂夫和艾瑞克採用的MVP，但就我們在價值主張階段所嘗試開發的建議解決方案來說，MVP體現了產品的不完美甚至是更粗陋的版本。我們一旦使用由下而上的調查來尋找跟驗證尚未滿足的需求，並制定出一個清楚、具說服力的價值主張，就應該對潛在顧客測試我們的假設。如前面所提，在我們建議先測試自己的假設時，許多過度自信的創業家會大翻白眼。「為什麼要延後？我知道自己已經確定了，我想吸引更多資源來擴展規模。」

但投資人會想要看到證據，證明你的假設正確，而各位也應該如此。儘管由下而上的調查非常有助於說服他們，讓他們相信我們已經澄清了問題，但還是需要提供更多的證據來證明，你已經開發出有效的解決方案。投資人以及任何我們想要爭取資源的人，不管是共同創辦人、顧問、員工或其他人，都會同意將計畫擴大，只要我們能夠證明火箭已經打造好，並準備離開發射臺，目前只需要更多的燃料就能進入軌道。如果還無法證明你已造好火箭，或是火箭即將離開發射臺，那麼你最好向所有人——尤其是對自己——證明，你已經發展出一個確實有效的價值主張。

我的方法和精實創業略微不同的一點是，在開始建造或銷售東西之前，我們應該要進行多少由下而上的調查。就我看來，在建造產品之前，先從尋找跟驗證待解決的問題下手才是明智之舉；但精實創業一旦開發出最早的產品之後，就會更加強調和顧客之間的互動。精實創業的「顧客開發」一詞有其限制，因為聽起來像是銷售部門應該做的事，早期階段跟推動大規模銷售無關，而是要確認我們是否走在正軌上，如果在一定程度上沒有做到，我們就必須返回正軌。雖然我曾經提醒過，不要在由下而上的調查中詢問對方的意見回饋，但是意見回饋在不斷重複迭代的價值主張階段卻是不可或缺的。我只是擔心熟悉精實創業的人可能會養成我稱之為「技術推力」（technology push）的壞習慣，而我知道史蒂夫和艾瑞克想做的，就是幫助大家避開這個問題。

MVP的方法再次提醒我們，發展強大的價值主張需要一種迭代方法。**最小的**可行性強調你對產品的實際見解；**最大的**可行性則不是。一開始就想創造出完美的產品或服務，你需要的是一顆水晶球，或至少大量的運氣。但這永遠都不會發生，所以連試都不要去試。相反地，你得在知道缺點的情況下進行第一次嘗試，接著再去學習，然後重複這個迭代的過程。

戰略轉向：不要墜入愛河，喜歡就好！

重複迭代意味著過程不是線性的，因為人要前進之前，往往要後退幾步。每一次迭代，都有三個選擇：如果MVP驗證了假設，就朝同樣的方向前進，選擇

堅持；如果MVP否決了假設，就決定認輸放棄，選擇**被消滅**；或是選擇**戰略轉向**（Pivot），這是史蒂夫．艾瑞克和精實創業運動所推廣的一個用語，意指用在過去迭代中所學到的東西，改變一些要素，同時也保持其他要素[21]。

羅德島設計學院的學生艾莉西亞．利歐（Alicia Lew）和布朗大學數學系的格蘭特．葛汀（Grant Gurtin）在我的課程中組隊，成立了Fanium公司，它成為第一個全行動裝置的夢幻美式足球遊戲。這家公司最後賣給了CBS Sports，只經過幾次戰略轉向，就到達這個成就。格蘭特分享了公司的發展過程：

1. 一個遊戲：用戶可以跟其他推特追蹤者較量，看誰更能準確預測體育賽事的勝負。
2. 一個應用程式：用推特從專家那裡找到相關體育的推文（這個技術由CBS Sports收購，現在仍用於CBS Sports app）。戰略轉向的理由：我們作為附加功能所創造的應用程式，比遊戲本身更具吸引力。儘管我們難以對消費者建立這個產品的消費者吸引力，卻能夠跟CBS建立企業對企業的關係，最後他們因此收購了我們。
3. 一個應用程式：用推特來查找夢幻運動球員的資訊。戰略轉向的理由：作為開發競賽的一部分，測試將我們的技術用於夢幻運動，比我們之前的產品更受歡迎（根據用戶和網站停留時間），所以我們轉移了目標領域。

4. 一個全行動裝置的夢幻美式足球遊戲。戰略轉向的理由：我們認為若只是成為新聞匯集商的商業規模不夠大，決定利用我們的技術來創造市場上最佳的夢幻運動體驗。

定期跟我合作的朋友丹恩．韋納（Dan Wyner），以高爾夫的比喻來強調迭代和戰略轉向，他建議，反正也沒有人能夠成功一桿進洞，與其花長時間來瞄準完美的「一推」法，不如用更快速的「三推」法，這樣還可能讓人在過程中走得更遠。丹恩也傾向在其他領域運用同樣的「快速失敗」迭代法。丹恩四十多歲時報名了布朗大學資工研究所的課程，即使他是我最聰明的朋友，但置身在年齡不到一半的同學之中，丹恩還是有點好奇自己的表現。丹恩最後一次修資工課程時，他還在用打孔卡（punch cards）[50]。

在電腦機器人課程的最後專題中，全班被要求編寫出能讓機器人踢足球的對抗程式。每位學生甚至連助教都傾向於編寫複雜的程式，精準定位機器人在「球場」上的位置、規劃接球的最佳路線，然後等著完美射門。不幸的是，這些運算和規劃都需要耗費大量的電腦資源和時間，而在這段時間裡，球場上的狀況隨時會改變，導致大部分的規劃都不具意義。丹恩推斷，機器人的高速和即時反應讓它得以在大致正確的方向多次踢球，而在此時，他的競爭對手仍在規劃接球和完美踢球。結果證明，快速、靈活和迭代的決策，戰勝了慢速、需要密集資源的電腦策略，丹恩的機器人進球數壓倒性地超越了所有配置精緻程式的競爭對手。

我想我們可以說丹恩的機器人遵行了 aparigraha（不執著），既沒有去固守上一球，也未著迷於安排下一球，完全不拘泥競爭對手所固守的傳統規則。它沒有受到幾百行程式碼的豐富資源連累，而是受惠於只有一些程式碼的稀少資源。甚至在競爭對手只踢了一球的時間裡，丹恩的機器人已一球又一球不斷進球或失準，它迭代、快速失敗，而且失敗代價很小。

正如 R&R 的鮑伯．賴斯總愛提醒我的學生，相愛是一種情感經歷，導致許多人會作出不理智且不合適的長期決定。鮑伯強調，創業也是一樣的，因此讓他想要告訴充滿熱情的年輕創業家們，在討論新點子和他們的早期事業時：「不要墜入愛河，喜歡就好！」

以喜歡取代愛的例子：Bandura Games

我在自己主持的一系列研討會中，認識了 Bandura Games 的執行長及共同創辦人賈斯汀．海夫特（Justin Heffer），這些研討會是為了致力解決困擾中東各地社區問題的企業家所創辦。賈斯汀和他以色列籍的共同創辦人伊泰（Etay）、巴勒斯坦共同創辦人安蒙（Ammoun），描述 Bandura 是一家「以遊戲為媒介，為來自世界各地不同背景的人們，創造聯繫和同理心的手機遊戲公司」。從一開始，賈斯汀、伊泰和安蒙的首要焦點，始終都放在用電玩作為巴勒斯坦和以色列孩子學習合作的平臺。

Bandura的演變過程是「以喜歡取代愛」的絕佳例子。賈斯汀承認，在「洞察、解決、擴展」研討會之前，他在創業的過程中犯下許多典型錯誤。個人的顧問背景使他有了偏差，他依靠的是顧問業界的趨勢：由上而下的調查，跳過尋找跟驗證尚未滿足的需求。由於他最初的偏見，Bandura可說是問題重重，因為他沒有廣泛地思考各種可能，而是直接聚焦在第一個解決方案——數位電玩，並投入了個人與早期投資人的資源。

賈斯汀想起我們有過一次對話，我要他想出最便宜、最小的可行方法去證明（或駁倒）他的價值主張。當時，這是一款巴勒斯坦和以色列的孩子會在其中彼此合作，一起贏得比賽，而不是互相競爭的電子遊戲。在擴大規模的數位版本中這麼做的成本非常昂貴，所以他的團隊用「洞察、解決、擴展」的方法，設計了知名電玩《Temple Run》的簡陋桌遊版本，模擬的電玩點數相當於一千枚一美分硬幣。他們做了兩種版本：玩家互相競爭的競賽型，以及玩家互相合作的合作型。賈斯汀和巴勒斯坦夥伴安蒙、數百名學生一起測試這些最小型的可行版本，這些學生來自東耶路撒冷的兩家巴勒斯坦學校，還有巴勒斯坦拉馬拉市的一家學校。賈斯汀和以色列夥伴伊泰也在以色列的幾個課後方案中，測試了這些最低可行產品。

「我們甚至對遊戲的基本前提感到緊張，不確定合作的遊戲主題能不能吸引孩子。」賈斯汀提醒我。「使用創業進程的價值主張步驟，得以協助我們在創立永續模式前試行、迭代和驗證，對Bandura而言，這是一個巨大的突破。我們不確定這些孩子對如此簡陋的遊戲會有怎樣的回應，它是從我們原本期望創造的東西衍生而來的模擬版本。但這些孩子不知道我們對未來的想像，他們只是興奮地覺得可以玩美國的遊戲，其中有八成的孩子更喜歡這個需要彼此合作的遊戲版本。對於和世界上其他孩子一起玩最終版本的想法，也讓他們興奮不已。」

賈斯汀回憶道，他們收集到的看法大部分都是主動提供的。例如有個巴勒斯坦學生說：「在這個合作的遊戲版本裡，我覺得和夥伴變得親近許多，如果有辦法跟世界各地的孩子一起玩，那就太酷了。」Bandura 團隊也曉得在學校銷售和運作會遇到的官僚挑戰，所以決定轉向更大範圍的全球配銷管道來行銷這款遊戲。即使當下仍在從迭代到擴展數位遊戲版本的階段，賈斯汀、安蒙和伊泰已同時在 Indiegogo 上進行群眾募資活動，並提供了桌遊版本。

賈斯汀的 Bandura 團隊採取的行為準則是，剝除「完成產品」細節，改用簡陋的版本，如此有助於專注在核心的創新，因為若去發展更多的細節，可能會掩蓋掉更重要的核心創新。

育兒雜誌和「走動小錢」催化劑

某一年的第一場暴風雪過後，我需要清理車道和人行道。我從車庫拉出吹雪機，設定好阻風門，加好汽油。不過，我沒有按照建議按三下注油器，我想既然是今年第一次啟動，燃料多加一點會比較好，所以多按了幾下。當我抽拉啟動器時，吹雪機竟毫無動靜，我用太多燃料淹沒了引擎。在「洞察、解決、擴展」的第三步驟，我們要做的就是籌募資金和重要資源，進而擴展成長期的解決方案，而在此之前，你得小心不要「淹沒了你的引擎」。在這個階段，為了避免壓垮最低可行產品，請務必投入最少的金錢和資源。

羅蘋．渥蘭德（Robin Wolander）為了擴展新創事業《育兒雜誌》（*Parenting Magazine*），預計需要募集到五百萬美金，她預計從第一輪募資目標的十七萬五千美金開始這項計畫。但在奮鬥了七十場投資者會議後，她只籌到十二萬五千美金。經過了這一切之後，她得到的回報是：降低自己的薪資和個人股權。光是這個結果，就為有志創業的人士提供了不少讓人大開眼界的教訓，並了解到創業並不容易。創業往往比許多人讓我們信以為真的浪漫想像要更困難許多，能先了解這一點是有好處的。解決迄今一直困擾他人的問題是很有意義的一件事，由於還沒有人解決過這些問題，你除了需要不同的方法，也經常得付出更大的努力。

而且你還必須堅持不懈，考驗我們對自己的事業、甚至是對自己的信心。羅蘋從由下而上和由上而下的雙向調查中得知，她已經找到跟驗證了一個尚未滿足的需求：年輕、受過良好教育、富有的父母，需要得到目前手邊的資源並未提供的育兒資訊。透過由下而上和新手父母的討論，以及觀察當地書報攤，她推論出，現今主導育兒議題的雜誌《*Parents*》太過簡陋[22]，在這個廣大且持續成長的市場中，出現了資深媒體主管羅蘋可以填補的「空白」缺口。然而，即使擁有驗證過機會的數據跟最低可行的解決方案，投資者卻沒有蜂擁而至。

想像一下，羅蘋在參加七十場投資者會議中的第六十八場時，所感受到的挫敗感。置身在二十六英里馬拉松的第二十四英里時，各位是否有精力完成比賽？我敢說，不管有多麼疲倦，大家都能夠激起完成最後兩英里所需要的精力。現在，想像一下現在的你處在第二十四英里，但不知道還剩多少英里才能抵達終點：二？二十？兩百？永遠？此時的各位會是什麼感覺？「筋疲力竭、毫無動力、感到焦慮。」學生如此說道，但這也無可厚非。不知道比賽還有多長、還要繼續跑多遠，這讓人無法激勵自己繼續前進。但羅蘋依舊堅持不懈。這是成功的創業家在創業過程中所展現的一個特質。

在距離七十場會議和十二萬五千美金大關還很遙遠的時候，羅蘋在最早的幾場投資者會議遇到一個叫作亞瑟·杜博（Arthur Dubow）的人，他給了羅蘋五千美金，說這是「走動小錢」（walking around money）。羅蘋不清楚這筆錢附加了什麼條件，也不清楚亞瑟說的「走動」是什麼意思，而且她需要的金額是它的一千倍——五百萬美金，亞瑟給她五千美金到底是什麼意思？五千美金能起什麼作用？「嗯。」你可能會說：「這或許能讓羅蘋的桌子出現一些食物，或是讓她的油箱能多點汽油，讓她搭飛機去見其他潛在的投資人，或是進行更多由下而上的調查。」換句話說，這最早的五千美金可能存在一些實際價值。如果各位還記得，我們先前提到投資者所能提供的價值，不僅限於提供的金錢，而亞瑟對於羅蘋打算成立的公司有過經驗，大家可能會指出，亞瑟可以為羅蘋公司提供附加價值。

各位或許也會指出，即使是這樣的一筆小錢，還是能為羅蘋帶來信心，讓她明白：有人相信她和她的事業。從無人相信到有人相信，狀況可是大不相同。參加第二十六場會議時，她甚至可以告訴自己，亞瑟對我有信心，所以我應該對自己和自己的價值主張更有信心。如果小額投資可以提升我們的信心程度，那麼它對其他潛在投資人會發出什麼信號呢？這種影響是雙重的。當一個潛在投資者問說是否已有其他人投資時，結果會發生什麼事？在亞瑟的「走動小錢」出現之前，我們必須回答：「沒有人。」而現在，我們可以說有人破冰了，對我作出判斷，評估過我事業的潛力，而且還給了支票。

如果你學過生物或化學，可能會記得「催化劑」是一種增加化學反應速率、或在某些情況下能讓反應開始發生的物質。催化劑只是一種微量的物質，卻能帶來不成比例的巨大影響。或許可以把亞瑟．杜博的「走動小錢」看成是一種催化劑，少了它，羅蘋可能無法讓車子加夠足以到處跑的汽油，她可能還得去找工作，當其他投資人問說還有誰投資時，她可能無法正視他們的眼睛。如果她是自己唯一的啦啦隊，可能無法讓自己生出足夠的自信。亞瑟的五千美金所給予的不僅是讓羅蘋可以「走動」，如同催化劑中的化學反應所產生的巨大效果，亞瑟的少量資金也帶來了不成比例的影響，並催化了羅蘋日後的事業。

我班上和中心的學生去參加商業計畫競賽並贏得最終比賽時，就體驗過這樣的動能。他們會告訴你，哎，如果沒有贏得羅德島商業競賽兩萬五千美元的獎金，他們可能就沒有了信心和精力去追求他們的事業。

艾瑞克．賀傑普（Eric Hjerpe）是成功的創業投資人，他說自己是在找尋偉大的靈光，同時也承認自己首先尋找的是立足點。「草地上光禿禿的部分」、最低可行產品、走動小錢、催化劑——這些都證明了：艾瑞克在尋找小型價值主張種類的立足點。

如果記不得第四章和第五章的內容，我希望各位會記得解決的步驟是不可或缺的，因為它並未期望第一次嘗試就能得到理想的解決方案。相反地，「洞察、解決、擴展」這套進程認為，即使完全接受了這兩章所描述的準則和建議，如果首度嘗試就能將理想的解決方案做到完善，那真的算是非常幸運的事了。我認識的每個成功創業家，包括本章提到的Bandura遊戲公司的賈斯汀和Dear Kate內衣公司的茱莉，以及我在別處和你們分享的所有人，當然還有創立了我所有新創公司，甚至是寫下這本書的我——我們大家都知道：解決問題需要一個重複迭代的方法。

無視「洞察、解決、擴展」內在的迭代特性，選擇從尋找需求，直接跳到擴大最初的解決方案，這注定會讓許多首次創業的人迎來失敗的結果。公司的免疫系統不但促進了這種不成熟的擴展，也讓大型成熟組織的創新行為受挫。例如，高營收的障礙造成匆匆掠過最初提議的解決方案，草率進入擴展模式。這就像是你印了幾萬本書，但內容卻是你的初稿。

急著擴展未經驗證的初始提議解決方案，讓我想起了一個笑話：有人發現他迷路了，但司機說：「對，但我們很快就要到了。」在進行下一個步驟**擴展：創建永續模式**之前，要確保你已重複迭代了無數次，並足以發展出值得投資的價值主張，而為了實現長期的擴展，這樣的投資是不可或缺的。為了避免「玩得開心」，最後卻走錯了目的地，請先確認你已為汽車指出了正確方向。如果在街上試駕成功，那就是你該將車子開上高速公路的時候了。現在讓我們繼續前往「洞察、解決、擴展」的下一個步驟。

Chapter 6

第三步驟：擴展

創建永續模式

各位已經在第一步驟定義了問題，並在第二步驟開始迭代解決，現在該是放大格局的時候了。第三步驟，**擴展：創建永續模式**，讓大家可以對解決第一步驟時所確認的問題，並產生重大長期的影響。在本章中，各位將學到永續模式的定義，了解它跟較為狹隘的商業模式相比，為什麼顯得更有價值。大家將見到為何放大格局的預備步驟極為關鍵，並運用有效的練習「願景比喻」（Landscape Metaphor）進而做到。這裡將在價值主張的「什麼」、「誰」和「為什麼」的問題上，再增加一個基本問題「如何」；本章將提供協助回答第四個問題的工具。大家將明白，若是在「洞察、解決、擴展」這套進程較為面向公眾的部分進行修正迭代時，為什麼感覺上更像失敗而非創造，藉此學會擁抱失敗，作為通往最終成功的途徑。最後，不管建立怎樣類型的實體（營利、非營利、政府機構、教育機構或任何機構），各位將會清楚掌握籌募資金的基礎方法。

永續性指的是大規模的長期影響

如果解決方案不持久，就不是真正的解決方案。
——第一位獲准在美國成立銀行並擔任行長的非裔美國女性／瑪姬・渥克（Maggie Walker）

如果你的創業已經走到了這麼遠，並取得了重大的成就。你進行了由下而上的調查，尋找跟驗證尚未滿足的需求，接著發展並迭代價值主張，甚至可能已推出一個最低可行產品。接下來呢？要如何從可能出現的一些試用者起步，獲得一千人、一百萬人，甚至更多的使用者？同樣重要的是，要如何讓這樣的成長維持幾年甚至是幾十年呢？

「規模」和「長期影響」是我們現在想要實現的特質，「永續性」在其他領域可能意味著不同的事物，像是環境永續性。對我們而言，永續性和當初找到跟驗證過的未滿足需求的兩種性質有關：**強烈**且**持久**。規模解決了需求的強度，而長期進行則對應了持久性。如果創業是解決問題的一個結構化進程，真正去解決一個問題則意味：可以長期、大規模地進行。

各位已經聽過「商業模式」這個名詞了，而我使用「永續」取代「商業」的原因是，商業模式不見得會創造長期可行或大規模的長期影響。在我的方法中，小生意不算創業的表現，除非它可以擴充成一個更大版本，並能帶來長期影響的先驅型創業。

我使用「永續」取代商業模式的另一個原因是，大家可能正在構思或已在經營某種非商業性事業（例如非營利組織、政府機構、教育或研究機構）。「洞察、解決、擴展」適用於所有形式的實體，而「永續」旨在囊括全部的形式，並賦予它們力量。商業沒什麼不好，事實上，我隨後將分享一些關於營利模式的好處。但記住，創業不再只是為了商業。

放大格局

我們的目光不夠遠大。

——電影《波希米亞狂想曲》皇后樂團主唱／佛萊迪．墨裘瑞（Freddie Mercury）

我在哈佛商學院的創業金融教授傑夫．提蒙茲（Jeff Timmons）在他的經典作品《新式創業》（*New Venture Creation*）裡寫道：「有志創業者出現的一項最大錯誤跟策略有關，他們的目光太短淺……在小型、機器取代人力的事業中……成功的機會比較低。即使真的存活下來，財務上的回報也很低。」我明白這聽起來可能違反直覺，因為通常為了減輕不可避免的創業風險，都希望能保持小規模，維持井然有序，這不但易於經營，也較好掌控變數。然而，正如傑夫提醒我們的，以及他引用小企業對比大企業的失敗率所證明的情形：

愈小意味著失敗機率愈高……誰是能活下來的人？如果企業達到一個關鍵的規模，員工至少十到二十人，擁有兩百萬到三百萬美元的營收，目前正在追求具備成長潛力的商機，那麼存活率和成功程度就會出現戲劇化的改變……隨著公司規模增加，新公司的存活率也跟著穩定增加。對於有二十四名員工的公司來說一年的存活率約是54%，對有一百到兩百四十九名員工的公司則躍升至大約73%。[1]

仔細想想，這樣的門檻很有道理。較大的企業雖然面臨不同的風險和挑戰，但他們早已克服，也將早期風險和挑戰拋諸腦後。精算後的平均餘命預測也是這種情況：一旦到達某個年齡，年紀愈大，預測的壽命就會愈長。

這個概念或許教人難以消化。當我在布朗大學講授企業進程的第一年，即使跟學生分享了傑夫．提蒙茲對於放大格局的數據，我發現團隊提出的事業大多仍是咖啡店的規模。對很多學生來說，這就是他們放大後的格局，但這無可厚非。對多數人來說，尤其還在上大學的時候，年營收幾十萬美金的咖啡店聽起來確實很大。為了協助他們克服「縮小格局」的心態，我必須強迫他們思考更大的格局，之後的每一年，我會要求在這堂課上提出的創業方案，都必須五年內確實達到至少一億美金的營收目標。這個要求雖然武斷，但的確有助於學生放膽思考，並擺脫害怕會受到風險的影響，以免陷入舒適圈，或受制於個人經驗。

當路克．薛文和尼爾．帕利克回來分享他們的 Casper 床墊經驗時，路克幾乎是順口提及，在營運的前十八個月就達到一億美金的銷售額。他一說完，我環視全場，發現大家豁然開朗。只有透過這樣的同儕、一個修過相同課程的畢業生現身說法，才能讓大家信服。

警告：人為疏失

許多創業家很難放大格局思考，因為他們相信，要減少不可避免的創業風險，必須保持小規模、井然有序、容易掌握。但這種傾向卻阻礙了長期的擴展。

大規模的長期影響

對於「洞察、解決、擴展」的第三步驟：創建永續模式，我認為這個步驟的目的是「產生大規模的長期影響」。我藉此指出一個和傑夫．提蒙茲在《新式創業》

提到的「放大格局」概念略微不同的東西，他對放大格局提出的實際原因是「存活」，但我想強調的是「影響」。如果打算投入一切必要的努力來啟動事業，與其針對某些人，何不採取可以影響更多人的生活方式、改善更多人生命的方法來進行呢？

這種強調，也強化了博雅教育的問題解決方法在創業上的應用。提蒙茲所強調的規模，是一種關於事業存活，以及對於我們、乃至於對投資人潛在回報的絕佳原始衡量標準。「影響」是一種衡量我們的事業如何改變他人的方式，特別是針對我們希望解決問題的對象，只靠著「自省」的動力並不足以確保創業成功。記住賽門．西奈克的見解，成功的領導者「都從事非常非常特別的事：激勵人心」，而他們的方法就是專注於**為什麼**，也就是所謂的「影響」，這與我之前討論的熱情和目標差異有著異曲同工之妙。

大約在我們即將啟動布朗大學新成立的創業中心時，中心的明星副主任麗茲．馬龍（Liz Malone）走進她工作好幾年的公共衛生學院，去找過去的同事兼副院長唐恩．歐普拉利歐（Don Operario）。照麗茲的說法，唐恩對她很有禮貌，但不相信創業跟他的公共衛生研究有何關係。麗茲不屈不撓，繼續請他分享個人的最新動態。唐恩說，他在中國的研究團隊正在開發一款協助愛滋病患聯繫醫療資源的 app。麗茲精神一振，說：「唐恩，你就是創業家！」「我是嗎？」唐恩略微困惑地回答。麗茲解釋我對創業的定義是解決問題的結構化進程，在說明完這個進程的三大步驟之後，唐恩就恍然大悟。

就像許多人一樣，唐恩一直對創業有個誤解，認為創業只是啟動生意。但麗茲幫他看到，創業不只跟他自己或公共衛生同事一直期待實現的事情有關。和我們中心合作，可以學到更多東西；發展洞察力和創業技能，可以增加他們想要產生的影響力。用唐恩的話來說：「如果我們從問題識別、產品開發、產品評估，以及需要它的受眾或社群使用產品的角度來看創業，我們會看到跟公共衛生使命一致的方法論。」

唐恩又再進一步思考，意識到他們對於尋找跟驗證未滿足需求（定義問題）的第一步驟，甚至是發展價值主張（迭代以小規模解決問題）的第二步驟，都相當擅長。但他也承認，在第三步驟創建永續模式（產生大規模的長期影響）上他們需要一些協助。唐恩說：「我們想要確認的是，什麼東西會像野火那樣蔓延到整個社群，或更廣大的人口之中。」麗茲和唐恩會面結束時，他們已規劃了稱之為「透過創業行為來解決世界公共衛生問題」的系列研討會，此後，這些活動就一直由我們共同帶領與召開。

我喜歡把唐恩稱為「改變信仰的狂熱分子」，因為不管到哪裡，他都像在傳教似地不斷說明：創業行為是解決世界衛生問題的關鍵。當唐恩這樣一個懷疑論者在跨域轉變之後說出了這樣的話，就表示，它的可信度毋庸置疑！我們再次看到這個解決問題的結構化進程，比其他的創業方法都更有包容性。無論身處哪一個領域，無論從事什麼職業，無論想要解決什麼問題，只要為自己增添「洞察、解決、擴展」的創業能力，你就能長期並大規模地解決任何存在的問題。

貓耳帽計畫——為什麼永續性需要的不只是可擴展性

我把第三步驟描述為一種永續模式，因為它賦予所有創業者——不只是考慮創辦企業的人——可以使用大範圍的模式產生大規模的影響。潔娜・茲威曼的貓耳帽計畫是一個絕佳範例，可以用來說明制定一個「就是想要這麼做」的創造性永續模式。潔娜不讓她頭上的創傷、有限的時間，以及有限的資金阻止自己，反而藉由她的身體狀況和其他障礙（缺乏資源的好處），設定了兩個目標：創造一個大型的視覺衝擊（受一九八七年的愛滋紀念被單活動〔AIDS Quilt〕[51]啟發），並且創造一個可擴展的分散化模式，讓很多無法實際到場，但有心前往這場女性遊行的人參與其中[2]。隨著貓耳帽活動的擴展，第三個目標也跟著浮現，利用群眾投入，為未來參與政治奠定基礎。基於過去她個人的建築背景，潔娜知道自己可以從基本要素創造出強而有力的東西；她同時也在模式中嵌入病毒性元素幫助擴大效果。

首先，為了促進虛擬社群，她鼓勵編織過帽子的人附上便箋，以便和戴著帽子的遊行者建立聯繫，也能讓無法參加遊行的編織者得以表達自己的想法。如同潔娜所說：「這不是只跟出現在遊行裡的人有關，還有幕後數百萬人，編織帽子的人、在某處接送別人的人，或是在別人去遊行時幫忙照顧孩子的人。」

其次，潔娜和全美各地一百七十五家毛線店合作，讓人可以輕鬆參與。從構思到遊行，歷時五十九天，遊行當天有超過一百萬人戴著潔娜的貓耳帽，這張照片證明了影響力的巨大規模（第一七四頁下圖）。

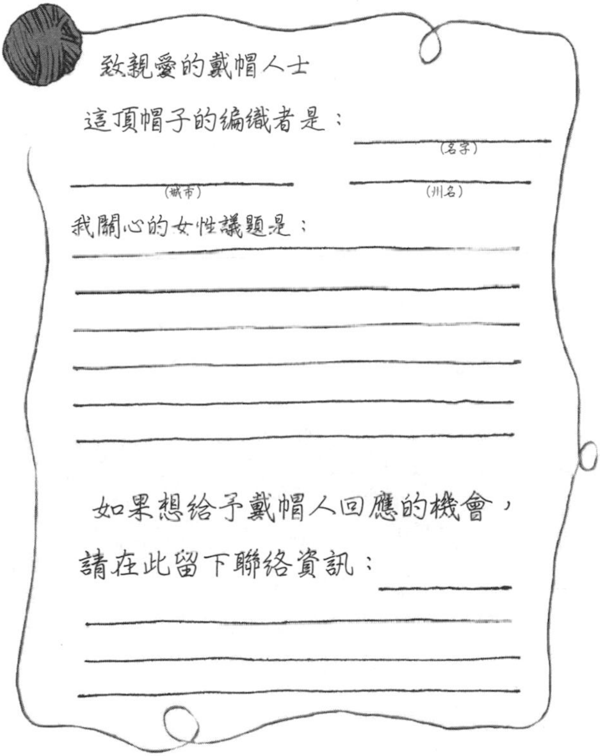
致親愛的戴帽人士
這頂帽子的編織者是：
(名字)
(城市)
(州名)
我關心的女性議題是：
如果想給予戴帽人回應的機會，
請在此留下聯絡資訊：

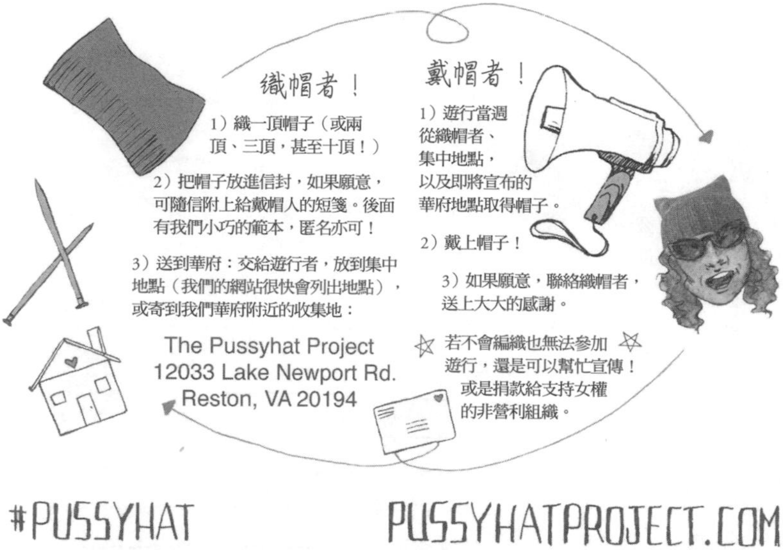
織帽者！
1）織一頂帽子（或兩頂、三頂，甚至十頂！）
2）把帽子放進信封，如果願意，可隨信附上給戴帽人的短箋。後面有我們小巧的範本，匿名亦可！
3）送到華府：交給遊行者，放到集中地點（我們的網站很快會列出地點），或寄到我們華府附近的收集地：
The Pussyhat Project
12033 Lake Newport Rd.
Reston, VA 20194
戴帽者！
1）遊行當週從織帽者、集中地點，以及即將宣布的華府地點取得帽子。
2）戴上帽子！
3）如果願意，聯絡織帽者，送上大大的感謝。
若不會編織也無法參加遊行，還是可以幫忙宣傳！或是捐款給支持女權的非營利組織。
#PUSSYHAT
PUSSYHATPROJECT.COM

Photo credit: Brian Allen/Voice of America

貓耳帽計畫實現的快速擴張令人印象深刻，但它是否具有足夠的長期影響，得以被視為有效的永續模式？潔娜認為沒有。然而，作為這個天賦女權的特殊時刻的象徵，貓耳帽是放大格局、思考初衷與原初規模的精采案例。

貓耳帽計畫也進一步證實，有效的永續模式需要的不只是病毒性傳播，要做的也不只是快速擴張。永續模式需要產生大規模影響，才能解決強烈需求，而長期來看，它需要解決我們在創業方法第一步驟提到的持久需求。貓耳帽計畫要如何產生長期可持續的影響？可以做什麼來保持持續成長？Intimately 公司的艾瑪・巴特勒建議我們回想並接受鮑伯・賴斯的提醒：「不要墜入愛河，喜歡就好。」艾瑪表示：「儘管它成為了一種象徵，或許意味著達到了一定的初始規模後就要戰略轉向，才能醞釀出粉紅帽子的概念。」或許這可能意味要使用我在本章分享的工具，好擴展超越潔娜讓人欽佩的最初價值主張，甚至預想問題的演變和長期的解決方案。這個問題——女權面對的挑戰——在未來一、二十年可能會有怎樣的變化？潔娜以初步的解決方案處理這個問題，但長遠來看她還能做什麼，才能運用幾百個貓耳帽編織團體跟她發展出來的廣泛運動，進而引導政治能量？

潔娜作為創業家的才能體現在發起一系列的活動，拿手工藝作為政治和藝術的集體聲明，以實現改變。例如，她將貓耳帽的經驗轉換成「歡迎毛毯」活動（Welcome Blanket）。她在此動員了編織社群，替來到美國的新難民製作歡迎毛毯，藉此提高大眾對移民議題的意識。在新冠疫情期間，「人道口罩」（Masks for Humanity）提供人們為弱勢族群製作口罩的方法，並提高大眾意識，讓大家了解疫情對政治和社會帶來的影響。用潔娜的話來說，她認為更廣泛的永續模式是一種「手工藝行動主義者的活動，這些人隨時在尋找新計畫，厭倦重複製作相同的物品，貓耳帽的新奇可能沒有永續性，但這項計畫的設計方法卻有。」

願景練習：心智伸展

Que la terre est petite à qui la voit des cieux!
（對於從天上往下看的人來說，地球是多麼小啊！）

——十八世紀法國詩人／雅克·德利爾（Jacques Delille）[3]

從遠處看地球，改變了我的看法。

——阿波羅十一太空人／麥可·柯林斯（Michael Collins）[4]

「隱喻本體論」是運用修辭手法，超越科學、歷史、詩歌來表明最為深奧、神聖和天堂的現實。因為現實的浩瀚和豐富無法僅憑一段說明的明顯意義來表達，因此隱喻本體論有其必要。[5]

——美國歷史學家／傑佛瑞·波頓·羅素（Jeffrey Burton Russell）

正如我從學生和研討會參與者身上所了解到的，放大格局思考和展望長期影響並不容易。願景練習將協助大家克服這種阻力，主要目的是幫助大家變換心態，更願意把價值主張發展成對未來產生影響的大規模解決方案。大家可能會把這個練習當成一種心智伸展，這種伸展有助於超越我們都有的短期思考限制，幫助大家放大格局、考慮長遠的事。

願景練習由三個部分組成：

1. 畫下一條**假想**道路和周遭景觀，描繪自己在未來二十到三十年間要解決的問題。
2. 再以一種假想的交通工具形式，畫下自己的價值主張，這項工具可以在剛才用來描繪問題的道路上行駛。
3. 在未來的遙遠時刻重新檢視自己的價值主張，想像時光倒流，直到回到今天，想像我們能夠如何重新改造它。

在願景練習的第一步，先設想你要解決接下來許多年會繼續發展的問題。強迫自己思考如果不解決這個問題，會發生什麼事：它會如何日益增長惡化，變得更強大、更持久？如果對於要解決的問題的重要性有所遲疑，甚至感覺到來自他人的評判，僅憑這個步驟，你就可以審視、感受並重新評估它的重要性。重要的是，預想這個問題至少二十年到三十年後的發展情況，時間長短取決於你要解決的問題類型。預想的未來夠久遠，就越能迫使大家減少依靠當下的事實，而是仰賴想像力。到目前為止，就你今天所知道的真實情況所產生的偏見，並不會限制你的想像。請記住，在此進行的是一種心智伸展，不必擔心這一切的真實性、線性或是否逼真。

以下是來自儀器科技創業團隊的願景圖，可讓各位一窺我們所尋找的「藝術」的有限水準。這是一家斯洛伐尼亞硬體公司，我一直和他們合作，致力訓練該公司的「洞察、解決、擴展」企業進程。這個願景練習的參與者都是超級聰明、左腦優勢的物理學家，他們必須克服藝術上的抑制才能完成第一步驟。實際進行之後，即使只是最初的一步，

也讓他們的思考逐漸脫離近期執行面上的挑戰，開始預想未曾考慮過的背景問題，並想像他們找到跟驗證過的未滿足需求會如何隨著時間演變。其實，我不了解他們畫裡的隱喻，而他們也不會贏得任何藝術競賽，但這不是重點。這項練習的第一步驟的目的在於：學習預測他們想要解決的問題會如何隨著時間演變和成長。

第一步驟著重的是背景——發生在企業周遭，我們必須應付卻無法控制的一切，例如政治環境、經濟、規章、稅率、人工智慧等重大科技變革，以及九一一事件、二〇〇八年金融危機、新冠疫情等重大轉折，當我們著眼在放大格局、長遠思考，以及創建永續模式來產生重大影響時，這一切都是我們應該考慮的關鍵背景因素。僅是練習的第一部分，就有助於確保我們把背景影響列入遙遠未來的考量，而最重要的是，對於我們希望長期解決的問題，第一步驟可以幫我們審視問題的強度和持久性。

為什麼全都強調遙遠的未來？首先，如果想要解決強烈且持久的問題，我們的解決方案就得持久。其次，「重視遙遠未來」這個概念，是借用加州大學洛城分校霍爾·賀許菲爾德（Hal Hershfield）教授的突破性研究。賀許菲爾德在研究中發現，影響年輕人為退休存更多錢的關鍵在於：讓他們預見未來需要退休儲蓄的自己。用賀許菲爾德的話說：「當人們面對『未來的自己』，他們體驗到一種情感上的聯繫感，這種感覺會影響長期的財務和道德決定……任何可以增加未來自己具體和顯著樣貌的事情，都會協助我們作出更好的決定。」[6]當他以數位變更的影像，對大學生顯示他們三十年後的模樣，這些學生提出的儲蓄平均金額比看到自己目前照片的學生多了30%。願景練習的第一步驟同樣是讓我們超越目前的經驗，思考你現在致力解決的問題可能變成什麼樣子，我們先了解問題周遭的背景，然後才能建立情感聯繫。

練習的第二步驟是將重點放在價值主張。預想一輛可以行駛在我們描繪的未來道路和願景中的假想汽車（或是太空船等交通工具），記住，這裡的重點是一種心智伸展，要把思考擴展到在價值主張步驟並未涉及的地方。想想交通工具的各個零件如何代表你的價值主張細節，同時預料已確認的未來背景問題。例如，潔娜和她的貓耳帽團隊可能去描繪並標示出方向盤的特色，來協助她們指導大規模女性平權運動，「喇叭」是她們的溝通策略，「消音器」則是抑制政治反對派的工具，「油箱標示」為貓耳帽最初價值主張所缺乏的營收來源。或許交通工具是一輛由潔娜的編織團體所駕駛的公車，甚至是一支卡車車隊，而卡車的數量則代表她未來支持者的成長。

聽完我介紹這個練習的團隊，多數人發現這有助於擴展價值主張的潛在影響。這項練習納入了他們發展最初價值主張時，並未考慮到的潛在未來背景，當你能設想到未來數十年，而且不必考慮執行細節，就能避免讓人太過擔心短期的限制。

不須仰賴從事業元年就要開始建立的成長率預測，這個練習能幫助大家制定出更廣泛、更具創造力和更成熟的價值主張，進而應對未來多年的背景問題。請嘗試想像一座「成熟的森林」，而不僅是當下擁有的「種子」。記得我們的創業定義裡有一部分提到，**不考慮當前掌控的資源**。如果我們的所做所為只是專注在自己擁有的小種子，那便與定義背道而馳，也只會讓你專注在目前的資源上。

在願景練習的第三步驟中，則是把這種著眼未來的價值主張的隱喻，轉變成增進目前價值主張的事物。這需要從未來的版本開始逆向發想。請記住，建立一個深入未來的價值主張，不能依賴當前的技術或其他已知的投入，這樣能讓各位比在價值主張的過程期間更有創造力。現在，想像你正在一年一年回推到今天，同時思考著實現未來的行動解決方案。等到時間回到了今日，我向各位保證，經過修改的價值主張會比這個練習之前更大膽、更充滿創意，也更不會被當下的因素阻擾。它將反映你放大格局後的思考，讓你去想像造成的更大影響幅度。

檢視這項更新的價值主張時，它有可能看起來不太可行。但沒關係，一如前面所述，重大影響的重點在於創新，而不是可行性。如果真的欠缺執行價值主張所需要的完整技術，沒關係。如果真的沒有足夠執行價值主張的財務資源，沒關係。如果真的少了足以執行價值主張的才能或團隊，那也沒關係。記住，創業是解決問題的結構化進程，**不必考慮當前掌控的資源**。

Airbnb 是使用逆向發明過程而得到驚人效果的絕佳案例。羅德島設計學院畢業生布萊恩・切斯基（Brian Chesky）和喬・傑比亞（Joe Gebbia）在二〇〇八年，與哈佛畢業生內森・布萊卡札基（Nathan Blecharczyk）合作解決他們發現的短期租賃問題。三人進行了非常出色的由下而上的調查，如同哈佛商學院教授泰利斯・特謝拉（Thales Teixeira）所說，他們像顧客般思考——還同時考量到房東和租客兩方面的需求。他們了解像Craigslist[52]這種替代性分類廣告網站所沒有處理的需求，也根據顧客對他們最低可行產品的體驗進行了出色的測試和迭代[7]。但這無法讓他們的成果再進一步，而推動Airbnb長期擴展的原因，是他們「進行了一個不尋常的舉動：想像完美的體驗為何……然後再**回頭**看看需要做什麼改變，如此才能實現他們的願景」[8]。

和平種子和著眼小處的危害

我已經指出，創業不限於受利潤驅使的公司。事實上，願景練習對於希望為世界動蕩地區帶來和平的一個非營利組織，同樣產生了良好效果。我和一個名為「和平種子」（Seeds of Peace）的了不起團體合作，他們原本是一九九〇年代早期成立的一個夏令營，目的是讓以色列和巴勒斯坦青少年齊聚一堂，希望藉此能帶來更好的聯繫和對話。這些青少年大多從未見過任何來自「另一頭」的人，這次夏令營體驗打破了原本像是無法逾越的障礙。種子營隊的早期經驗證明，共度一個夏天的經驗可以打破藩籬。這種對話的基本概念感覺還可以擴大，來做更多的事，種子在二〇一五年找我為其校友帶領一個研討會。我在約旦、倫敦和東耶路撒冷，訓練種子校友用「洞察、解決、擴展」來實現比原本追求的更宏大的願景。

在倫敦與和平種子的校友團隊「種子同伴」的一次早期會面中，我意識到願景練習為這個團隊提供了特別的承諾。我原本準備引導由下而上的調查訓練，直到早餐時跟一些種子同伴聊天，稍微了解到他們的創業願景。聽他們形容自己的事業時，我十分訝異，他們似乎都將心思放在極小的地方，例如阿拉伯／希伯拉歌唱團體、以色列阿拉伯高科技女性的支持團體、促進以色列志工服務的團體、迦納技術專業畢業生的職業介紹所，以及銷售女性時尚的網站。

儘管這些和平種子的同伴很鼓舞人心，但他們似乎都試著把事業保持在小型、井然有序、容易掌控的狀態。愈來愈明顯的是，我準備的研討會方向錯了，他們需要學習的是「如何」以及「為什麼」要從大處思考。那次早餐過後，我不得不跟妻子坦承，必須擱置計畫好的倫敦觀光行程了。

在研討會上，我質疑了種子同伴，甚至是種子的領導層，他們採用的種子比喻雖然對他們想要推動的運動很靈活生動，卻將他們限制住了。問題在於幼苗永遠不會長成森林，而森林代表的是一種可擴展的影響，他們需要中斷幾個世代以來折磨以色列人和巴勒斯坦人，在文化和政治上的緊張氣氛。我必須要他們超越近期的磨擦來思考，正因為這種背景，導致他們認為任何根本上的重大改變都是天方夜譚。

這讓我進行了願景練習。我必須挑選一個時間框架，幫他們擺脫消極和憤世嫉俗的情緒，每當致力解決近期難以對付的問題時，這些情緒經常伴隨而生。因此，我選擇了我用過最長的時間框架：想像一個要在二〇五五年解決的問題，而他們的反應很驚人。海吉特（Hagit）是一個勇敢、充滿創造力的教育家，曾招募了以色列雅法市的阿拉伯和猶太人父母，為一百五十個孩子設立了雙語、雙國籍、多元文化的公共教育系統。對於我的指示，他脫口而出：「我到時就八十多歲了，我想不到那麼遠的未來！」的確，這正是重點。把自己投射到那麼遠的未來，就不會因為已知的想法、傳統智慧、政治阻力、政府政策、文化規範，以及所有已知的障礙等因素而退縮，這就是我們想要實現的目標。就在這個時候——把自己投射到四十年後——海吉特就可以開始從大處著眼，放大格局思考了。

我聽到的另一個阻力，是來自和平種子的同伴米凱．韓德勒（Micah Hendler），他創辦了耶路撒冷青少年合唱團，由巴勒斯坦和以色列雙方的青少年組成。麥卡道出他所擔心的事，說他自己沒有藝術才能，沒辦法畫出我要他畫的隱喻圖象。他抗拒地說：「我從小就畫不來幼兒園老師要我畫的圖，現在還是畫不出來。」過了好幾分鐘，他終於深吸了一口氣，開始動手畫，並在這個練習上表現傑出。這協助他能放大格局，思考如何產生更具擴展性和長期的影響。以下我跟麥卡交談時他告訴我的想法：

我成立耶路撒冷青少年合唱團，希望改善在耶路撒冷的以色列和巴勒斯坦年輕人之間的關係。進行願景練習給了我考驗，要我往更大格局去思考。當時我非常害怕，因為我幾乎無法讓我的小合唱團團結一致，更別說是考慮做更多事了。但練習幫助我擴大焦點，將注意力放到其他需要的工具和地方上，來為存在衝突背景的地區療癒心靈、建立信任，現在它以一種創意文化變革公司的形式出現，「Raise Your Voice Labs」協助世界各地的團體一起朝著新方向前進。我甚至和共同創辦人在二〇二〇年再次進行了願景練習，它幫助我們釐清，也擴大了我們的影響力。

海地計畫成為海地網絡

我的布朗同學派屈克．莫尼漢（Patrick Moynihan）是天主教執事，他將職業生涯奉獻在成立經營海地的路弗圖克利瑞學校（Louverture Cleary School，LCS），致力於教育貧苦家庭的海地年輕人。該校校友有九成以上在海地學習或工作，而僅僅是大學畢業數年，平均收入就是海地人均所得的十五倍，他們不只養活自己和家人，也回饋國家。派屈克透過這個學校所做的一切讓人嘆為觀止，對大部分的人來說，這代表了優異的職業生涯價值，而這個案例可說是上帝的傑作。

當我們在布朗成立創業中心時，派屈克過來找我，透露了最新進展。派屈克通常洋溢著理想主義，就是這樣的理想主義，激勵他經營了路弗圖克利瑞學校二十多年。但這一次，他看起來很沮喪。他一直在跟一些非常富有的人士會面，希望能籌募資金來改善學校，而儘管對方讚賞該校對學生帶來的影響，卻無意捐款。「大家對於我們正在改變這些學生的人生都毫不懷疑，這些人有能力開出比我要求的還多出好幾百倍的支票面額，然而，他們就是沒有行動，為什麼會這樣呢？」

我告訴派屈克，我懷疑這是因為他思考的格局太小。他在尋找跟驗證尚未滿足需求上做得極為出色，而且形成了一個強大的價值主張來因應這些需求。但是，他並沒有採取第三個步驟去創建一個「格局遠大」的永續模式，反而落入思維陷阱，認為小規模的機會可以降低風險。事實上，情況正好相反。我告訴他，他的潛在捐助者可以在無數的崇高組織中作選擇，期望產生最大的影響，而派屈克的學校一年卻只教育了幾百名學生。為了作出讓他們覺得有意義的改變，他需要幫助更多更多的人。正如金融投資者尋求投資以增長財富，慈善捐款人也在尋找相應的投資，而且他們所尋找的捐贈機會，可以使他們能夠進行比派屈克所要求的更大的投資。

我給了派屈克什麼建議呢？我強烈要求他放大格局。「不是十萬美金，而是想著你會用一千萬美金來做什麼？不是一次教育幾百個海地學生，若是換成成千上萬的人，你需要什麼？你可以展望什麼樣的模式，假如可以改變整個國家？」派屈克的眼睛亮了起來。「沒錯，我敢說這樣的願景可以激發一些不願開支票的捐助人，但要怎樣創造呢？」他感到疑惑。在逐步引導派屈克進行願景練習後，我向他介紹了我在布朗大學過去的一個學生丹尼爾．布雷耶（Daniel Breyer）。丹尼爾當時是我們中心的入駐創業家，他和派屈克合作進行「洞察、解決、擴展」好幾個月，由我監督他們的進展。我很高興得知派屈克和他的團隊已使用願景練習全面修訂了學校的價值主張，並且制訂了一個「格局放大」的永續模式。以下是來自他們網站的文字：

◎把教育擺在海地第一位的時間到了！

海地計畫三十年來造就了驚人成果和數百位成功校友，現在藉由建立遍及海地的全國學校網絡，開始擴展路弗圖克利瑞學校（LCS）的影響力。

LCS網絡將是一個由十所免學費、男女合校的天主教中等教育寄宿學校組成的體系——海地每個教區一所——每年提供三千六百名學生接受宗教禮儀的優質教育洗禮，以及一千兩百名校友就讀海地大學的獎學金。

儘管LCS網絡將是海地向前邁進的一大步，海地計畫並未將它設定為最後的目標，而是將它作為一個展望，將慈善事業的焦點轉向海地及全球教育。

猜猜當派屈克回頭去找曾拒絕開支票的捐助者時，他得到怎樣的待遇？他們傾身向前，表現

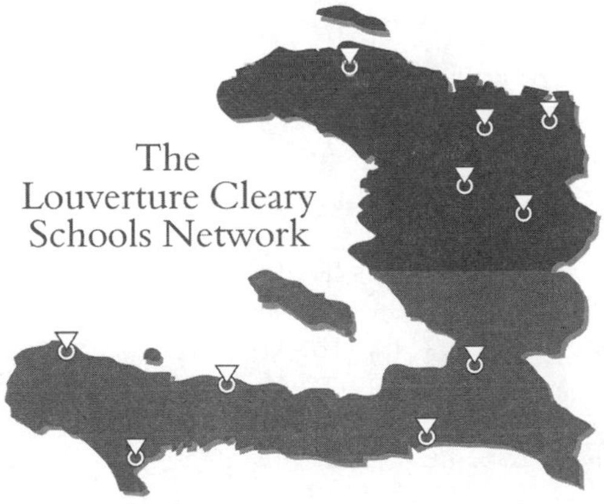

出更多的興趣，出現派屈克建立學校時前所未見的捐贈盛況。最初的一所學校價值主張成功後，LCS**網路**以此為基礎，朝改變海地的教育和經濟體系的道路邁進。

派屈克是這麼描述的：「就在丹尼說出『願景』這個名詞時，他問我：『你對它的最終狀態有什麼願景？』我就有了解決方案。我的答案是：網路。我感覺自己就像《魔球》（*Moneyball*）裡的比利．比恩（Billy Beane）[53]。」

為了加強放大格局所需要的洞察力，我想要分享幾個讓我聯想起願景練習的心智延伸法。首先是「設計小說」，由藝術家和技術專家朱利安．畢利克（Julian Bleecker）制訂，要求我們不去在意可行性，再以科幻小說的形式寫出未來的願景。在他二〇〇九年的宣言中，畢利克寫道：「就像科幻小說，設計小說的方法對於可能的未來世界而言，創造了充滿想像力的對話。」如果想要解決大型組織裡的問題，請注意畢利克的建議：「這在擁有眾多歷史和傳統的大型組織內部，尤其有價值。」[9]

查理．坎農（Charlie Cannon）是羅德島設計學院工業設計教授，我曾與他合作過，他和我的學生分享了一個用來幫助他們展望未來的類似練習：描繪多年後《時代》雜誌封面上的自己和標題，然後開啟逆向計畫，思考如何達到這個目標。

肯恩．考克斯（Ken Cox）是美國航太總署科學家，負責思考對其他星球進行發射任務時所需要的計畫。這些任務可能不只歷時多年，而是歷時幾個世代，意味著，將來抵達目的地的團隊不會是從我們星球出發的隊伍。當鮑伯．強斯頓和道格．貝特來到課堂，透過願景練習挑戰我們的團隊——讓他們把自己放在考克斯的位置，試著想像這樣的長期性任務。

而我見過影響最為深遠的方法來自一個叫作 Long Now 的組織，組織成員嘗試展望的未來是如此久遠，因此在日期增加了一個有效數字，他們預期再過八千年後，他們將面臨像兩千年時的千禧年挑戰！Long Now 的基金會網站對這個任務如此描述：「Long Now 基金會成立於〇一九九六年……是一個非常長期的文化機構的種子。我們希望在未來一萬年的框架中培養責任感。」正如願景練習的目標，Long Now 的共同創辦者兼電腦科學家丹尼爾．希爾斯（Daniel Hills）指出：「展開一個長期方案的時間到了，讓人們的思考可以克服未來已日益縮短的心理障礙。」[10]

最後，繞行過地球的太空人回報說，他們經歷了一種心理轉變，改變了他們對地球和其影響潛力的認知。這種現象被稱為「總觀效應」（Overview Effect），使太空人能夠以更寬闊的觀點看待人類的問題。和願景練習類似，總觀效應創造了一種認知轉變，是一種想法的延展，讓人可以把地球視為在充滿星辰的宇宙中運行的其中一個星球。許多人認為除了人類創造的邊界，這個星球上沒有邊界和界線，這些太空人返回地球時，很多人都帶著「對於我們物種的可能性、合作和未來的觀念轉變」回來。有些人認為這種經驗是超凡的，足以改變人生[11]。

一如其他的心智延展，願景練習迫使我們撤離目前的經驗，質疑我們眼前的生活樣貌，強迫想像未來的我們在回頭質問自己：「你能相信我們曾經……嗎？」這有助於我們在開始闡述永續模式的具體細節之前，展望更大也更長期的機會，這也是過去的短期眼光所造成的偏見不可能做到的。

如何？

我們已經討論過推動價值主張的三個關鍵問題——**為什麼**：好處；**什麼**：特色；**誰**：將使用我們的產品或服務。在處理永續模式時，我們可以回答第四個關鍵問題：**如何**。我們如何以長期可重複又可擴展的方法，實現承諾，傳達我們主張的價值？

即使我們採納賽門．西奈克的建議，從「為什麼」著手，在某個時刻，我們還是需要考慮「如何」。我們要如何實現在價值主張中自己所承諾的一切呢？我們要如何複製和擴展最低可行解決方案呢？我們要如何長期進行這一切，直到可以完整解決我們找到的問題呢？我們要如何灌入混凝土來將人行道鋪好呢？[54]

RUNA飲料公司

RUNA的創辦人是我二〇〇八年在布朗開課所教導的五名學生，他們過去毫無商業背景或創業經驗，全是典型的布朗博雅教育學生，大學主修領域從博雅教育到公共政策都有。其中一名學生泰勒・蓋奇住過亞馬遜流域，對於原住民族群廣大的植物知識產生了興趣。當小組進行討論，準備將要探索的想法組合起來時，泰勒拋出將稱為苦丁茶（guayusa）這個亞馬遜特有植物商業化的想法。儘管這種植物從未以商業量能進行生產，但已有研究顯示，苦丁茶含有跟咖啡相當的咖啡因，具有大量的多酚抗氧化劑，同時不含單寧，所以風味清爽滑順。團隊一起想像如何為這個原料建立世界上第一個供應鏈，並使用公平貿易協議以及可持續的農場工作，來造福種植苦丁茶的原住民族群。在課程結束後，泰勒和他的團隊成立了一家以苦丁茶為基礎的公司，從具有社會影響力的投資者、名人，甚至厄瓜多中央政府那裡，籌募了超過兩千五百萬美金的投資，最後這家名為RUNA的公司賣給Vita Coco。他們替好幾千戶亞馬遜農家創造了數百萬美金的直接收入，同時種植超過一千兩百萬棵樹。RUNA到底是一家什麼樣的公司，能夠讓團隊藉由泰勒知道的、苦丁茶具有的一長串好處來獲利？簡單來說，RUNA的價值主張是什麼？RUNA的永續模式是什麼？RUNA的價值主張在初期似乎就顯而易見：

- **什麼**：生長在厄瓜多，一種名為苦丁茶的葉子，含有可與咖啡媲美的咖啡因，可與綠茶競爭的抗氧化劑，還有令人無法抗拒的風味。
- **誰**：「不情願喝紅牛提神飲料的消費者」和尋求更乾淨的提神飲品的千禧世代，以及可以種植和收穫這種作物的厄瓜多當地家庭。

- **為什麼**：「來自葉子，而不是實驗室的乾淨能量」——一種溫和且持久的活力提升法，一種美味的解渴方式，以及RUNA團隊最重要的要素：讓厄瓜多當地家庭得到提升生活水準的能力。

這個學生團隊面臨的關鍵問題是**如何**。他們要如何根據泰勒對這種草本植物的看法展開行動，並期望產生大規模的長期影響？

泰勒在《充分活力：運用亞馬遜的經驗來實現商業和人生的使命》（*Fully Alive: Using the Lessons of the Amazon to Live Your Mission in Business and in Life*）一書說明了他的「如何」故事。如同泰勒所說，當他們致力於我提供的挑戰，創建一個讓他們能夠改變世界的永續模式時，最早所採取的步驟是：

……我們第一個想法很簡單：和厄瓜多一些當地家庭合作，他們種植苦丁茶，我們再到散裝茶葉商家銷售。但當我們說明想法時，丹尼搖搖頭，他命令我們：「放大格局。」因為我們的計畫聽起來像是做很多工作，只為了每個月銷售價值幾千美金的茶。丹尼會質疑學生，他要我們思考如何可以擴展到大型（企業）的想法。[12]

泰勒、丹恩．麥康比、查理．哈汀、艾登．范諾朋以及蘿拉．湯普森等人，跟我在創業課程所教過的團隊一樣，接受了我「放大格局」的要求。在思考各種永續模式時，他們考慮在厄瓜多種植苦丁茶、批發苦丁茶原料、配銷苦丁茶葉，以及其他的相關事務。由於這些模式都欠缺了為苦丁茶供應鏈增加有意義的價值，所以讓這些提議看起來都不像能產生大規模的長期影響。

如同泰勒在書中的敘述，查理一度問到：「就只是製造一種真正的提神飲料如何？」考慮了幾分鐘，透過一些快速的由上而下的調查，克服了一些懷疑的聲浪之後，他們明白了提神飲料光是在美國就擁有三十二億美金的產值，而且還預測這個市場具有九個百分點的年增率。團隊看到了機會，他們可以引進一種更單純、更自然的提神飲料，宣傳它是「從葉子萃取，而不是實驗室製造的」，順勢進入一個比他們想像中更龐大的市場。這個新興的ＲＵＮＡ團隊在泰勒的協助之下，對習慣喝苦丁茶的原住民族群進行由下而上的調查，特別著重價值鏈中以消費者為面向的提神飲料部分，並創建了一個永續模式。

當ＲＵＮＡ團隊在考慮不同的永續模式（如何）時，根本的價值主張（什麼、誰、為什麼）——苦丁茶對消費者和厄瓜多農民雙方的一長串好處——並未改變，他們改變的是如何讓這個事業蓬勃發展，以及擁有大規模的長期影響力。這個影響包括可以在公平貿易的基礎上，讓四千多戶厄瓜多農家，能以過去無法達到的收入水準來支持自己的家庭，同時這也意味可以在亞馬遜流域大面積地重新造林。

ＲＵＮＡ是一個絕佳範例，可以用來說明我所描述的催化劑作用，也就是早期只用少量的資金，就可以影響新事業的長期生存能力和軌跡。泰勒和丹恩會告訴你，如果他們沒有贏得羅德島商業競賽的兩萬五千美金獎金，就不會認真看待自己和RUNA的機會，進而成立這家公司。隨著公司擴張，他們必須籌募大量資金以便在厄瓜多建立供應鏈，跟Red Bull等類似的公司競爭。不過，就是最早的兩萬五千美金，這筆「走動小錢」讓RUNA步上軌道。在泰勒和丹恩的例子中，他們將「走動小錢」用在畢業隔天就打包行囊，買下前往厄瓜多的單程機票。而改變這一切的就是他們「放大格局」，選擇了正確的永續模式。

可可豆

艾倫．哈蘭（Alan Harlam）曾在布朗大學擔任社會創業課程主任多年，也曾和RUNA團隊有過合作經驗。在RUNA考慮各種方法的時候，艾倫跟我分享了一個類似的例子，幫助釐清永續模式的選擇，是如何造成小事業和大規模事業不同的長期影響。艾倫的學生研究過一群南美洲的可可豆農民，對方拚命想讓家庭和部落脫離勉強維生的困境，但是不管怎麼調整和改良可可生豆的種植、收成及販賣效率，卻仍舊無法提供足以維持家人生計的收入。後來，學生開始對價值鏈中再往上的接續層面，也就是可可豆的發酵階段進行研究。當一些家庭藉由學習可可豆的發酵方法進入到這個接續層面，就可以提高豆子的價值，並賣出不成比例的高利潤，進而獲得足夠養家的收益。銷售發酵的可可豆而不是沒有發酵的生豆就是關鍵所在，這個模式（如何）的轉變也為它取得了永續的品牌標記。

因此，當我們發展出價值主張之後，其中一個需要回答的關鍵問題是：要把事業集中在產業地圖或價值鏈中的哪一個位置？RUNA最初販賣的是關於茶葉的一些想法，這根本難以推出，更別說要擴大規模，而可可生豆的農民永遠無法單靠種植就能擺脫只求溫飽的窘境。檢視永續性的替代方案可以產生一個模型，讓你放大格局，企業也隨之成長。

ProfitLogic 顧問公司

麥可．李維（Michael Levy）是ProfitLogic[13]的創辦執行長，這間公司發現大型零售商在降價促銷時面臨了一個強烈且持久的問題。零售商依靠不精確的直覺來決定產品售價，在承受數十億美金零售金額風險的情況下，這種不準確的質性方法就讓數億美金流失。麥可本身擁有博士學歷，也是火箭科學家，他聘請了像他一樣有深厚分析能力的人。這家小型顧問公司以人工分析大量的零售銷售數據，建議零售商客戶如何優化他們的降價方案。

在整個學期所有我們研究的事業中，ProfitLogic的價值主張是最可以量化的。麥可和他的博士同事能夠提升零售商客戶十六個百分點的毛利率，而ProfitLogic的零售商客戶中，有些還能擁有數十億美金的年度營收，如果它們像主流零售商的毛利率落在百分之五十左右，那麼ProfitLogic所能提供的價值就極為巨大——即使不是數億，也有數千萬美金。因此，ProfitLogic決策的核心焦點不是「什麼」（減價方案最優化）、「誰」（大型零售商）或是「為什麼」（數億美金的增量毛利），它的焦點在於：公司可以「如何」利用新的軟體科技改變模式，給予ProfitLogic更擴大的價值。

但為什麼要擴大？麥可．李維在經營小型顧問公司上表現出色，對少量的零售商客戶提供了巨大的價值。改變這種模式的動力是什麼呢？麥可意識到，比起他的小團隊透過顧問工作所能做到的，應用他的價值主張到更多的零售商上所展現的潛力更巨大，而且更重要的是，ProfitLogic已經從看出他們潛力的創業投資人籌募到資金，投資人想要獲得豐厚的投資回報。顧問公司辦不到這件事，因為它不是可擴展的，它需要更多傑出的火箭科學家，才能提供更多的價值。即使麥可能夠找到跟聘請這些人，但他們每個晚上都會下班離開，還需要支持薪水、提供福利，生病或度假時都要請假，而且誰知道他們是否會長期留在公司。作為一家顧問公司，ProfitLogic永遠無法具有大規模的長期影響。此時，史考特．弗蘭德（Scott Friend）加入了，他曾在ＩＢＭ零售部門負責銷售，麥可請他擔任執行長，實現新的永續模式，讓ProfitLogic茁壯跟發揮長期潛力。

因為目標在於擴展ProfitLogic，麥可和史考特把焦點放在幾個不同的高科技模式，讓他們可以更有效率地收集、轉移、儲存和分析零售商客戶的銷售數據。他們考慮了幾個模式，其中包括把客戶數據放上應用服務提供商的中央伺服器（ＡＳＰ，今日我們稱之為雲端運算），以及在零售商客戶端運作的授權軟體。如我前面所提到的，不管史考特團隊考量的高科技替代模式是什麼，ProfitLogic 的基本價值主張還是會維持原樣：讓零售商使用他們的數據，協助最優化產品和減價促銷價格，藉此產生巨大增量毛利。不管 ProfitLogic 選擇透過 ASP，還是授權軟體來傳遞價值，即使和作為顧問公司所傳遞的價值相比，它所提供的十六個百分點毛利率增長仍保持不變。「誰」、「什麼」，以及「為什麼」並沒有改變，「如何」則有了劇烈的變化。

ProfitLogic 呈現的一個關鍵教訓是，我們所選擇的永續模式可能影響的變數範圍包括：燒錢率、現金流量、籌資策略、相關人才，甚至是選擇誰擔任執行長。每一個史考特和麥可所考慮的永續模式都需要不同程度的資源，為了作出選擇，他們必須進行比較權衡。

燒錢率是判定公司每個月消耗多少現金的方式，衡量和追蹤這個數據至關重要，如果耗盡現金就無法生存。進行水肺潛水時，我們知道必須密切注意氧氣的剩餘量以及自己的消耗速率。同樣地，如果是創業的早期階段，就必須留意剩餘的現金和消耗的速率。就像哈佛商學院的教授傑夫．提蒙茲不斷提醒的：絕對不要當 OOC（out of cash）——花光現金的人。

ProfitLogic 作為一家顧問公司，在沒有任何外部投資下，用盡一切努力讓現金流能快速成長。從客戶端得到的現金愈多，就能聘請更多的博士顧問。當 ProfitLogic 期望把產能受限又無比緩慢的博士級人工分析，轉換成幾乎沒有產能限制的快速電腦時，麥可、史考特以及他們的團隊需要在開始賺錢之前，就先投資這項技術。他們每月的現金虧損，也就是「燒錢率」都不盡相同，ProfitLogic 每為一個新客戶量身訂做一種 ASP 形式，就會產生單月五十萬美金的燒錢率；如果他們將 ASP 的方法標準化，在面對每個新客戶時，雖然可以重複使用大部分的相同技術，但燒錢率會增加到單月七十五萬美金；如果他們選擇讓研發客戶來申請授權，允許他們在自家的伺服器上運作軟體，ProfitLogic 的燒錢率更將增加到單月一百萬美金。是的，每個月一百萬美金！但這裡你同樣要留意的是，不管 ProfitLogic 願意吞下怎樣的燒錢率，它的價值主張依舊是不變的。

為了在燒錢的同時還能活下去，ProfitLogic 開始尋求其他人掌控的資源，也就是創業投資人挹注的幾千萬美金。這些投資的細微差別之一是，剛開始吸引投資人的不只是 ProfitLogic 對零售商客戶提供的驚人價值，也在於 ProfitLogic 追求 ASP 傳遞模式的抱負。ASP 在當時可說是「下一件大事」，因為它低廉的前期成本和低廉的經常性 IT 成本，有望為大型公司管理電腦系統的方式帶來重大改革。

但如同任何流行趨勢的發展，ASP 不再被青睞，創投業者開始對授權軟體更感興趣。而且，ProfitLogic 客戶的偏愛不盡相同——有些喜歡 ASP，有些則愛授權軟體。就像成本和燒錢率隨模式而有所不同，營收和現金流也一樣。ASP 提供較少的前期營收，但會隨著時間慢慢增多；而授權軟體則正好相反——前期較多，然後隨著時間遞減。

最後，當史考特必須決定是否要研發實際軟體時，意識到 ProfitLogic 沒有合適的團隊，因為他們需要的是軟體開發人員，而不是博士跟火箭科學家。史考特甚至面臨個人的「創辦人困境」（Founder's Dilemma），我們將在第七章深入探討這個概念。他不得不接受這個事實，他不是經營軟體公司的合適人選，因為他從未領導過軟體開發團隊。

這一切要素——從客戶端收到現金的時間和金額，ASP和授權軟體燒錢率的不同，公司需要什麼類型的人才來執行不同模式，甚至史考特是不是合適的執行長——都會隨著 ProfitLogic 選擇採用的永續模式而有所不同，這一切全都會影響公司實現價值主張、產生大規模長期影響的可能性、程度和方法。

在這些要素中，我想要強調的是「現金流」。必須花錢和獲得收益的時機，闡明了每一個永續模式都應該考量的基本格言：今天的一塊錢比明天的一塊錢值錢。收到顧客付款的時機和收到的確切金額一樣重要，甚至可能更重要。當一家新創公司希望在不被當前所能掌控的資源限制下開始營運，並從創投業者或其他現金來源順利籌募到資金，那麼在必須將這筆錢花掉之前，若能盡早從顧客身上獲得現金，這筆現金的價值就會非常巨大。

還記得 Casper 創辦人路克・薛文幾乎漫不經心地提到，營運十八個月就達到一億美金營收的事蹟嗎？或許 Casper 更令人印象深刻的是：良性的現金流模式。Casper 從線上顧客端即時收到現金，但六十天後才需要付款給床墊製造商。這種正向的現金流使得 Casper 的發展呈指數型增長，也不必在早期就需要去籌募太多的外部資金。當你懷抱雄心壯志，放大格局思考，希望未來產生大規模的長期影響時，我們就會發展出相應的經驗與技巧，並找到改善企業自由現金流的方法。

缺乏資源讓創業與產品開發大不同

在大公司或政府機構等穩定組織工作的人，偶爾會問說：「洞察、解決、擴展」和傳統的產品開發過程有何不同？表面上，產品開發包含了類似的步驟：定義問題↓創造處理問題的產品解決方案↓擴展。這感覺其實很類似我們創業定義的第一部分：解決問題的結構化進程。

讓創業和產品開發產生區隔的是定義的第二部分：**不考慮當前掌控的資源**。在擁有眾多資源的大型組織裡，完成我們這個過程的三項步驟，不會讓你手中進行的事情變成一種創業，創業必須在一個資源缺乏、不豐富的背景中才能進行。

要這樣做的話就必須限制取用太多資源，換句話說，它要在一個資源缺乏的背景、也就是 aparigraha（不執著）的環境下強制執行。還記得前面提到的 Knight Ridder 報業嗎？它的決定似乎違反直覺，但正是**因為**這家報業的豐富資源：出版專長、大量的銷售和編輯人才，配銷網絡，印刷資產，使它表現得不像創業家——除了一個重大例外。

如同我先前的描述，在網路剛出現的早期階段，Knight Ridder 的執行長東尼．里德可能看到公司的高毛利，以及報業向來具有高度的進入障礙，因而認為網路不會威脅 Knight Ridder 的報紙業務，況且網路和他們虧損了五千萬美金的失敗產品 Viewtron 頗為相似。所以，東尼只是興趣缺缺地要求《*The San Jose Mercury News*》的執行主編鮑伯．英格爾（Bob Ingle）去研究一下將報紙放上網路這件事。我會說興趣缺缺，是因為東尼沒有為鮑伯提供專屬的研究資源，沒有讓他放下其他進行中的工作，沒有給他更多的辦公空間，也沒有為他指派編輯和銷售人員，更糟的是，存在 Knight Ridder 制度上和文化上的抵抗——短視、重力和免疫系統——都是為了維持原有的成功報紙模式。例如，當鮑伯嘗試招募報紙編輯加入線上團隊時，我們見到這樣的反應：「當（鮑伯）向報紙編輯尋求協助時，他得到的回覆是：『滾出去，我有**真正的**報紙要出刊。』」[14]

快速失敗，降低代價

在許多公司中，像鮑伯這樣的人面對了機構的阻力，同時又缺乏打造公司核心產品的急迫性時，就會選擇放棄。從鮑伯的由下而上調查中發現，該報的讀者和廣告商正在尋找比紙媒更加合身的資訊交流平臺，而他的價值主張就是量身訂做一個全新的線上媒體（什麼），提供給自行發展的社群和想要接觸他們的廣告商（誰），讓廣告媒體與資訊體驗變得更有效也更加個人化（為什麼）。

面對這樣的阻力，並置身在一家根深蒂固、文化上對失敗所知甚少的公司裡，鮑伯還是成功了。他讓《*The San Jose Mercury News*》確實上線了！但他是如何辦到的？他沒有依靠Knight Ridder的大量資源，這雖然是大公司開發產品時的典型做法，但鮑伯反而利用了資源的不足，並透過一系列低成本的實驗，遵循丹恩．韋納[55]足球機器人所採納的創業格言：快速失敗，降低代價。「『為了深入了解顧客的需求和適應性，我們會先開發出幾個，最終是幾百個低成本、易測試的應用程式。』鮑伯表示：『我們邊做邊調整。』」[15]鮑伯從最初的錯誤中學到的一個可貴的教訓，當地內容和當地管理的重要性。就像Bandura遊戲的賈斯汀，鮑伯從一系列簡陋的最低可行產品開始，隨後加以演變，而不是藉助一般指望大公司會給予的良好資源和完全擴展出來後的版本。

所以我們不必為鮑伯．英格爾沒有更多資源而難過，資源不足並未限制他的成功，反倒是成就了它。他別無選擇，只能進行代價低廉的實驗，而不是過快採取行動而無法擴展，或是往同一方向部署重要的永久性資源。這種做法使他並未受到Knight Ridder的領導層關注，領導層更專注在維持傳統報紙的堡壘，而不是創造未來。

不拘泥在最初的假設，開發低成本和易於實驗的應用程式，這容許甚至鼓勵失敗，然後學習教訓——這聽起來都像是鮑伯在重複實踐這句格言的方式，也就是在確認草坪的光禿區塊之前，不要先灌混凝土來鋪人行道；或是「不要墜入愛河，喜歡就好」。儘管東尼．里德身在一個資源豐富的環境中，卻限制了鮑伯的資源，讓他的這個任務充滿了挑戰，但鮑伯遵循了一個解決問題的結構化進程，並藉由「快速失敗，降低代價」的原則，在不考慮當前掌控的資源下進行這件事。簡單來說，鮑伯不是一個產品開發人員，他是創業家。

失敗為成功之母

失敗是通往偉大的另一個墊腳石。

——歐普拉・溫芙蕾（Oprah Winfrey）

犯錯是人之常情，但能從中獲益是神聖的。

——美國藝術家／阿爾伯特・哈伯德（Elbert Hubart）

萬物都有縫隙／那是光照進來的契機。

——加拿大創作歌手／李歐納・柯恩〈聖歌〉（Leonard Cohen, "Anthem"）

矽谷數十年來驚人繁榮的秘密是失敗，失敗是這地方的燃料也是新生，失敗是創新的基礎。[16]

——史丹佛大學工程學教授／保羅・沙弗（Paul Saffo）

在我的職業生涯，九千多次投籃未中，幾乎輸掉三百場比賽，有二十六次身負信賴投出決勝一球卻失敗了。我這一生中不斷失敗再失敗，這就是我成功的原因。

——空中飛人／麥可・喬登（Michael Jordan）

制度化失敗

如果失敗是「洞察、解決、擴展」中如此具有價值的部分，我們要怎麼去克服人類抗拒失敗的天性呢？換句話說，除了唸出「快速失敗，降低代價」這句咒語，期許能夠產生合適的魔法，來改變我們抗拒失敗的正常心態，此外我們還能做什麼？如何才能因為失敗，而讓成功創業的過程變得更簡單？

我會在此提出這些問題的原因是，在我們創業過程的**擴展：創建永續模式**步驟中進行迭代，可能會比在價值主張階段進行迭代，更讓人感到脆弱。畢竟在我們團隊裡，或是與其他的團隊之間，對小規模的解決方案進行迭代是一回事，實際上可能又是另一回事。不管巴勒斯坦和以色列的學童對 Bandura 紙本版的最低可行產品有多挑剔，賈斯汀還是熱切想從這些創造性互動中學到東西。現在，隨著我們開始獲得真正的市場回饋，慢慢投入更多資源，隨之而來的風險感覺就也跟著提高。在這個步驟裡，我們可能會不自覺地想把市場的負面回饋當成失敗的明確證據，因此懂得如何接受這樣的結果，就顯得更加重要。

哈佛商學院教授兼《進步法則》（*The Progress Principle*）[17]的共同作者泰瑞莎·艾馬柏（Teresa Amabile）將職涯投注在創造力的研究上，她的研究發現，從事冒險計畫的組織具有五個關鍵特質。開始擴展事業時，在日益壯大的團隊中融入這些特質就非常重要。

- **失敗價值**：承認錯誤是學習的機會。
- **心理安全感**：不怕冒險失敗，可以公開討論錯誤，不用擔心被排斥或嘲弄的一種文化。
- **多樣化**的背景、觀點和認知風格，我會在下一章引導大家組織成功事業團隊時，再強調這一點。
- **專注在精進問題**，不只著重答案，還要退一步反問團隊，目前努力解決的是不是最重要的問題。我喜歡這一點，因為它強化了創業進程中尋找跟驗證未滿足需求的第一步驟。
- **財務和營運自主**，適用於較大型組織的團隊，像是 Knight Ridder 報業中的鮑伯·英格爾。[18][19]

艾斯楚．泰勒（Astro Teller）是Google旗下X實驗室的領導人，X的目標在於「創造完美的新技術，來解決世界上最棘手的問題」[20]。為此，艾斯楚把失敗制度化，讓失敗成為團隊流程標準的一部分，把失敗當成X文化的正常一環。在艾斯楚於《*Wired*》雜誌發表的文章〈登月[56]的秘密？砍掉我們的專案〉（The Secret to Moonshots? Killing Our Projects）中，我們可以看到艾馬柏說的特質。艾斯楚提醒我們：

不能只是命令大家快點失敗，人們抗拒失敗，因為擔心要是失敗了會發生的事，別人會嘲笑我嗎？我會被解雇嗎？……我們在X努力打造「放心失敗」的文化。我們光是去年就砍掉一百多件調查研究，不是我砍的，而是團隊本身逐一砍掉的。一旦證據出現，團隊就會砍掉他們的點子，他們會因此得到回報。他們從同儕中得到掌聲，從主管身上得到擊掌擁抱，因為這件事而升職。我們會獎勵終止專案的團隊中的每一人，小到兩人，大到三十多人的團隊都一樣。[21]

在X的官網上，可以見到這種因為提倡失敗而受到鼓舞的「放大格局」，也就是moonshot式的遠大計畫：向偏遠地區提供網路服務的氣球、改變全世界產品遞送方式的無人機、在意外之處發電的風箏、支援數據需求激增的光束[22]……關鍵不在這一切是否都會成功，而是在它們未成功的地方，泰勒做到了他的承諾，表彰失敗的團隊，還給予大筆獎金。這種失敗為成功之母的方法帶來許多突破性的價值主張和永續模式，其中包括在X實驗室培育七年的自駕車公司Waymo，它現在的市值已有七百億美金，遠遠超過了福特或通用汽車[23]。

就像艾馬柏建議的，布朗大學等第評分系統中隱含的心理安全感會激勵學生勇於大膽冒險，去體驗舒適圈之外的科目，並得到更高的成就。大家拿到的最低評分只會是C，低於C的分數都不會出現在成績單上，沒有人會知道自己是否不及格。正如它在「洞察、解決、擴展」中帶來的影響，這套系統讓我們想起了一句老話：比起成功，我們從失敗中學到更多。它和我們目前討論的「創建永續模式」最相關的地方，因為大家都對失敗感到不自在，所以我們必須將它的好處制度化。即使是在競爭激烈的高中取得過優良成績的布朗大學學生，也很難相信我們是認真想要他們去冒失敗的風險。如同X實驗室艾斯楚．泰勒的體認，想要做到制度化，就需要我們去和日益茁壯的團隊不斷溝通，並證明這些好處的存在。

聖奧古斯丁：「Fallor ergo sum」——「我錯故我在」

新聞記者凱瑟琳．舒茲（Kathryn Schulz）在《犯錯》（*Being Wrong*）中，討論了為什麼在人類理解周遭世界的努力中，犯錯是不可或缺的[24]。

讓我深愛不已的博雅教育學生們，最喜歡舒茲能把這件事放入歷史的背景中進行的思考：「在笛卡爾（Descartes）說出『我思故我在』這句名言的前一千兩百年，聖奧古斯丁（St. Augustine）就已寫下『Fallor ergo sum』——『我錯故我在』。聖奧古斯丁了解到，我們犯錯的能力不是人類體系中一種令人尷尬、且必須根除、壓制或克服的缺陷，它完全是我們生而為人的根本。因為跟神不一樣，我們不是真的知道事物的運行之道，而且也跟其他動物不同，我們執迷於努力將事情弄明白。對我來說，這種執迷是我們生產力和創造力的來源和根基。」[25]

負重

為什麼我們是如此難以面對失敗和犯錯？舒茲妥善地總結了犯錯和不成功帶給我們的感受：「錯誤不只讓人聯想到羞恥和愚蠢，還想到無知、懶惰、精神疾病和道德墮落。」[26]哎呀！失敗的情感影響會持續很久的時間，如果這些傷疤是失敗的持久殘餘物，難怪我們會拚命想要避免失敗。

失敗的持續心理影響讓我想到一則禪宗寓言——負重。它說的是兩名雲遊四方的僧人來到一座城鎮，見到年輕女子準備下轎，雨水在地上形成了許多深深的水坑，如果要跨過水坑，一定會弄髒她漂亮的長袍。她站在那裡，看起來既生氣又不耐煩，還一邊斥責隨從。此時的隨從正在替她拿包裹，因為沒有地方放置包裹，因此也沒辦法騰出手來協助她越過水坑。

年輕的僧人注意到這名女子，卻一言不發地從旁走過，年長的僧人則是迅速背起她，跨過水坑後再把她放下。女子沒有感謝這名年長的僧人，把他推開之後就離開了現場。

接著他們繼續踏上旅程，但年輕的僧人開始變得悶悶不樂。幾個小時後，他無法再保持沉默，於是問道：「剛才那個女人既自私又無禮，你卻背她過去！而她連句謝謝都沒說！」

「我幾個小時前就把那個女人放下了。」年長的僧人回答：「你為什麼還沒放下呢？」[27]

透露自己的失敗

令人驚訝的消息是，創業家有充分的理由透露和分享自己的失敗。哈佛商學院一個研究小組進行了一項測試，讓兩組創業團隊在投售競賽中聆聽其他創業家談及自身事業時的反應。一組人只會聽到創業家談論個人成功的說法；另一組人則會聽取既分享成功、也坦承失敗的創業家說法。此中的細節實在引人入勝，我在此分享給大家。以下這段話是兩組團隊都會聽到的內容：

嗨，我是 Hypios 的創辦人。我有史丹佛資工博士學位，已成立一家公司，準備運用我的高超技能，協助其他公司解決最棘手的問題。我已經獲得了一些大客戶，像是Google或GE。我已取得**令人驚歎**的成功，去年單憑一己之力，便將公司市占率提高了**百分之兩百**。[28]

聽完上面這段話，第二組再接著聽以下這段內容：

我不是一直都很成功，而是經歷種種困難才來到這裡。我不像同輩那樣善於理解課程教材，研究所差一點就讀不下去。我對於學術界完全陌生，很努力向教授和同事展現我的潛力。同樣地，成立我的公司Hypios時，我也沒能證明為什麼潛在客戶應該相信我和我們的工作。很多潛在客戶拒絕了我，但我堅持不懈……剛開始時，解決問題的成功率非常低，險些讓我的公司倒閉。我在最初的比對演算法有過一些失敗，有些公司就快要放棄我，但我努力修正這些問題，現在的成功率幾乎達到**99%**。[29]

聆聽者描述第一組創業家的特質是「狂妄自大」——因為他們表現出傲慢。至於第二組聽完創業家透露失敗的經驗後，會得到什麼反應？他們是否被描述成無知？懶惰？精神疾病？道德墮落？恰恰相反。如同蒂娜．戈德曼（Dina Gerdeman）在〈為什麼管理者應該揭露他們的失敗〉（Why Managers Should Reveal Their Failures）總結了研究成果：「參與者聽到創業家透露過去的失敗經驗，相信此人具有更多的『真實驕傲』，給人自信而不是傲慢的印象。他們同時覺得這個創業家付出了許多努力才能克服障礙，而且……這會激發出較為溫暖、柔軟的感情，聆聽者不只相信這位創業家理應成功，也感受到一種想要改進自己表現的動力。」[30]

在最近的一項研究中，耶魯管理學院的泰莉・萊克（Taly Reich）、波士頓大學的丹妮拉・庫波（Daniella Kupor）和英屬哥倫比亞大學的克莉絲汀・洛林（Kristin Laurin）得出結論：儘管個人和組織經常擔心在追求目標時犯錯，將導致他人判斷他們比較不可能達成目標，事實上情況卻完全相反。觀察者推斷，在追求目標的過程中犯錯並糾正錯誤的人，比一開始就避免同樣錯誤出現的人，更可能達成目標。觀察者作出這個推論的原因很有趣：「雖然觀察者理解，『防患未然』代表目標的追求者應時時保持警覺，卻相信『改正錯誤』比防患未然需要更多的努力（即使並非如此）。」[31]

在我個人的創業經驗中，企業和投資者確實都敬重願意透露自身失敗的人。沒有人是完美的，任何聲稱自己團隊完美，前來尋求我加入或支持的人並不誠實。他們隱藏了一些事，而如果他們隱瞞一件事——他們的失敗——或許就隱瞞著其他事。只展現成功會侵蝕可信度。大家都知道披露自己的失敗是極具挑戰甚至痛苦的事，因此願意吐露失敗、能娓娓道來克服的過程，而且有所成長的人會增加可信度。如果願意透露不愉快的事，那麼溝通的狀況必定比沒這麼做時更透明。

我哈佛商學院的同學吉姆・懷賀斯特（Jim Whitehurst）是ＩＢＭ的前任總裁，他回想自己公開承認失敗時所見到的好處：「你比較願意信任誰——否認事情出錯的人，還是承認錯誤，然後跟進計畫修正的人？……我發現展現自己的脆弱，承認自己也是凡人的領導人，會增進同事之間的參與度。」[32]

我知道做得最好的例子之一，是 Bessemer Venture Partners 的反投資組合（Anti-Portfolio），Bessemer 是美國最古老的創投公司之一，可以追溯到 Carnegie 的鋼鐵帝國[57]。Bessemer 的網站說明：「這段悠久的歷史提供了數量空前的機會，讓我們公司好好搞砸。」[33]隨後列出一長串耳熟能詳的成功新創公司名單，它們全是在成立初期籌募創投資金時遭到 Bessemer 拒絕的公司。其中我最喜歡的是 Google 的案例：

> Bessemer 合夥人大衛・柯溫（David Cowan）的一個大學朋友，在謝爾蓋（Sergey）和賴瑞（Larry）[58]成立 Google 的第一年把車庫租給他們。在一九九九年和二〇〇〇年，她試著向柯溫介紹「這兩個人真的很聰明，他們是正在寫搜尋引擎的史丹佛學生。」學生？新的搜尋引擎？在 Bessemer 的反投資組合最重要的時刻，柯溫問她：「我要怎麼在不靠近妳車庫的情況下，離開這棟房子？」

看到最成功的創投公司如此透明坦承失敗，是不是讓人耳目一新？很人性化？而且看到這間公司的失敗，對於他們指出公司的成功和增加價值的能力，不是給人更可信的感覺嗎？

在學生進行事業投售簡報的前一晚，我鼓勵他們看看 Bessemer 的反投資組合提振信心。學生告訴我，儘管心情緊張，但想到即使是有眾多成功經驗的明星創投業者都曾多次失敗，而且失敗還讓他們更謙遜、更平易近人，就讓人感到安慰。許多人告訴我，看到 Bessemer，給了他們作好投售所需要的信心。

我鼓勵你去這裡了解一下：

[34]

《紐約時報》的提姆・賀雷拉（Tim Herrera）提出一個建議，讓事業團隊提升從失敗中學習的機會。他提議建立跟維持他稱為「失敗履歷」（failure résumé）的東西，持續寫下失敗紀錄，隨著時間審視評估[35]。與其執拗和緊抓著這些失敗的感覺，不如把它作為一種機會，藉此評估自己和企業失敗的原因，以不同的方式繼續前進。

再談談艾雪杜・法提瑪・多茲（Aishetu Fatima Dozie），她擁有讓人驚豔的職業資歷，我們可能永遠無法想像她失敗。她在康乃爾大學取得大學學位，在哈佛取得 MBA，在高盛和摩根士丹利公司從事超過一千三百億美金的交易，現在則擔任 Bossy 化妝品的執行長，這是一家以職業女性為客群的成功美妝品牌。然而，艾雪杜重申揭露自己失敗的建議：「記下每一次失敗，慶祝每一次勝利。我嘗試正常看待被拒絕一事，記得剛成立 Bossy 時，我盲目地寄了電子郵件給無數的創投公司，卻完全沒有人回應，我以為這表示 Bossy 注定失敗。但我現在了解，失敗是成功旅程中非常必要的部分。我有一本記錄每一個錯誤和拒絕的記事本，而我每一季在為投資者撰寫季度最新報告的時候，都會回顧一下。」[36]

> **警告：人為疏失**
> 我們本身和組織對於失敗的抗拒，限制了我們學習、迭代和改進的本領，也減少放大格局思考的能力。

不公平的競爭優勢

儘管容忍失敗很重要，但我們終究需要成功。要解決一個重要的問題，我們必須取得長期大規模的成功。要達到這一點，則需要競爭優勢，甚至包括競爭對手無法複製的「不公平競爭優勢」。

經濟學家大衛・提斯（David Teece）在他影響深遠的研究《從技術創新獲利》（*Profiting from Technology Innovation*）中，分析了這種優勢的不同來源。他區分為企業產品或服務本身內含的**核心資產**，以及增進這些核心資產價值、協助產品或服務營銷的**互補性資產**。核心資產如果像道格．霍爾說的「顯著不同」——像是可口可樂的配方——透過專利、商標、商業機密和品牌等智慧財產權得以防御對手抄襲時，就可以提供競爭優勢。互補性資產也可以提供優勢，例如透過專利製造或配銷過程，想想配置機器人的 Tesla 製造廠就知道。

但是這些不同的資產提供了多少優勢呢？事實證明，有些行動比其他行動更難複製，可以參考紐約大學史登商學院潘凱．格馬瓦特（Pankaj Ghemawat）的研究，他的研究生涯主要投入在分析不同來源競爭優勢的持久力變化。價格競爭最不持久，這倒不讓人驚訝；可能讓人驚訝的是，「創新」是新創公司武器庫中的核心資產，但競爭對手迎頭趕上只要兩年，製造和配銷等互補性資產的優勢持續最久。以人力資源為基礎的優勢，則是競爭對手最難以複製的地方，在第七章討論新創團隊的組成時，我還會詳述這一點。

在 R&R 的案例中，即使鮑伯．賴斯也會承認他的核心資產——益智遊戲本身——和主要競爭對手，也就是桌遊前身的「Trivial Pursuit」只有細微的差異。遊戲細節的差異不足以維持競爭優勢（更不用說擁有不公平的競爭優勢），也不足以抵御未來進入遊戲市場的競爭對手。不過，R&R 的一個寶貴教訓是，即使面對有限的產品差異性，鮑伯仍然利用互補性資產的方式，包括廣告、製造、配銷，以及團隊的組成，讓他的商品顯得截然不同。

反應滯後

行動	完成複製的時間
價格	六十天
廣告	一年
創新	二年
製造	三年
配銷	四年
人力資源	七年

鮑伯在進行益智遊戲的事業時找了個兼職員工，把公司的基本功能全數外包。他沒有投資大量資源在打造及維護自己的品牌，而是利用和《*TV Guide*》的合作關係，這是一個有一千七百萬訂戶會在玩具零售商貨架注意到的知名品牌。同時藉助應收帳款管理公司 Heller 處理信用檢查和應收帳款業務；由合作者艾倫·查爾斯（Alan Charles）設計這款電視益智遊戲；威斯康辛的乳酪製造商 Swiss Colony 負責撿貨、包裝及運送遊戲。等等，乳酪公司？到底乳酪公司和桌遊公司有什麼關係？乍看之下或許沒有，然而，鮑伯和山姆是足智多謀的創業家，他們認知到一種可貴的互補性資產，他們知道如果乳酪公司可以撿貨、包裝跟運輸易腐爛的乳製品，換成紙板和塑膠製成的產品當然也辦得到。鮑伯藉由外包給已進行了價值投資並擁有能力的專家，精心安排這些功能，並結合互補性資產，而這些價值和能力都是鮑伯的新事業可在變動成本基礎上加以運用

的東西。

鮑伯將互補性資產（行銷、品牌創建、製造、配銷、收帳）及背後所有人才和他的核心資產（益智遊戲本身）結合，這種策略微他的企業帶來競爭優勢。

開放原始碼來利用企業以外的資源

我一直知道，沒有社群參與，就不可能發生真正的長期改變。

——肯尼迪・奧代德《見我無所畏懼：非洲貧民窟裡的愛情、失去與希望》（Kennedy Odede, *Find Me Unafraid: Love, Loss, and Hope in an African Slum*）[37]

從我二〇〇六年開始授課以來，一項已經產生演變的永續模式是「開放原始碼」（Open Source，或稱開源）——這是一種用於研發軟體的模式，現在已適用在其他方面——它善用了公眾研發社群的貢獻。如果人才提供了最持久的競爭優勢，開放原始碼就打開了鮑伯・賴斯外包策略的防洪閘門。就像開放性創新價值主張的方法，這種永續模式認為「群眾」比起單一開發者或內部開發團隊，可以取得更快更好的進展。在這種模式下，只要使用者和更廣泛的社群分享貢獻，就允許任何人免費使用演變中的產品[38]。《紐約時報》專欄作家兼作家湯瑪斯・弗德曼（Thomas Friedman）在《謝謝你遲到了》（*Thank You for Being Late*）中，描述開放原始碼如何讓軟體新創公司 Hadoop 快速擴張：「相較於專有系統，開放原始碼平臺上的摩擦少了許多，而且有很多聰明的人在上面工作，因此快如閃電般地擴張。」[39]

他還描述了成熟組織如何運用這種開放原始碼式的永續模式。當 .NET 平臺開放了自己為銀行和保險業研發的重要企業軟體專有原始碼，六個月內，為 .NET 平臺免費工作的微軟人士竟比 .NET 平臺本身的職員還要多[40]。就「洞察、解決、擴展」創業方法的術語來說，開放原始碼可以利用創業公司並未直接控制的資源，加速企業邁向產生大規模的長期影響。

開放原始碼最令人好奇的是，最初激勵開發者參與和貢獻的動力是什麼？開放原始碼沒有提供財務方面的回饋，如果動機不是錢，那會是什麼？弗德曼認為，這種開放原始碼的模式和受激勵作出貢獻的社群中，存在著某種奇妙的人性。「它存在心中。」他說：「它是受到人類想被認可的深刻渴望所驅使……『嘿，你加上去的東西真是太酷了，做得好！』這句話所創造出的價值令人驚奇。藉由人們對於創新、分享、為此受到認可的天生渴望，就解鎖了數百萬小時的免費勞動力。」[41]開放原始碼強化了我在第四章後面所提到的「目的」的重要性：目的是對自己有意義及對他人重要目標的交集。

每個學期，當鮑伯．強斯頓和道格．貝特來課堂上時，都會分享他們認為對新創企業的成功具有顯著影響的一句格言：**人們會支持他們協助創造的事物**。他們找出新方案仰賴的對象，請對方加入創建新方案的過程，開放原始碼就是這種動能方式的顯著例子。當人們儘早參與、歷經過程、參與其中，他們的自尊和聲譽就會受到影響，因此就更有可能在整個過程中表現得像業主一樣。如果正在做的事讓人感覺像是「我的孩子」，就比較可能對它的成功感興趣。這樣的感覺對成熟組織裡的創業新方案非常重要，如同我們在玩具公司的例子中所指出的，在這樣的組織中，員工和方案之間的經濟聯繫會比典型新創公司中來得脆弱。

隨著開放原始碼成為一種更主流的永續模式，它變得不僅僅是一種員工「感覺不錯、覺得有了真好」的東西，更成了招募的關鍵。軟體開發業者尤其知道開放原始碼的方式很有回報，現在它更成為突破性創新的一種基本方法。吉姆．懷賀斯特在擔任 Red Hat 的執行長期間，協助帶領開放原始碼的轉變，以他的話來說：「從一種類似邪教的可怕東西，轉變成引領眾多類別進行創新的唯一方式。」他指出：「我一次又一次地聽到我們的大客戶說：『你必須幫我說服我的法律部門，我們的開發人員需要能夠為開放原始碼計畫作出貢獻，因為如果他們不能，我就無法雇用他們。』」[42]

時間快進到二〇一九年，當ＩＢＭ以三百四十億美金買下 Red Hat，吉姆成為了ＩＢＭ總裁，這可作為開放原始碼已然成為一大主流的證據。當我們展望未來，思考如何架構永續模式好解決關鍵問題，並產生大規模的長期影響時，吉姆問道：

> 我們真的認為光靠為小玩意申請專利的那些人，就可以解決地球暖化嗎？我們能不能擁有所需要的分層和模組化創新呢？開放原始碼最有力的一件事就是過程當

中產生的模組和迭代。如果每次要做事就必須取得許可或是授權、付費，就很難擁有這種模組和迭代……保護智慧財產有其必要，但我會更務實地避免預設關閉一切。我們應該預設開放，對於想要封閉的內容和原因更要清楚分明。這樣可能會帶來更好的結果。[43]

品牌如魔法：降低搜尋成本

「強大的品牌」是所有企業都應該儘早開發的資產之一，它代表了顧客和產品間的關係。品牌似乎具有神奇的力量，它從原本只是商品的東西創造出價值。品牌吸引了甚至願意額外付費來嘗試產品的新顧客，並且讓顧客對產品保持忠誠度。的確，我在 P&G 效力的 Duncan Hines 烘焙粉略有產品優勢，但正是這個有數十年的歷史，而且不斷更新的品牌，才能促使家庭嘗試它們家的產品，而且堅持這個品牌，拒用競爭對手的產品，並忽略食物儲藏室已經有同樣的烘焙原料。「American Girl」這個品牌讓孩子愛上「American Girl」的娃娃，也讓孩子的父母比購買外表相似的娃娃付出更多的錢。許多愛吃 Stonyfield Yogurt 卻因賣光而吃不到的顧客會兩手空空走出店外，他們甚至不曾想到要買競爭對手的優格；如果碰到沒有販售 Stonyfield Yogurt 的店家，他們還會遊說店經理進貨。Trader Joe 超市[59]的顧客會開了好幾英里的路來到一家小商店，裡面只有少量產品，但其中大部分都是以 Trade

Joe 品牌名義銷售。品牌的力量無比巨大，每一家企業都應該投資品牌以協助事業擴展。

事實證明，品牌能夠發揮魔法還存在一個固有原因。如同 NAIL 通訊的創業夥伴艾列克・貝吉特（Alec Beckett）跟我分享的：

> 在新石器時代，快速識別的能力演化成一種攸關性命的捷徑。採集食物時，碰到兩種漿果——一種你認識，知道它安全，另一種不認識。你可以停下腳步研究未知的漿果，可以淺嘗，查看是否有潛在毒性的苦味，可以觀察其他動物吃了是否沒事，可以找尋和其他安全漿果的相似之處。這些都可以，但不能浪費時間，冒著暴露在獵食動物底下的風險。
>
> 這就是品牌核心，我們的人腦迫切想要可以輕鬆作出決定的簡短信號。
>
> 這就是品牌存在的理由。品牌的首要工作就是，讓我放心，知道這不是有毒漿果。

打造品牌所需要的關心和努力，既非魔法，也並非無法改變。做這件事的詳細策略和戰術不在本書的討論範圍之內，但讓我提出一些重要的指導原則。新創創業家對品牌的重要性往往只是口惠而實不全。他們頂多只是思考品牌的狹義定義，把它當成產品上的標籤或廣告上的宣傳詞，而不是促進顧客和產品之間關係的所有要素。如果確實思考過品牌，他們會認為它是未來幾年應該關注的事。所以首先，如同創建永續模式一樣，儘早尋找打造品牌的方法。你將會**擁有**一個品牌；唯一的問題是，**你**是否會打造它，還是它會強加給你，請慎重考慮。比起必須廢除一個不想要的品牌，打造和掌控一個品牌則容易許多，也更有效率。如果品牌是顧客和產品之間的關係，那就引導顧客去建立你希望兩者擁有的關係。更好的是，如同我在第三章暗示的，可以利用第一步驟深入由下而上的調查所獲得的同理心洞察，因為同理心也會形成成功品牌宣傳的基礎。

其次，不像上述提到的其他核心和互補性資產，品牌可以增進並區分所有其他資產。它可以同時是**核心**（如 Duncan Hines 布朗尼品牌宣傳的濕潤主張）和**互補性**（如特斯拉配銷和販賣電動車的 Tesla 品牌商店）。所以，請透過企業的所有能力找尋打造自家品牌的方法。

如果如潘凱・格馬瓦特的研究顯示，最持久的競爭優勢是人才，那麼團隊就是我們和顧客關係的重要部分，也是重要的品牌創建來源。例如想到穿著有領襯衫和卡其短褲的西南航空空服員時，我們會認為他們是西南品牌的熱情代表，熱切想要取悅甚至款待乘客。顧客會大老遠跑去 Trade Joe 超市購物的主要原因之一是那裡的古怪員工，他們讓購物變得有趣，他們會盡一切努力讓顧客開心，而忠誠的 Apple 用戶則會滔滔不絕談論 Apple 商店的潮人科技咖員工所提供的服務。根據 PwC 顧問公司的一項全球調查，這種一線顧客服務是「影響品牌忠誠度的關鍵因素之一，事實上，全球消費者對品質（消費者經驗）願意多付費用的現象的確存在——產品和服務的溢價可以高達十六個百分點。」[44]

談論到品牌的重要性時，我的開場白往往是問學生：

「品牌提供了什麼？」

他們分享的一些回答是「信任」、「可靠」、「聲譽」、「一致性」和「設計」。我任意指了一個帶 MacBook 的學生，猜她是果粉，應該很在意自己的東西。此時大家一臉困惑地看著我，我指指她筆電前方那個被咬了一口的 Apple 標誌開了一些玩笑，然後問她：「為什麼要買上面有這種標誌的產品？這個水果圖樣對妳來說代表什麼？」

「可靠、信任、信心、設計、尖端、酷……」

「哦，一個簡單的水果圖就能傳達這些？」我再接著問：「妳有用手機嗎？」

「當然有，我用的是 iPhone。」她回答。

「妳先買哪一個？」

「電腦。」

「那麼，買 iPhone 的時候，妳有沒有列出所有的手機選項？有沒有對妳的選項做深入的科學研究，進行比較呢？」

「沒……當然沒有，我就是買 Apple 的產品。」她承認。

「啊，終究是那個水果圖樣激勵妳又買了一個 Apple 裝置。但要是電腦正面或手機上面沒有 Apple 標誌呢？比方說它是同樣的筆電和同樣的手機，而前面卻是一個鳳梨圖樣，妳會買這些產品嗎？」我問。

「哦，當然不會。」

「所以，不是水果圖樣給妳了舒適和信心，而是特定的一顆 Apple。」

「對。」

「那麼，我們要怎麼描述 Apple 品牌在妳購買的決策過程中所發揮的作用？品牌做了什麼？」我問。我要所有學生思考這位學生所描述的決策過程。如果他們沒聽懂，我就會分享，我從我最喜歡的哈佛商學院教授理查・泰德洛（Richard Tedlow）那裡學到的品牌定義：「**品牌可以降低搜尋成本**。」

萬一我們沒有時間打造自身品牌，那該怎麼辦呢？我們可能要仿照鮑伯・賴斯的做法，著重在創業定義的第二部分：**不考慮當前掌控的資源**，而是利用其他人已經建立的資源。鮑伯只有十八個月的時間能夠利用電視益智遊戲的商機，他沒時間打造自身品牌，只能利用《*TV Guide*》的品牌。我指著一個白色字母和紅色方框的圖樣，這是《*TV Guide*》的標誌，我第一天上課就帶來的桌遊紙盒也有這個明顯的標誌。這個簡單的標誌像是魔法，把原本只是鮑伯製造的益智遊戲，轉變成《*TV Guide*》一千七百萬訂戶能辨認、許多人會信任的東西。這個簡單標誌讓決定是否上架遊戲的零售商有信心能賣出去。它還是同樣的紙盒，裝著同樣的塑膠片和列出同樣益智問題的同樣小冊。但這個簡單的標誌降低了零售商和消費者的搜尋成本，因為他們都認得《*TV Guide*》的品牌。利用老字號的《*TV Guide*》品牌，比起必須投注資源在打造自身品牌的情況，鮑伯更能快速和有效地擴展事業。

中國乳清

我首次受邀到中國講課是前往鄭州的一家大學，那個地方被描述成一個小型大學城。「有多少人住在鄭州？」我問。

「四千萬。」

「那什麼才叫作大型大學城？」我不解。考量到這是我第一次到中國，我慷慨的東道主謝易（Yi Xie）也邀請我去北京。她確保我參觀過所有重要景點，像是國家博物館、紫禁城、長城。在我準備返家的前幾天，謝易告訴我，我們隔天要去嘗試一種叫作中國奶酪（Chinese milk whey）的當地美食，而她的形容讓它聽起來像是……原味優格。我表示很樂意，她說要帶我去試最好吃的奶酪，但這需要早起，她會先來飯店接我，接著我們必須一路塞車橫越市區到北京最古老的區域，加入排隊人龍。她說這家店一星期只有一天，限量製作非常有名的中國奶酪，賣完就得等到下星期。我承認自己對於要早起去吃優格剛開始不是那麼熱切，但後來一件奇怪的事情發生了，隨著時間過去，我愈來愈焦慮，擔心要是鬧鐘沒響呢？要是計程車太晚來接我呢？要是我們遇上的交通狀況比預期更塞呢？要是排隊的人太多，這個有名的中國奶酪賣光了呢？

隔天我準時起床，謝易開車過來接我，我們穿過市區，抵達的時候，果然已經大排長龍。

我的心頓時沉了下去，直到排到隊伍前方，我看到這個（第二二六頁下圖）。

我看不懂中文，不懂上面寫了什麼，不懂「文宇奶酪」（Wen Yu Cheese）的意思，不懂這可愛的小藍牛代表什麼，但我用勺子舀了一口這非常有名的中國乳清。果然……它基本上就是原味優格。

然而，不知為何我有種奇妙的滿足感。我遠道而來，去過國家博物館、紫禁城和長城，現在我可以回到普洛敦維士（Providence），說我試過這個非常有名的中國奶酪。後來，我們吃完離開，當我們沿路走出去時，就在它的隔壁，我見到這家店，看起來就像好幾世代都沒有人進去過的店，我看不懂這是什麼店，問謝易這裡賣什麼。「哦，他們賣中國乳清。」

「等等。」我反彈。「那麼我們瞎忙做什麼？既然這裡就可以買到，我為什麼還要早起、塞車、大排長龍等著吃中國奶酪？」

謝易頓了頓說：「我不知道你曾怎麼形容這個現象，但沒人想吃這家店的奶酪，大家只想吃藍牛這一家。」

我大笑，這完全就是痴迷的品牌忠誠度。

我們全都體驗到文宇奶酪的藍牛對消費者的力量，他們甚至不願走到隔壁購買替代的原味優格。這隻藍牛就像《*TV Guide*》的紅色標誌，就像美國的Stonyfield 品牌，它把原味優格變成了不一樣的東西，一種讓顧客爭先恐後來到那個北京舊市區排隊等候，在店裡還沒賣光那星期的量之前，興奮等待品嘗這品牌的原味優格。

Honest Tea 的品牌

我們在課堂上研究的公司案例還有 Honest Tea。它創立於一九九八年，以純天然茶葉為訴求，贏得了強烈的忠誠度。Honest Tea 是由貝利・奈勒波夫（Barry Nalebuff）——耶魯管理學院的經濟學教授暨多產的創業家——和他的學生賽斯・高德曼（Seth Goldman）共同創辦。我喜歡他們的故事，因為賽斯和貝利先前沒有飲品經驗。就像 Casper 床墊的創辦人，他們透過由下而上的調查，找到跟處理他們身為顧客，而非專家所體察到的消費者需求。我的學生在討論它的價值主張時，經常提到它的有力品牌。這時候，我打開一瓶 Honest Tea，把內容物倒進一個透明玻璃杯，問說：「哪一個是產品？」

大家的結論可能是玻璃杯的茶，畢竟，顧客買來作為解渴的東西是茶；各位也可能會說瓶身上的品牌讓顧客從架上拿下產品。當然，事實介於這兩者之間。由於所有行銷都歸結於嘗試和忠誠度，大家可能會注意到促使消費者嘗試 Honest Tea 的是瓶身上的品牌，它既是提供一長串好處的茶，同時也是讓忠誠的 Honest Tea 顧客持續購買這項產品的品牌本身，品牌降低了他們的搜尋成本。

請考慮從一開始就把「品牌元素」嵌入永續模式，再把原本只是商品的產品或服務轉換成為他人無法複製的東西，品牌甚至可以成為這些模式中最有價值的部分。讓我們面對現實，沒有《*TV Guide*》的品牌，鮑伯的益智桌遊只會是一個裝滿塑膠片和卡紙的盒子，學生的 Apple MacBook 只會是電腦晶片和線路的結合，Honest Tea 只會是棕色的水，而文字奶酪只會是原味優格。在創建永續模式時，請徹底思考，你可以透過品牌來捍衛並擴大哪些價值主張的顯著差異。

好友豪伊的狗兒為什麼不再認為他是傻瓜

我的好友豪伊（Howie）是線上行銷專家，曾為我參與過的許多新創公司提供建議，也是暢銷書《傻瓜廣告詞》（*Ad Words for Dummies*）的作者。豪伊的行銷專長法則和我在「洞察、解決、擴展」第一步驟所提到的名詞「同理心」有關。「設身處地」是成功的品牌宣傳最重要的基礎，因為它讓人了解顧客的優先事項和需求。清楚這些事之後，就可以用顧客的語言和主張來吸引他們。豪伊針對「同理心在品牌建立的重要性」上，寫過一篇最有效的短文，講述他的愛犬蕾拉（Layla）的故事。我就不嘗試解釋豪伊的教學，直接請他來跟你們分享。

近十個月來，我的狗兒蕾拉一直認為我是一個愚蠢又愛哭的傻瓜。當我的意思是「過來」，我卻說「別動」；當我的意思是「躺下」，我卻說「跳」；當我的意思是「抬頭挺胸走在我腳邊時」，卻說了「跟我咬手手玩玩」。

但我才剛看完一本講述如何訓練狗兒的傑作，裡面徹底改變了我的溝通形式。現在，蕾拉一開始就能了解我說的大部分內容，並且開始更尊敬我。

下個月我希望能學到如何用狗語說：「不要再因為那隻性感的比熊犬在牠家前院尿尿，就把我拖到街上。」

◎這和行銷到底有什麼關係？

過去訓練狗兒的方式很簡單，過程分成三個步驟：

1. 告訴狗兒要做什麼。

2. 如果狗兒不聽，就打牠（或拉它的牽繩，或是吼牠）。

3. 稱讚狗兒做得對。

這個方法有三個問題：

1. 狗兒害怕我們，會花更多精力在避免挨打，而不是努力取悅我們。

2. 狗兒不知道我們要什麼，因為我們無法引導牠們做出正確行為。

3. 狗兒往往變得敵對和危險。

隨著人類進步，我們發現還有一種更容易、更有效的方法。我們從海豚和獵鷹訓練師身上學到這一點，他們不太能去處罰他們的動物，只能靠獎勵來訓練牠們。

所以現在的操作制約師（Operant Conditioners，最常見的學派是「響片訓練」〔clicker training〕）訓練動物的方法是：他們做到需要的行為就給予點心，而其他行為則扣留點心。因此，每次蕾拉坐下，我就給牠吃點心。沒多久，牠就會走向我然後坐下來，希望能得到點心。於是現在每當牠坐下，我就說「sit」（坐）這個字，再給牠點心。再過一陣子，只有在我說了「sit」之後，牠坐下，我才會給牠點心。現在，我完成了這個任務：我教會牠一個字的意思，而牠應該遵守。

◎教蕾拉學英文

但蕾拉看不出有什麼理由要聽我的，就像我說的，牠認為我是傻瓜。原因如下：

我每天花好幾小時教狗兒英文。

我無意炫耀，但我真的認為自己比蕾拉有語言天分。我有一個較大的大腦，擁有專用於符號語言的整個迴路，也沒有把空閒時光用在爬進洗碗機舔盤子。

所以我為什麼要把自己搞得筋疲力竭去教牠英文，教牠一種「slow up」和「slow down」都同樣表示「放慢」的語言？而且這個語言中「commence」代表「開始」也代表「結束」？這個語言中「cleave」代表「劈開」也代表「緊貼」？

這是因為我沒意識到我可以學牠的語言，而《別跟狗爭老大》（*The Other End of the Leash*）這本書教了我基本原理。

◎豪伊學狗語

這是一個巨大啟示：人類是靈長類動物，我們和我們的表親黑猩猩、大猩猩的溝通方式，跟狗兒及其他犬科動物大不相同（犬科動物是我學到的一個花稍名詞，用來表示「狗和狼」），所以我們自然就互相「說著」靈長類的溝通，我們非常了解這種溝通。但當我們對狗兒使用靈長類的溝通方式，牠們就會認為我們瘋了。

例如，靈長類動物會製造大量聲響來展現支配地位。（我想到珍古德〔Jane Goodall〕[60]紀錄片中的一隻黑猩猩，牠發現到敲擊油桶的方式，於是很快就成為雄性領袖。）狗兒透過沉默來展現支配地位，通常是緊張／害怕／渴望的狗兒，才會狂吠和嚎叫。

另一個例子是，靈長類打招呼時，喜歡面對面接觸。視線接觸、親吻、握手、擁抱——這一切全是人類、大猩猩、黑猩猩和倭黑猩猩彼此致意的變體。狗和狼卻是以一種較斜側身體的方法來對彼此問候和致意，像是嗅聞或口鼻磨蹭。

最後一個例子——展現愛意。靈長類使用手臂來展現愛意，像是牽手、擁抱、手挽手走路、手臂環著彼此肩膀。犬科動物以幾乎相同的方式來使用前爪，但表示的訊息卻非常不一樣，這是支配。雙手環著狗兒，對牠的訊號是，你的地位比牠高，所以你優先使用重要資源。

於是，現在我要蕾拉坐下、別動或過來時，我會使用狗兒的身體動作。我往前傾，利用視線接觸，採取不同語調。而這絕對是令人沮喪的事，因為沒經過什麼訓練，牠就接受了。牠了解我，因為我終於說出牠的語言。

◎行銷的是自己的風格，還是他們的風格？

開始行銷一個產品時，我自然而然會從對自己說話開始。我寫出打動我自己價值觀的行銷文案，以我認為具說服力的方式來主張價格／價值的問題，使用感動我的布局和圖片。

壞豪伊。

但除非我的市場非常像我（相信我，這極少發生），否則我就會失敗。

我再次對狗兒說著大猩猩風格的語言。對我來說，我在說「買我的東西」，但他們聽到的是：「快跑！我是呆瓜。」

要想教導潛在顧客學會豪伊風格的語言，我不會成功。如果想要跟他們溝通，就必須學會他們的語言。

◎我如何學習他們的語言？

首先，我進行調查。我讀他們閱讀的東西，如果他們在線上，我就造訪他們的網站和新聞群組。我查看別人怎麼對他們成功行銷，同時盡可能找尋關於他們的收入、居住地方、年齡，以及多少小孩在讀大學等資訊，一些基本的人口統計和心理變數調查。

我訪問他們其中一些人，了解他們的想法。我試著向他們推銷產品，捕捉他們所有反對意見。

接下來，我進行一些思考練習，想像自己過著他們的生活，出現他們的問題，擁有他們的夢想。行銷藝術的核心就是：同理心。

最後，我以我所知的一切，以我會跟他們說的話開始撰寫。我可能不完美，但至少不再是對著狗兒說大猩猩的話。而當他們感受到我努力消除鴻溝去了解他們，我的潛在顧客通常也會向我邁進一步。

當市場調查的成本太高、太費時，或是太不切實際時，我就會退回來，改用快速且粗陋的方式嘗試錯誤。我作出兩個提議，計算哪一個得到較好的回應，這是我的對照組，我保留這一個，把失敗者扔掉，再創造一個新的。然後冉一次，我保留勝者，替換失敗者。

當然，我真正在做的是訓練自己，而不是試圖訓練我的市場。

這就是蕾拉不再認為我是傻瓜的原因。

現在，該是說服我的孩子的時候了。

終身價值／顧客獲取成本

品牌降低搜尋成本，也降低了爭取新顧客時所必須花費的費用。品牌同時增加了顧客忠誠度，為產品贏得溢價。這一切因素都增加了一個重要的比率：終身價值（Lifetime Value，LTV）／顧客獲取成本（Customer Acquisition Costs，CAC）。它指的是評估企業從一個顧客身上獲得的價值，而這個價值與顧客持續作為您的顧客所需的成本進行比較。正如我的專業系統和軟體公司前合夥人兼創投業者特洛伊．漢尼科夫（Troy Henikoff）所說：「如果那些『單位經濟』有利可圖，各位可以重複這個獲取有利可圖顧客的過程，成為一家有利潤的公司。」[45]

這種衡量標準突然出現，並受到歡迎，是因為電子商務產生的數據讓計算變得不費吹灰之力。即使可能更具挑戰性，所有類型的企業還是應該估算這種衡量標準，並分析LTV／CAC比率。儘管它會因為企業類型而略有不同，但經驗法則是，LTV應該至少是CAC的三倍。現今，理解這個概念並提供LTV／CAC比率給潛在投資人已經是一種必要條件。幾年前，我的學生對創業投資人發表課堂計畫時提出這件事時會讓投資人驚豔；現在投資人則習以為常。

在此提醒創業家在計算LTV／CAC時所犯的錯誤，我和特洛伊最常看到的是，創業者在計算終身價值時，使用了終身**銷售額**，而不是稱為終身**貢獻**的產品獲利能力衡量標準。銷售額並不等於價值，需要扣除產生這些銷售額的直接成本，像是製造和交付產品或服務的成本。貢獻類似毛利，就是銷售額減去公司層面賣出商品的成本。如果產品或服務沒有正的貢獻，不管銷售多少或是以多低的成本獲得顧客，這個企業都不值得擴大。

第二個錯誤是，創業者沒有記住前面討論ProfitLogic顧問公司時所分享的格言：今天的一塊錢比明天的一塊錢值錢。這一點在這裡之所以重要，是因為即使真的採用利潤說明增量顧客產生的價值，投射到未來數年的價值並不等同於現今產生的價值，精確的帳目會把未來價值「貼現」回今日。

第三個常見錯誤是使用「混合」或平均的顧客獲取成本。「混合」是個重大的危險信號，因為企業或許能免費地吸引到一些初始的顧客，像是從Google搜尋或口耳相傳而來，但這不是可以進一步持續擴展的。重要的不是獲取初始顧客的混合平均成本，而是新顧客的獲取成本。為什麼呢？因為獲取新顧客可能成為各位提議增加額外資源的原因。LTV／CAC的重要性並不在於它告訴我們過去的情況，而是引導我們未來的目標能夠長期擴展。

第四個錯誤是，混合的終身價值模糊了透過「通路」或特定行銷方法獲得顧客的價值。以下是特洛伊分享的一個好例子，EatStreet 是成功的線上訂餐 app，也是他的一家投資組合公司。在洛特伊加入董事會後，EatStreet 就出現了「混合」的危險訊號，為其五十美金 LTV 對二十美金 CAC 的平均比率（不到三倍，但已經接近）感到自傲。特洛伊則是對這種採用混合平均值的做法不寒而慄，他深入挖掘，結果發現了一些有趣的事。他檢視了 EatStreet 最大的促銷手法，透過提供註冊會員十美金披薩優惠券來獲取新顧客。透過行銷通路分析 EatStreet 的終身價值之後，創辦人發現這些新顧客大多是大學生，他們為了得到十美金優惠券，不斷以新的電子郵件註冊。這些新顧客並未在使用首次促銷後留下來，因此公司對他們無利可圖，這些特別顧客的終身價值不是五十美金，而是零！

那麼特洛伊給了 EatStreet 什麼建議？停止這項促銷，砍掉這些不獲利的顧客，沒錯。即使這樣會放緩 EatStreet 的顧客成長率，卻增加了它的獲利能力。如今，EatStreet 仍在成長盈利，並因此準備進行吸引人的退場（exit）機制。要是當時沒有藉由通路了解到 LTV／CAC 和終身價值，他們可能還在燒錢[46]。讓自己具備精細的終身價值分析，也能夠帶來對產品忠誠的好顧客，更進一步增加他們的終身價值。

不管如何運用這種獲取顧客和終身價值的數據，對創建永續模式的關鍵在於如何強調**永續**這個名詞。爭取願意購買東西的顧客是一回事，但獲得了預期終身都讓人有利可圖的顧客，才可使企業長期地擴展。

Shurgard 是性感的企業嗎？

有時候，企業表面的魅力值可能會掩蓋它的「吸引力」。有些企業可能在我們前幾章討論的競爭指標中取得高分，像是不公平的競爭優勢、有價值的品牌、誘人的終身價值和顧客獲得成本比率，這一切都能產生高度影響，但是它可能還是沒有吸引力。為什麼會這樣？而且為什麼根據吸引力來判斷是危險的？在我課程中的管理成長企業模組中，我們研究了一家叫作 Shurgard 的自助倉儲設備公司，它希望在一九九〇年代後期擴展到歐洲。當時，Shurgard 已成立二十五年，擁有分布在二十州的三百四十八處管理化物業及九百八十名員工，並取得一億五千九百萬美金的營收，在美國處於該產業的領導地位[47]。但我的學生對這家公司的反應冷淡，對這些三十多歲的學生來說，他們渴望成立下一個 Casper、Premama 或是 RUNA，倉儲不夠性感。我總能察覺到這一點，有時候，我會停下來提出這個挑釁的問題：「這是一個性感的行業嗎？」

剛開始學生輕笑，有點驚訝，我們就開始深入 Shurgard 的企業主張和永續模式——為了解決租客未滿足的需求所提供的功能和好處、公司如何賺錢、它的成本結構和資產負債表、它如何為公司成長提供資金、推動業務的關鍵成功因素為何，還有其他細節。即使不算性感，也算是出現了相當令人印象深刻的模式：這家公司擁有數萬名愉快的租客、72%的店面淨利率、80%的租用率（收支平衡點是在35%）、人力需求低、強大而有效的品牌、款項風險低（租客採取預付，且Shurgard握有租客物品作為保障）。Shurgard就是所謂的不動產投資信託（REIT），這表示它是上市公司，股票在證券交易所交易，它可以透過公開市場持續籌募資金，繼續推動公司成長。那麼，Shurgard這家用無趣的煤渣磚鋪設表面的公司性感嗎？在創業者的眼裡，各位的答案可能是：見鬼，沒錯！

我會加入這個故事，是想提醒大家避開尋求表面性感的陷阱。事實上，非性感的領域可能提供更多機會，因為沉迷性感的人會忽略它們。所以，只要符合四個「生存的意義」（生き甲斐／Ikigai）準則，就請看穿表象，應用我們現在已經知道的成功創業必要準則——解決驗證過的未滿足需求的價值主張；放大格局，並擁有大規模長期擴展的永續模式。喏，這個才叫性感！

善有善報

善有善報。

——美國開國元勛／富蘭克林（Benjamin Franklin）

永遠不要懷疑一小群貼心及盡心盡力的市民可以改變世界，實際上，這是唯一曾經發生過的情況。

——美國人類學家／瑪格麗特・米德（Margaret Mead）

Aravind 眼科醫院

Aravind 眼科醫院[48]是印度的連鎖眼科，創辦人文卡塔斯瓦米（Venkataswamy）醫師身負治療失明的使命感。Aravind 最引人注目的是獲利能力：51％的淨利率。這表示在扣除所有費用後，它還擁有一半的收益！我從未見過另一家有51％淨利率的企業。淨利率有15％就非常強勁，而在極少數情況下（像 Apple 和 Google）大約是20％。在我們課堂所研究的組織中，Aravind 不只擁有最具抱負跟意義的價值主張，也是獲利最高的。對於體現富蘭克林「善有善報」這句格言來說，它是我所知道最好的例子。

Toreva 出版

葛文．穆高迪第一次來我們的創業中心找我時，她說她不知道自己是否屬於這裡。她問說，身為來自辛巴威的女性，和希望提高家鄉識字率的非洲研究者兼博雅教育學生，是否能在我們中心找到潛在的合作對象。她讓我看到一個事實，即使在這個有這麼多公司會去贊助社會議題的年代，還是有許多人把創業視為盈利的同義詞。她暢談此事，而我解釋，像這樣強調解決重要問題的創業方法，對於想要滿足基本人類需求的人來說，就跟努力期盼下一個桌遊狂熱的人一樣合適，甚至可能更適用。

葛文加入我們中心「突破實驗室」（Breakthrough Lab）為期八週的夏日加速器計畫，這項計畫為布朗大學和羅德島設計學院學生，提供開發高影響力企業的資金、訓練和指導。在二〇一八年的夏季，她成立了新創事業 Toreva，這是一家非營利的出版社，專門製作展現非洲文化、語言和民族多樣性的迷人故事書。葛文和她的夥伴克雷裘烏．尤杜左（Kelechukwu Udozorh）所發現的未滿足需求，是市面上缺乏以非洲語言書寫的童書。這表示，在葛文祖國辛巴威和其他非洲國家的許多孩子從未學會閱讀，葛文和克雷裘烏使用由下而上的調查，尋找並驗證這個需求，然後制訂一個堅實的價值主張，先小規模地解決這個需求。

但當然，行善不會讓人對創建永續模式的需求免疫。儘管第一批出版的書籍找到了一群熱切的讀者，葛文和克雷裘烏卻還沒有釐清 Toreva 的永續模式。她們面對各種重大挑戰，其中包括市場背景的特定問題。「剛成立時，我們算出一本書十二美金對大部分家長來說是容易入手的花費，這也相當於辛巴威幣十二元。」葛文指出：「但後來因為辛巴威幣的貶值，現在這數字等於一千三百八十元辛巴威幣，而人們的收入卻沒有相對提高。老師的薪水大約是一萬八千辛巴威幣，所以最近我們大部分的顧客都僅限於一定的收入水準，這表示，能夠接觸這些書籍的孩子比我們希望的還要少。」

當我更進一步探問 Toreva 要如何迭代，以回應這些挑戰時，葛文如此說道：

顯然，我們的永續模式必須改變，我們一直努力克服缺點。由於新冠疫情，我們現在更認真追求的一個想法是：如何善用有字幕的動畫影片幫助孩子識字，並帶來收入，同時還能滿足我們的核心願望，讓所有孩子都可以接觸到我們的故事。

正如我多次指出，我講授創業是把它當成一種方法論，而不是意識形態。就我們已經見到的，這個方法論適用於各種範圍的背景，從和平種子的同伴活動到唐恩．歐普拉利歐的公共衛生新方案，從克里斯．莫爾和黛安．利普斯康的腦部研究到以公平貿易納入農人參與的提神飲料新創公司RUNA。就像我會拒絕腦部科學家克里斯．莫爾和黛安．利普斯康把我們的創業方法貼上「神經創業」的標籤，我也拒絕為Aravind或Toreva打上特殊類型創業的標籤。

這種創業的廣泛應用，把許多學生感興趣的「社會創業」，融入我們中心的學生解決廣泛未滿足需求的主流想法。我們對待「社會」創業家和試圖處理環境挑戰、語言挑戰、烹飪挑戰、技術挑戰或其他任何挑戰的學生，並無二致。他們全是充滿抱負的創業家，他們在我們中心齊聚一堂，運用企業進程來處理挑戰。

Aravind的文卡塔斯瓦米醫師和Toreva的葛文都是解決自己家鄉社群問題的優秀創業家範例。相較之下，我課程的學生則往往受到考特妮．馬丁（Courtney

Martin）稱為「他人問題的簡化性誘惑」（the reductive seduction of other people's problems）所吸引。「如果你年輕又優秀，對創造人生意義感興趣，解決看似緊急且容易解決的問題當然就會吸引你。」[49]馬丁對這些善意的問題解決者提出警示的原因是，他們往往沒有進行足夠的由下而上的調查，來了解問題的複雜性，並天真地認為這些問題很容易解決。在飽經踩踏、通往遙遠地點的小路上，到處散落著行不通的簡單解決方案。「白人救世主情結」（white savior complex）可以用來簡單描述這種現象。而另一個警示，則是我稱為年輕人才中「創業家流失」（entrepreneur drain）情況，這裡指的是可以在自家後院解決問題、可以第一手觀察到問題複雜性的人。和平種子的同伴米凱．韓德勒和海地計畫的派屈克．莫尼漢為了避免這些問題，選擇成為各自效力的以色列／巴勒斯坦和海地社群中的重要和長期成員。

營利或非營利？

「洞察、解決、擴展」第二步驟的永續模式工具可以為營利企業、非營利慈善機構、撥款資助的研究、稅收資助的政府單位，以及其他實體，甚至是以上所有組織的混合體提供幫助。在一切組織中，都可以做到善有善報。那麼，應該要如何選擇？

美國銀行執行長布萊恩．莫尼漢（Brian Moynihan，派屈克的哥哥）是我們中心的顧問委員會成員，他在二〇一九年提出了一個宏觀的觀點：營利的永續模式對解決世界最迫切的問題有其必要。「世界上所有慈善團體都不足以讓我們達成在永續發展目標或環境（或其他目標）上所必須取得的進展。」他說：「世界上每年有八千億美金用於慈善事業，而我們一年需要的或許是五兆到六兆美金。所有的捐款和基金會，還有達成了不起事業的傑出人士，即使明天全部傾巢而出，這樣也不夠，投入整個美國四兆美金的預算依然無法辦到，需要私人部門來推動變革。」[50]

如果各位正在營利和非營利模式之間作抉擇，請先思考結構性的限制，因為這些限制雖然對營利性企業較為有利，但對非營利組織的擴大卻會造成影響。

考慮限制非營利組織的擴大影響和對營利企業有利的結構性束縛，這些束縛有許多反映在捐助者對薪資和品牌創建等事務上的支出限制。作為非營利組織，他們無法採取我先前提出的方式來承擔各種風險和容忍失敗，可能沒有實現規模所需的同樣時程，也沒有同樣可取得的投資結構。

丹恩・帕洛塔（Dan Pallotta）在《不慈善：對非營利組織的限制如何破壞其潛力》（*Uncharitable: How Restraints on Nonprofits Undermine Their Potential*）[51]及TED演說〈我們對慈善的看法大錯特錯〉（The Way We Think about Charity Is Dead Wrong）中，詳細說明了通常會限制非營利組織達成長期大規模發展最常見的五件事。這五件事都是限制非營利組織回應「如何」這個基本問題產生的阻力。對於處理已找出並驗證的未滿足需求，我們要如何遵循處理它們的小規模價值主張？我們要如何透過創建一個永續事業，並產生大規模長期影響的方式來做到這一點呢？

「洞察、解決、擴展」的第三步驟是想為各位提供擴展事業的工具，而非營利組織的資金來源限制了創業家，把他們放到不同標準上，使他們很難使用同樣的工具。這樣的限制原本是為了讓非營利組織能運作得更有效率、也讓投入的金錢變得更有價值，這個出發點雖然聽起來很合理，卻產生了意想不到的後果。如同丹恩說的：

> 在非營利組織中，因為捐助者會仔細檢查間接成本比率，所以——

- 不能以金錢為誘因從營利單位吸引人才。
- 不能用類似營利單位吸引新顧客的規模打廣告。
- 不能出現營利單位為追求顧客所承擔的風險。在慈善單位，承擔風險不只被視為瑕疵，同時也是不道德、邪惡、有罪——甚至是犯罪的。組織不得將慈善用途的捐款冒險用於可能損失金錢的新方法，這可以說是近乎宗教的信仰。[52]
- 不像營利部門一般，擁有找尋大規模解決方案的同等時間。
- 即使一開始就辦得到，卻不會有股票市場能為這一切提供資金。

丹恩認為這些限制使得非營利組織處於極度不利的狀況，為了說明他稱為「不同的規則手冊」（this separate rule book）的影響，他分享了令人深思的統計數字，讓人了解這些規則如何限制非營利組織使用我們所說的大膽思考和放大格局：

從一九七〇到二〇〇九年間，非營利組織真正有所成長、年收入超過五千萬美金大關的有一百四十四家，同時間，營利組織超過這數字則有四萬六千一百三十六家。所以，我們正在處理規模龐大的社會問題，而組織卻無法產生規模。[53]

如同我們剛才在中國的文字奶酪和Honest Tea所見到的例子，創建之所以能產生大規模影響的永續模式，其中一個關鍵方法，是發展並利用品牌的力量。然而，當問題解決者把永續模式標明為非營利，我們在評估他們的效率和潛力時，卻束縛了他們創建品牌的行動，增加他們及潛在支持者不必要的搜尋成本。如同丹恩觀察：

本週末的《紐約時報》和《每日新聞》主要版面上刊登了Hummer汽車、T-Mobile、AT&T、Macy's百貨、Bloomingdale's百貨，以及許多電子產品和家具零售商的大型廣告……而這些版面上完全不見達佛基金會（Darfur）、終結愛滋，或是防治乳癌的廣告——事實上沒有任何非營利組織的廣告，這只是尋常的一天。

巨大的消費性品牌有廣告，巨人的公益事業卻無……美國國稅局（提報非營利組織財務數據）的990表格（Form 990）[61]中，甚至沒有專用的提報列項，證明了在這（非營利）部門的廣告稀少。

為何會如此？

捐款者認為付費廣告浪費。「如果你們能得到廣告贊助倒沒關係，但我可不想我的捐款花在買廣告上。」（想像一下，如果我們告訴Coca-Cola，只有在獲得廣告贊助時才能夠廣告——這會是只在凌晨兩點播放的廣告。）捐款人持有的偏見是：廣告花費從「公益」偷走了錢，所以慈善事業害怕受到捐款人的報復行為而不願廣告。相形之下，了解廣告力量的Coca-Cola正在花錢向我們灌輸終身想法。

我和丹恩一致希望能賦予所有問題解決者同樣的創業工具。在創建永續模式上，品牌是基本且公認的工具，例如文字奶酪和Honest Tea。然而，間接支出的檢查者可能會剝奪非營利組織Penta這種有力的工具。Penta是由我以前在布朗大學的學生莊楊（Trang Duong）發起，用來解決越南下肢義肢短缺的問題。如果P&G和其他公司都曾利用廣告來把商品轉換成品牌，促進產品嘗試、忠誠度並增加長期價值，為什麼我們要妨礙非營利的問題解決者使用同樣的品牌工具箱呢？丹恩在《哈佛商業評論》的文章〈為何非營利組織應該投資更多廣告〉總結了他的觀點：

要創造一個為所有人服務的世界，最好的方法跟Apple早期的做法相同，它們希望創造一個大家都想要（使用其科技產品）的世界：開始大規模建立這想法的需求。如果《紐約時報》每天早上都充滿終結愛滋、杜絕貧困，以及防治乳癌的廣告，這些公益議題可能就有機會和Bloomingdale's百貨及Netflix一較高下。而且別搞錯了——它們正是競爭對手。[54]

為了克服這種阻力，我想或許可以藉由勸說非營利組織支持者像看待營利事業一樣對待我們。沒錯，或者我們可以一開始先建立一個營利實體。無論如何，我在這裡的重點是，準備擴大規模時，請注意這些限制非營利性永續模式的阻力。

Chapter 7

第三步驟：擴展

創建永續模式——壯大團隊

擴展事業的時候，吸引到的額外團隊成員將是最重要的資源。在解決問題的任何背景中，從典型的新創到成熟公司，或是非營利組織，甚至是研究實驗室，創業行為都是一種團隊運動。單打獨鬥的話，就只有一個人和一套經驗、觀點和技巧，團隊填補了大局中個人或初始創辦團隊所無法涵括的部分。《創辦人困境》（*The Founder's Dilemmas*）的作者諾姆・華瑟曼（Noam Wasserman）所研究的數千家新創團隊中，只有16％是單獨一個人[1]。NextView的創投合夥人大衛・巴塞爾（David Beisel）指出，NextView所投資的新創事業中，剛開始由一個人創立的不到5％[2]。這在科學和公司背景中也是如此：「團隊逐漸主宰產生創意的尖端，逐漸創造具有高影響力的產品。」[3]

令人驚訝的是，團隊形成和組成的重要性，導致有65％的新創公司是因為人際關係緊張和團隊問題而失敗[4]。團隊成員的人選非常關鍵，使得創投業者之間流行一句格言：「寧可投資『B』級創意的『A』級團隊，也不要投資『A』級創意的『B』

級團隊。」[5]

但造就出 A 級團隊的是什麼？這是能創業成功非常關鍵的部分，我希望大家了解促成成功創業團隊的因素，同時要提醒大家避開一些常見的錯誤。

成員來自不同背景的團隊，可以貢獻不同技巧、接納不同觀點，並利用這些差異來發展突破性的解決方案。但可惜的是，創業家往往沒有組成多樣化團隊。事實上，這是我們需要意識並克服的一個無意識偏見。為了協助大家避免犯下同樣的錯誤，我將分享克服這項常見阻力的策略，同時分享「團隊最佳結構」的特質，也就是成功創業團隊的理想結構。在二十一世紀，理想的結構包括了人力和數位資源的平衡。最後，我將幫助大家了解，要從增加的新成員中獲益，需要的不只是確認符合多樣性，它還需要能看出所有成員共同點以外的東西，並充分利用每個成員帶給團隊的能力。

多樣化的創業團隊比較成功

> 開始留意多樣性的最佳可能時間是在「零」的時刻，也就是一切的初始、創辦新公司、成立新團隊、展開新計畫的時候。而下一個最佳時機，就是現在。[6]
>
> ——軟體開發商 HubSpot 共同創辦人／達梅西．沙阿（Dharmesh Shah）

創意摩擦

不是所有團隊都是平等的，事實證明，多樣化的團隊享受更多的創業成功。這倒不足為奇，因為多樣性在許多背景中都能帶來好處。我們可以把自然界生物的多樣性視為讓人信服的例子，藉此說明組織多樣性的好處，因為「多樣性愈大，植物群落的生產率愈大，同時為生態系保留愈大的養分和愈大的穩定性」[7]。這在經濟活動中也是如此，一如我的布朗大學同事歐迪德・加勒（Oded Galor）和威廉學院的夸魯爾・艾許洛夫（Quamrul Ashraf）主張的：「文化同化和文化傳播之間的相互作用，在全球經濟發展模式差異化的興起上，扮演了重要角色。」[8]正如都市研究理論學家理查・佛洛里達（Richard Florida）對於加勒著作的解釋：「多樣性激勵了經濟發展，而同質性會讓它放緩。」[9]

在創業的過程中，重要的是要避免哈佛商學院教授杜樂斯・雷納德（Dorothy Leonard）和塔夫茨大學教授渥特・史瓦普（Walter Swap）所說的一件事：團隊成員在訓練和態度上形成相似的「單調合唱」。相反地，管理者應該盡可能選擇成分不同的結構，這意味著不同的經驗、思考風格、文化和態度。[10][11]

為何如此？團隊多樣化的優點到底是什麼？簡單來說，它是基於不同方式看待世界的好處，互補的成分增進了「創意湯」（creative soup）的滋味。我喜歡把這種期待從多樣化團隊中所得到的東西，形容成**創意摩擦**（Creative abrasion），首先提出這說法的，是日產設計國際公司（Nissan Design International）的創辦人傑瑞．賀斯柏格（Jerry Hirshberg）[12]和哈佛商學院教授林達．希爾（Linda Hill）等人，他們將之定義為「透過論述和爭辯產生創意的能力」[13]。

我無時無刻都能看到與「洞察、解決、擴展」相互應證的發現，但這也讓我的家人感到抓狂。有時候，證據甚至出現在意想不到之處，例如，在傳記式電影《波希米亞狂想曲》（*Bohemian Rhapsody*）中，皇后合唱團的佛萊迪．墨裘瑞（Freddie Mercury）向其他團員道歉讓他們自立更生的時候，便認同了多樣性這種不可或缺的價值。「我去慕尼黑，雇了一群人，我告訴他們我確切想要他們做的事，他們也這麼做了……但問題是，我沒有了羅傑的反對，沒有了布萊恩的重寫，沒有了約翰你的滑稽表情。我需要你們，你們也需要我。」[14]我認為這例子與創意摩擦的優點有關，或許各位也能認同。

回到我對於博雅教育優點的評論，我經常感到博雅教育學生缺乏信心，因為他們不知道自己身為像是歷史或哲學專業，可以為新創團隊提供什麼。此時，我要他們閱讀《跨能致勝》（*Range*），大衛．艾波斯坦（David Epstein）在書中描述融合多樣化觀點的好處，尤其是來自自認沒受過任何特定價值訓練的人士的觀點。艾波斯坦引用西北大學社會學家布萊恩．烏茲（Brian Uzzi）的話，成功的團隊往往擁有來自不同背景的成員。大家或許會想到這是我的自身經驗，我在我們後來賣給 Apple 的 Clearview 公司中，我的專業是歷史。在烏茲的研究中，成員愈是廣泛來自不同機構，團隊就愈有可能成功……而網羅來自不同國家地區的成員，也一樣具有優勢。[15]

如果是在企業界工作，你就會欣賞索迪斯北美學校執行長史蒂芬．杜莫爾（Stephen Dunmore）對多樣化的見解。他和哈佛商學院的校友社群，分享他認為是該學院最意想不到的一課，也就是學生用來組成研究小組的不同策略。「表現最好的是不拘一格的小組——有商業頭腦的學生，也有來自藝術、法律、醫學和軍事背景的學生。他們尊重對方不同的背景和想法，找到創造性解決方案和創新的前進方式。」[16]這一課讓史蒂芬深受震撼，也影響了他整個職業生涯中，管理試圖解決問題和發展新機會的團隊所採取的方式。「我的公司贏得了多樣與共容的許多獎項，我們很多人認為這就是索迪斯的最大力量。」他堅稱：「沒錯，這是正確的事，在發展對於成長和競爭力極其關鍵的顧客解決方案時，這激發了創意和創新。」

多樣化的性格類型和工作風格

最能言善道和最有創意的人之間的關聯性為零。[17]

——美國作家／蘇珊．坎恩（Susan Cain）

如同我在前言所說的，在創業中，並不是某種特定的性格類型就容易成功。沒有偏向左腦主導或右腦主導；沒有偏向創造性或分析性，也沒有偏向邁爾斯-布里格斯十六種性格分類（Myers-Briggs Type Indicator，MBTI）[62]的任何一種，事實反而讓許多人訝異、讓一些人寬心：沒有證據顯示，外向者比內向者更容易創業成功。我會強調這一點，是因為性格類型迷思阻礙了許多想成為創業家的人。我喜歡見到許多內向學生在傳閱蘇珊．坎恩的著作《安靜，就是力量：內向者如何發揮積極的力量》（*Quiet: The Power of Introverts in a World That Can't Stop Talking*）時，他們如釋重負的神情。我也喜歡分享她的結論，內向者喜歡獨自解決問題的工作風格，比起讓他們強迫自己適應外向者喜歡的方法，他們自己的方式往往更有助於他們為團隊的整體創新目標作出貢獻。儘管創業通常是一種團隊運動，但是最成功的新創公司會保留空間給不同的工作風格，其中包括和團隊其他人分開的獨自工作類型。[18]

坎恩也提到心理學家安德斯．艾瑞克森（Anders Ericsson）的研究，艾瑞克森研究傑出表現人士如何獲取專業技能，在描述他所謂的「刻意練習」（deliberate practice）中，他得出的結論是：關鍵不在於投入了多少時間發展和磨練技能，而是在於獨自進行這件事。正如坎恩所寫的：「有幾個理由顯示，刻意練習最好獨自進行，它需要高度的專注力，其他人的存在會分散注意力。」坎恩舉出達爾文（Charles Darwin）、Apple共同創辦人沃茲尼克（Steve Wozniak）、《時間的皺摺》（*A Wrinkle in Time*）作者瑪德琳．蘭歌（Madeleine L'Engle）等各種領域的傑出表現人士，說明了他們如何從個人獨自工作的能力中受益[19]。這個結論經常讓許多懷抱志向的創業家驚訝，因為他們認為如果成功的解決方案來自團隊，那麼所有團隊的「第一線」工作都需要以團體形式進行。

如果你是外向者，我希望這可以擴大你在招募團隊有價值新成員時的考慮範圍；而如果你是內向者，我希望這個看法可以提升你對創業的信心，並鼓勵你納入外向者來讓團隊多樣化。

碰撞結合了不同的技能和觀點

這存在於 Apple 的 DNA，只有技術並不夠，而是要結合博雅教育、結合人性，這樣才能帶來讓我們內心共鳴的成果。

——史蒂夫．賈伯斯[20]

布朗大學當然不是唯一強調博雅教育的大學，還有許多大學也擁有相關課程。然而，在全球機構講課時，我發現布朗確實因為它跨學科的學術文化而與眾不同。在很多校園裡，科學領域的教授很少，甚至有人從未接觸過其他科學領域的教授，所以是社會科學或是人文領域的教授就不用說了。在布朗，如果沒有發生這種事才叫特別。攜帶「巧克力」的研究人員總是在找尋攜帶「花生醬」的研究人員，他們知道這樣的結合會更美味。我們創業中心的一大優點是，不隸屬於特定學系。相反地，我們是作為鼓勵各方合作的一種連接器、一種集線器。藉此，我已見證跟加入了許多這樣的合作。它們向我展示，在解決充滿挑戰的困難時，結合不同觀點的想法具有極為強大的力量。

這種碰撞現象有許多歷史前例，甚至還有關於如何改善它發生機率的物理空間上的先例。在《創意從何而來》（*Where Good Ideas Come From*）一書中，史蒂夫・強生（Steven Johnson）談論偉大創意如何從「小小預感」的碰撞中產生。我的歷史研究背景，讓我喜歡史蒂夫以啟蒙運動咖啡館和巴黎沙龍為例，指出它們如何成為各種碰撞的肥沃土壤，並帶來了知識、政治、經濟、社會和科學上各方面的突破。而我身上屬於創業家的部分喜歡他的格言：「機會眷顧連結的思維」（chance favors the connected mind）[21]。

產生同樣動能的一個現代例子是，一九七〇年代中期以矽谷為根據地的「自組電腦俱樂部」（Homebrew Computer Club），多樣化的會員帶來了現代電腦產業。它概括了華特・艾薩克森（Walter Isaacson）[63]所說的「反傳統文化和科學之間的碰撞，將成為個人電腦時代中，相當於英國文人山繆・詹森（Samuel Johnson）博士時代的土耳其人頭咖啡館（Turk's Head coffeehouse）[64]，作為一個交換和傳播想法的地方。」[22]

一般的博雅教育學校以及布朗大學特別的博雅教育開放課程，有如二十一世紀的巴黎沙龍，鼓勵跨學科的合作。我們的創業中心提供了一個鼓勵「意外碰撞」的空間，把不同學科的學生和教師帶出學術孤島。我們鼓勵他們加入多樣化團隊，來尋找跟驗證大量尚未滿足的需求，結合互補的觀點和技巧來滿足需求，創建運用跨學術見解所形成的永續模式。我們刻意產生這種動能，我認為應該稱其為「刻意碰撞」（deliberate collisions）。

例如，我們有一個學生的事業「EmboNet」，正在開發一種雙層袋狀網，用來攔截跟移除心臟繞道手術病人血液中的栓子，降低中風和腦部損傷的風險。對我還有對其他許多人、甚至是創辦人本身來說，這個獲獎的學生團隊最讓人意想不到的或許是，它的團隊成員包含有一個生物醫學工程師、兩名醫學院學生及一名羅德島設計學院紡織專業的畢業生。

不過，持續處於碰撞狀態也可能會適得其反。讓我分享蘇珊·坎恩的另一個提醒，許多人往往憑著對工作風格的期望來設計工作空間，但這會造成一些無謂的定義跟形塑出強迫的特質。蘇珊指出，大約七成的美國人採用開放式辦公室，沒人擁有「個人空間」。「開放式辦公室讓工作者懷有敵意、缺乏安全感，而且容易分心，同時容易出現高血壓、壓力、感冒和筋疲力竭的狀況。工作被打斷的人會增加五成的錯誤，需要花兩倍的時間來完成工作。」[23]哎呀！

在一份名為「編碼戰爭遊戲」（Coding War Games）、討論工作空間對於生產力影響的重大研究中，湯姆·狄馬可（Tom DeMarco）和提摩西·李斯特（Timothy Lister）比較了近一百家公司、數百名軟體設計師的工作。軟體設計師的生產力在表現頂尖的公司明顯有別，不是因為較多的經驗或更優渥的薪資，而是擁有多少隱私、個人工作空間，以及不受打擾的自由[24]。以下是狄馬可和李斯特在〈軟體設計師表現與工作空間影響〉（Programmer Performance and the Effects of the Workplace）一文中的看法：

從兩組工作環境截然不同的成員中，我們得出的結論是，表現傑出者皆處於相當寬敞的空間，至少可以讓他們免於一些干擾……空間相當舒適……工作不受打擾的時間相對較長。績效表現墊底的人有四分之一在小隔間中工作……電話會一直響到接聽為止，而且無法轉接出去……人們被迫在被打斷的短暫間隔之間工作。[25]

我們要如何在利用多樣化團隊的價值，以及尊重團隊成員喜歡的不同工作風格和環境兩者之間，思考出合適的平衡，可以從坎恩對Apple早期工作環境的敘述得到啟發：「Apple的起源故事說明了合作的力量。如果沒有賈伯斯先生，沃茲尼克先生永遠無法創辦Apple。但是，這也是一個具有獨立精神的故事——看看沃茲尼克如何完成工作，從無到有的艱辛創造，他都是獨自進行。深夜，孤獨一人。」[26]

數位多樣性

終結者是一種滲透部隊，半人半機器。外表下是超合金戰鬥底架、由微處理器控制，全副裝甲，非常難纏……但在外表上，它是活生生的人類組織，有著肌肉、皮膚、毛髮……血管，是生化人的進化體。[27]

——電影《魔鬼終結者》（*The Terminator*）

在鼓勵大家組成多樣化團隊時，我使用了一種比在學術研究中、以及許多認識其價值的組織中所定義的多元化更廣泛的方式。如同這些領域領導者的研究和闡述，我也鼓勵大家招募為團隊帶來性別、種族和民族多樣性的共同創辦人和成員。正如我先前說明的，多樣化的新創團隊會從不同技巧和觀點中獲益。而我準備分享更詳細的建議，讓大家了解如何招募更多樣化的團隊，以及準備招募時需要避免的常見錯誤，甚至是多樣性可能產生的反效果。在這之前，我想要挑戰大家更進一步擴展多樣性的觀點，介紹一種我稱為「數位化多樣性」的概念，它包括事業團隊中的「電腦和機器人成員」。數位化的新增產品有時已取代團隊成員中的人力（像是工廠中的機器人），有時則以「協作機器人」的方式，和人力成員一起工作、互補和互動；有些協作機器人甚至成為附著在人體上，協助護士把病人移下病床。[28]而人工智慧更已成為許多團隊一種增補的軟體成員，快速地受到歡迎。

我們都無法預測人工智慧和機器人將帶來怎樣的進步，但身為創業家，至少需要對這些演變中的趨勢有所警覺。一些樂觀的看法指出，電腦與原本全是人力的團隊互補，達成一種前所未有的超人類多樣性。ＩＢＭ研究暨解決組合部門的認知解決資深副總裁約翰．凱利（John Kelly）博士，在〈智慧機器：ＩＢＭ的華生和認知電腦時代〉（Smart Machines: IBM's Watson and the Era of Cognitive Computing）預示了這種合作方法：「藉由齊力合作，人類和認知系統，有潛力去改進跟加速與我們關係重大的研究成果，並讓地球上的生命更能延續下去。人類和機器的聯盟為大規模的進步提供了承諾。」

前西洋棋世界冠軍蓋瑞．卡斯帕洛夫（Garry Kasparov）在成功的頂尖棋手與技藝高超的電腦助手搭檔進行的自由棋賽中，展示了人類／電腦多樣性的益處。「人類加機器的組隊甚至主宰了最厲害的電腦。」卡斯帕洛夫指出：「人類的策略指導結合機器的戰術敏銳度，具有壓倒性實力。」[29]凱利引用金融、政府監管和醫療診斷的其他例子指出，人類／電腦的多樣性潛力將透過「結合帶有人類特質的機器數據分析和統計推理來實現，這些人類特質包括自我導向的目標、常識和道德價值觀等等。」[30]

即使在設計的領域，Autodesk 的前執行長卡爾．貝斯（Carl Bass）也察覺到這種演變中的多樣性，他承認現今「正朝向人機合作的方向發展，因為設計師在電腦的協助下，可以超越人類頭腦的自行理解，了解到整個範圍內的任何系統。」[31]

藉由機器和外科醫師搭配的數位多樣性，已經加強了手術的結果。在各種外科領域，已有高達五千多種的達文西外科手術系統（da Vinci Surgical System）[65]進駐手術室，每年的使用量已超過一百萬件手術。例如，匹茲堡大學醫學院的泌尿科教授班恩・戴維斯（Ben Davies）醫師近十年來，每星期使用達文西手術系統進行六到七件的前列腺切除術。在達文西手術系統引進之前，他需要在沒有機器人協助下獨立施行，因為前列腺包覆在非常敏感的人體部位裡，需要凡進行精細的解剖，這種極具侵入性的手術成了一種挑戰，技術不佳可能導致大量失血。在達文西手術系統的協助下，醫師監看病患體內的攝相回饋，可以進行精準的手術控制。戴維斯表示，這樣的失血量極小[32]。隨著世界醫學設備領導者之一的 Medtronic 公司，以及 Johnson & Johnson 與 Google 的合資事業 Verb Surgical 即將迅速進入外科手術機器人市場，這種趨勢勢必持續成長。

我以前的學生，也是歷史專業背景的丹尼爾・布雷耶（Daniel Breyer）現在是尖端技術企業的投資人，他以個人經驗提醒我，人工智慧有潛力解鎖更多的創意和自主性。在最好的情況下，它可以讓我們從重複性工作釋放出來，提供更多策略性的代理服務。

有一些數據可以支持這一點。在「甲骨文軟體與未來研討會」（Oracle and Future Workplace）的研究中發現，員工認為機器人更擅長保障工作進度時程（34%）、提供不帶偏見的資訊（26%）、解決問題（29%），以及管理預算（26%）。而支持我們多樣性混合方法的是，員工表示儘管一般而言他們信任機器人勝於管理者，但還是指出管理者比機器人擅長的前三名作為是：了解他們的感受（45%）、指導他們（33%），以及創造工作文化（29%）[33]。

而同時丹尼爾也認同，我們都不應該天真地認為，運用數位多樣性的方法和其他類型的多樣化團隊一樣，只會帶來正面成果。人工智慧已對現今的工作帶來重大影響，對於未來的工作更將有深遠影響——但並非全是好事。我們需要留意跟記住「未受檢查、未受管制，以及有時多餘的人工智慧系統可能加深種族歧視、性別歧視、身心障礙偏見與其他形式的歧視。」[34]儘管我希望大家用人工智慧開發能夠修補世界的大規模解決方案，卻也了解任何突破性的方法論都有被錯用的可能。我指出人類／電腦的多樣性演變形式，是希望協助大家思考多樣化團隊組成的新方式，作為創業優勢的來源。如何部署全取決於個人。請記住，「洞察、解決、擴展」是方法論，而不是意識形態。

親友創業團隊的穩定性較低

一如先前的承諾，我想要分享一些重要提醒，讓大家避免組成團隊時的錯誤。這些錯誤的挑戰在於，當我們跟著直覺走時就會發生。其中一點是，雖然和親友組成團隊感覺很自然，卻會導致多樣性偏低，成功機率也降低。我們的直覺、舒適感，甚至是恐懼及厭惡冒險，都可能變成物以類聚，使我們傾向增加外在跟行為方式和自己一樣的團隊成員，造成缺乏多樣化的團隊和較低的成功率，這樣做是很危險的。

例如，在諾姆．華瑟曼的數據中，有40％的創業團隊包括至少一組「和朋友合辦」的共同創辦人；而17.3％是「和家人合辦」。正如大家想像得到的，問題的癥結點在於，家人和朋友往往來自相似甚至相同的背景，他們的行為通常類似，因此可能無法組成哈佛商學院教授林達．希爾等人所證實較成功的多樣化團隊類型，反而成為上面提到的「單調合唱」（chorus of monotones）例子。同樣可以想見的是，家人和朋友的行為模式可能會偏向保護雙方關係，而不是以企業最大利益為出發點。

除了同質性風險之外，華瑟曼的數據顯示，原本就有關係的共同創辦人比較不穩定。他們一旦成為工作上的關係，之前的關係就可能消散，而且速度比過去是工作關係的夥伴更快。真正令人驚訝的是，這種創業關係甚至比過去毫無關係的人更快消失[35]。換句話說，和不認識的人一起創業，會比和朋友或家族成員一起創業，更容易成功！

其他同質性團隊穩定性同樣偏低

除了家人和朋友，「同性別或種族，和同地理起源、教育背景和職能經驗的人，有很大比例會一起開公司」[36]。這反映了一般社會趨勢，大家的確會物以類聚。例如，我們往往和外表、祈禱方式、飲食和行為跟自己相像的人社交和互動，而且從已經認識的一群潛在合作對象中組成團隊也比較快。因此，如果沒有特別反其道而行，創業團隊通常具備同質性，不會從多樣性中獲益，這一點不該讓我們訝異。

同時，我們需要承認，這種傾向部分反映了有意識的性別歧視和種族歧視。此外，還有一個重要的潛在情況，即使這是出於無意識的偏見，這種「相同循環」[37]也是造成新創公司中女性和有色人種極其稀少的部分原因。身為美國的白人男性，我確定自己的職業生涯都受益於特權，所以我沒有資格代表因為這種傾向而居於劣勢的女性和有色人種發言。我也不希望本書的副標（任何人都可以把尚未解決的問題轉化為突破性的成功）[66]聽起來像是忽略了女性和有色人種持續面對的障礙[38]。從我在全球各地的教學經驗，我知道這是真的。任何人都**可以**實現「洞察、解決、擴展」這套進程，然而，不同背景的創業家尋求的應用領域所面臨的環境並不公平。從第三步驟的這個部分來看，我希望自己這樣想不會顯得太天真，我們分享團隊缺乏多樣性會帶來的不利因素，希望至少能讓一些創辦人意識到自己的偏見，並激勵大家組成更多樣化的團隊。這是身為事業創辦人的我們，有能力去控制的一個因素。

如果是在公司環境中工作，可能會有興趣了解，除了受到豐富資源的拖累，公司董事會還有第二個盲點。或者用我們的話來說，是出現在「洞察：尋找跟驗證尚未滿足的需求」之中。鄭又嘉（J. Yo-Jud Cheng）和波利斯・葛伊斯柏格（Boris Groysberg）兩名哈佛研究員在《哈佛商業評論》的文章〈創新應該是董事會的第一優先，那為何不是呢？〉（Innovation Should Be a Top Priority for Boards. So Why Isn't It?），發表了針對全球五千名董事成員的調查報告。他們發現，「大部分的董事會成員並未把創新列為首要策略挑戰……（而且）創新過程大多缺少董事會層級的參與，也可能是一個重大盲點和潛在責任。」[39]這個盲點使他們無法擁有洞察！為什麼如此？葛伊斯柏格把妨礙董事會創新的能力歸咎於缺乏多樣性。董事會成員背景「通常性質非常相同，這真的很難讓董事會跳出思考框架」，葛伊斯柏格說道。最近的研究也支持這個說法，鄭又嘉說：「董事往往招募和他們相似的人，我們的調查結果透露，許多董事會並不積極評估自己與招募來的人在知識上的潛在差距，並想去改善自身的不足。」[40]

警告：人為疏失

逾半數的創業團隊是由朋友和家族成員組成，儘管研究顯示，這樣的團隊比較不會成功。沒有特別反其道而行的話，創業團隊通常也具備同質性，不會從多樣性中獲益。

過去同事的團隊較持久

曾經共事過的創業團隊會有怎樣的表現呢？華瑟曼的數據在這裡也很有啟發性，他得出的結論是：和原本是社交熟人或有親戚關係的創業團隊相較，前同事組成的團隊帶來較快速的企業成長，也比較不會解散。為了說明這一點，他舉出Ockham Technologies的例子，對照創辦人在創業之前是親密的朋友，卻因為友誼造成公司阻礙的情況。Ockham Technologies的創辦人曾一起共事，並處理過包括股權分配等各種充滿挑戰的問題[41]。在隨後討論團隊股權分配的問題時，我會更仔細說明Ockham的案例。

審視華瑟曼就三種創業團隊組合的數據所得出的上述結論，網羅前同事的團隊表現最佳似乎很合理。（三種組合分別是：一、以前的合作對象；二、作為朋友和家族成員而互相認識的團隊；三、陌生人。）讓我驚訝的是，相對陌生人所組成的團隊竟比親友團隊的表現還要好。這些是從數據得來的平均狀況，但並不表示絕對不該和親友組成團隊。了解這些趨勢，可幫助我們避免只是單純地順其自然，憑著感覺自然的工作與行動，因為自然並不一定是對的。

為了克服順其自然的創業同質性，也就是超過半數新創公司是跟親朋好友創辦的情況[42]，我要求課程團隊做到最大化的團隊多樣性。我不鼓勵朋友一起組隊，而是鼓勵曾經成功合作過其他專題的學生一起組隊，再推動互不認識的學生組隊。事實證明，這樣的努力成果豐碩，因為最多樣化的團隊——性別和種族多樣、成員來自不同背景、攻讀不同學科、擁有非常不同的技巧——產生了最突破性的價值主張，來處理最重要的未滿足需求。

每個學期都會有幾名來自羅德島設計學院的學生加入我的課程，羅德島設計學院是全世界最佳的設計學校之一，學生經常貢獻不同於布朗學生的專業技術和經驗，以及不同的世界觀。在我前面提及的 Fanium 公司案例中，一位才華洋溢的羅德島設計學院工業設計系學生艾莉西亞・利歐（Alicia Lew），向布朗大學數學系的格蘭特・葛汀（Grant Gurtin）推銷她談論已久、靈感來自農場 app 的成功概念：要是能充分利用收集運動紀念品的狂熱，創造一個虛擬的運動紀念品平臺，情況會怎樣呢？他們與三名組員（一名攻讀發展研究，一名攻讀環境研究和建築學，另一名攻讀認知神經科學和經濟學）完成了商業計畫，並在學期結束時提交給一名創業投資人。格蘭特和艾莉西亞多年來都提供協助，作為創業課程中的團隊後續導師。格蘭特提到他們不同的技巧可以彼此互補時，「跟艾莉西亞一起工作，提升了我作為創業家的能力、增進我的創造力。在上丹尼的課之前，我從未接觸過像艾莉西亞這樣在產品設計上具有豐厚能力和經驗的人。她展望產品的能力，結合我的分析能力，使我們打造出更大的願景，遠遠超出個人各自所能做到的。」學期結束後，格蘭特招募了一個多樣化且充滿才華的團隊，成立 Fanium 公司，這是第一個全行動裝置的夢幻美式足球遊戲，最後賣給了 CBS Sports。

格蘭特回顧課程經驗，以及他所展開的其他事業時，繼續強調多樣性的價值：

組織團隊的時候，我總是確保我們能夠擁有多樣化的經驗、性別、年齡、技巧和背景。多樣性往往只用來討論種族和性別的問題，但我喜歡把它視為許多不同的觀點。在 Fanium 被併購後，我展開了個人職業生涯最大的一步，我開始在 CBS Sports 工作，管理一個更多樣的團隊，所有成員的年齡都比我還大。剛開始時，我們有所衝突，但隨著時間過去，我們不同的觀點讓產品變得比原本更好。

現在，格蘭特也成了一個活躍的早期創業投資人，他持續尋找團隊多樣性的價值：「投資時，我總是詢問團隊的組成故事，以確定每個人帶來怎樣的獨特技能。比起三個人擁有相似的能力，三個人各自擁有不同的領域專長則更有價值。」

團隊組成的甜蜜點和弱連結的力量

如果說多樣化團隊的碰撞，創造了帶來突破性解決方案的**創意摩擦**，我想要分享我稱為「甜蜜點」（sweet spot）的觀點，即多樣化創業團隊的理想組成。

西北大學社會學家布萊恩·烏茲的研究確認了多樣化團隊組成的「甜蜜點」，這樣的組成可以帶來產生最大影響的各種科學和創意性突破。烏茲的觀點結合了我們已從華瑟曼三種組合數據所得知的事：一、之前的合作者；二、作為朋友和家族成員互相認識的團隊；三、陌生人。烏茲把華瑟曼的見解推進了更重要的一步，他推論出最有效率的團隊是結合一和三的組成分子，這樣的團隊擁有一些曾經一起成功的成員，也有少量新成員，新成員不只比其他人具有較少領域經驗，也沒有跟其他團隊成員一起合作過的經驗。

大家可能還記得，在我從事的各種新創事業中，我向來不是領域專家。在Clearview 和專業系統公司中，我都不是精通技術的軟體開發者；在 Getaways 旅遊雜誌中，我也不是出版專家。就像 Casper 床墊的路克和尼爾可以從他們短缺的知識資源中獲益，我也可以問出如《神探可倫坡》（*Columbo*）[67]般的問題。當我詢問專業系統的夥伴，為什麼不想在大型客戶上安裝我們的系統時，我其實一知半解，但這個天真的問題卻幫助我們團隊的焦點，轉向獲利更高的「財富雜誌一千強公司」。成立 Getaways 旅遊雜誌時，我向擁有出版經驗的同事建議推出多元平臺的產品，而當我說出不能只是出版紙本，還要加上線上版本時，我也還只是一知半解。這裡所謂的「甜蜜點」，就是結合了產業專家以及像我這樣的人。我雖然缺乏有意義的領域經驗，卻可以為團隊帶來不同的觀點。

然而，只是知道這個甜蜜點還不夠。它甚至可能帶出，如何找到完全不認識的人作為創業夥伴的問題。近年來，我們可能會尋求 Facebook 或 LinkedIn 等線上人際網絡。在我們所有裝置上的這些人際網絡，為我們提供了快速、簡易和前所未有的方式，得以接觸眾多的潛在團隊候選人。但這種方式有個問題：Facebook 和 LinkedIn 的推薦演算都是偏向我們已經擁有可稱為「強連結」的對象。Facebook 的推薦引擎所建議的可能朋友，都具有一定程度的共同朋友連結，LinkedIn 也是如此，「連結」只限於我們目前人際網絡的第二層或第三層對象。

即使我們不認識這些「強連結」，但是他們很可能擁有跟我們直接熟人一樣的特質，這些熟人包括確實認識的人、曾經一起工作的人，以及甚至可能具有同樣喜好、厭惡和專業領域的人。因此，若是仰賴 Facebook 或 LinkedIn，會讓我們陷入華瑟曼警示我們的同質性陷阱。如果想要確保團隊的多樣化，讓團隊能夠容納新的想法、技能、觀點和方向，那麼這就不是我們應該採用的唯一策略。

相反地，當我們想要找尋並招募我們不曾共事過的人、不是我們的朋友或家人的人，以及如同烏茲建議，甚至是完全不認識的人來作為團隊成員時，我推薦史丹佛大學社會學教授馬克．格蘭諾維特（Mark Granovetter）所說的「弱連結的力量」（the strength of weak ties）。格蘭諾維特在他一九七三年的重要研究文獻中證實，要找到新工作、接觸新資訊，或為新創意進行合作的時候，最好的方式不是透過親密連結，而是透過較為疏遠的熟人[43]。格蘭諾維特把發展弱連結描述成參與分散式的社交網絡，這帶來新連結、新觀點和意想不到的機會。大家會認出這個說法和華瑟曼觀點的相似之處，以下是作家麥爾坎・葛拉威爾（Malcolm Gladwell）在《紐約客》所刊登的〈路易斯・衛斯柏格的六層關係〉（Six Degrees of Lois Weisberg）文章中，運用並強化了格蘭諾維特的原始研究：

> 弱連結往往比強連結更重要。畢竟，朋友跟我們身處相同的世界。他們跟我們一起工作，住在我們附近，去同樣的教會、學校或聚會。那麼，他們知道多少我們不知道的事呢？另一方面，僅僅只是點頭之交，就更有可能知道我們所不知道的事。[44]

為團隊增加各種多樣性時，達成烏茲甜蜜點的關鍵在於不要依賴現代人際網絡平臺訓練我們去做的事。相反地，我們需要超越「共同朋友」以及第三層連結，以利用弱連結的力量。

我認為諾姆・華瑟曼、布萊恩・烏茲、林達・希爾、杜樂斯・雷納德（或許也包括你），可能會喜歡葛拉威爾對這種有效率的事業團隊組成，提出如此的關鍵見解：「在某些關鍵領域，最不親密的人反而是人生中最重要的人，認識愈多和自己不親密的人，你的地位就會變得更加堅固。」[45]

我突然想到，撰寫這本書的過程中，我已經從烏茲說的這些甜蜜點力量獲益。即使我的名字印在封面上，但這本書絕非只是我個人的努力。我在許多重要方面，同時受益於密切和遙遠的合作者，而且我知道這本書裡的教學更有效，是因為它是一個合作努力的成果。書中的內容反映了全球各地貢獻者的觀點，從斯洛伐尼亞、埃及、辛巴威，以色列到羅德島，以及其間的各個地方；也從領域廣泛的各個專家，有些是經驗豐富的創業家，有些則是為這團隊帶來新觀點和不同領域專業（像是設計、法律、政治、寫作）的人士，我和這些合作夥伴過去大多有過共同成功的經驗。這和烏茲及格蘭諾維特的重大研究結果一致，本書團隊的一些成員（例如我的經紀人、編輯群）是團隊中的新面孔，甚至是創業領域的新人。他們可能不熟悉我習慣使用的術語，但身為讀者的代理人，他們讓書中的概念更容易理解。他們加入這個團隊的途徑是透過我人際網絡中的弱連結，而不是強連結。

在考慮找誰和自己一起追求創業機會時，請記住，以團隊為基礎的事業往往比個人事業更成功，多樣化團隊又比同質性團隊更成功，而「甜蜜點」正是在於先前合作者攜手新成員。

!

警告：人為疏失

找尋和招募團隊成員時，你可能會想從關係密切的人脈網絡中去挖掘，但最好還是起用「弱連結」而不是「強連結」的人士。

缺乏包容性的多樣性適得其反

儘管在創業團隊中取得多樣性是必要的，但如果想要讓團隊實現突破性的創業成就，這樣還不夠充分，因為團隊成員常會自然而然地專注在彼此技能和知識重疊的共同專業領域。在前面提到的數學專業人士格蘭特和羅德島設計學院設計師艾莉西亞合作的虛擬紀念品的例子中，想像一下，如果他們只利用兩人重疊的技能領域會是什麼情況？我猜想這樣他們可能會著重在以數字為設計細節的領域，而忽略了在不重疊的部分，他們可為事業帶來的豐富技能。

大家可能會很訝異地聽到，若是多樣化團隊沒有憑藉、利用或讚揚團隊成員之間的不同，他們的表現會比同質性團隊**更糟而不是更好**。如同法蘭西絲．弗雷（Frances Frei）和安．莫里斯（Anne Morriss）在〈始於信任〉（Begin With Trust）一文中指出：「多樣性團隊就其定義而言，擁有較少可以運用在集體決策中的共同資訊。」[46]這就是為什麼我們近日時常聽聞多樣性的一個對應物——包容性。讓團隊從多樣性中獲益的關鍵在於「確實建立出一個信任動能」，使所有成員在其中都能自在地分享個人真正的經驗和觀點。

以下是弗雷和莫里斯的簡單圖示，顯現同質性團體的局限性，以及多樣性團隊的關鍵在於是否具有包容性而擁有的巨大前景（和潛在陷阱）。如果左圖描繪的多樣性團隊只利用三個成員中間重疊的知識和技能，他們藉由共享知識得到的好處甚

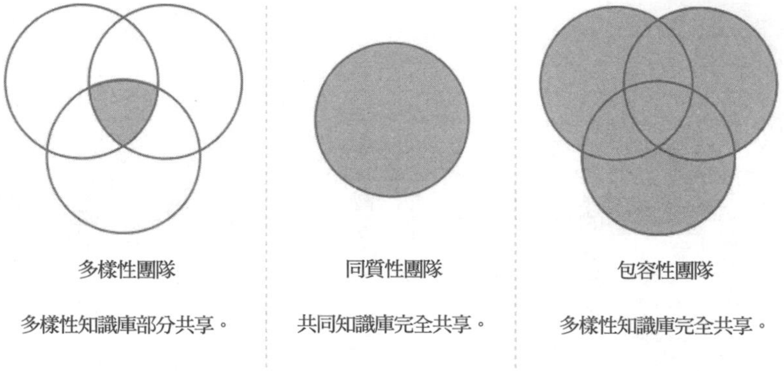
多樣性團隊
多樣性知識庫部分共享。
同質性團隊
共同知識庫完全共享。
包容性團隊
多樣性知識庫完全共享。

From: "Begin with Trust," by Frances Frei
and Anne Morriss, May–June 2020
HBR

至較中圖的同質性團隊來得少，因為同質性團隊成員重疊的知識和技能較大。而包容性團隊就像右圖所繪，可以利用其多樣性成員帶來的所有知識和技能。

神經領導力機構的三名主任在其《哈佛商業評論》文章標題的第一部分，認可我們可能會有的一些感覺：「多樣性團隊給人感覺較不自在。」的確如此，跟同質性團隊的「舒適」熟悉感相比，多樣性團隊給人感覺剛開始會比較不自在。而我們需要記得的是文章的副標題：「這就是他們表現較好的原因。」克服這種不自在，接納團隊的多樣性，賦予團隊每一個人可以真實表現的能力，將帶來更好的成果。

以下這個簡單例子可以用來說明我的意思。在二〇一二年的一項實驗中，三人成員的團隊被要求訂立一個戲院的商業計畫。多樣性團隊比同質性團隊提出了較好的創意——但前提是他們已接獲指示，要盡可能納入隊員的觀點。他們必須克服最初的不自在，接納成員的不同，以便從中獲益[47]。

警告：人為疏失

即使在多樣化的團隊中，許多人還是專注在彼此的共通點，而不是善用多樣化的專長和洞察。

當我剛開始在布朗大學任教時，我們並未像現在這樣經常談論多樣性和包容性（真慚愧），我也還未接觸到先前引用的研究。我身為男性白人的特權及無意識的偏見讓我甚至沒有注意到一件事：在我的早期課程中，大部分學生的類型都像我一樣。創業對全校各種類型的學生來說應該都具有吸引力，所以我想知道為什麼選修我的課程的有色人種和女性學生比較少。為了進一步了解這件事，我和布朗大學幾名專家見面，這些專家協助教職員更加了解多樣性和包容性的相關課題。

這次培訓幫助我了解的關鍵問題是，許多有色人種和女性學生雖然對課程感興趣，也來上過第一天的課，但後來卻沒有回來修課，跟進他們一些人的狀況，尤其是跟我之前一些有色人種和女性學生坦白地討論過後，我學到「包容性」這重要的一課。沒有回來修課的學生並未感受到明顯的敵意，只是，我一直釋放出這課程並不適合他們的微妙訊號。在 R&R 案例中，我暢談的對象鮑伯・賴斯是白人男性，而且我並未展現這整個學期所要研究的其他創業家是一個多樣性的族群，更糟的是，因為前來聆聽第一天課程的學生大部分是白人男性，有色人種和女性偏少，他們環視周遭，便作出這門課必定不適合他們的結論。有些人說，即使理智上知道情況並非如此，卻很難克服這種不適感並繼續修課。

而關鍵的見解是，我必須慎重地把他們納入課程，所以我做了兩件事，剛開始我擔心這會感覺像是櫥窗展示，但事實證明，兩者都讓女性和有色人種學生覺得更受歡迎以及更受到接納。我邀請一些女性和有色人種的校友和學生來分享想法，談論這門課程對他們職業和創業軌跡的影響。同時，我在第一堂課一開始，在學生還在排隊進入教室時，就以投影片展示這些多樣性校友的照片以及他們的感言（這在新冠疫情期間透過視訊教學時，顯得更加容易）。我同時彙整並展示了在這學期接下來的課程中，我們所要研究的多樣性創業家的照片。我清楚表明，由於多樣性對創業成功至關重要，所以我選擇了一群多樣性的創業家讓他們研究。兩種方式都沒有被一再地重複強調，但都在第一天上課的一開始，便清楚傳達了我歡迎廣泛、多樣的學生前來修課的立場，而且就像本書所陳述的，人人都可以成為創業家，這種多樣性的確是我們組成班級創業團隊時將會使用的最重要特質。

自從我開始更加慎重地納入多樣性和包容性，登記修課和繼續上課的多樣性學生人數也顯著成長。

創造一個動態而非靜態的所有權分配

從處理股權分配的情形，我立刻就可以看出創辦人缺乏經驗，這是我迄今在新進創辦人身上見到的最大的危險信號。
——創業投資人／丹尼爾·布雷耶（Daniel Breyer）

創業團隊所面對的問題中，很少像「如何分配新企業的所有權」那樣引發如此多的焦慮。創辦人擔心自己得不到公平的協議，或是對共同創辦人不公平。他們擔心沒有水晶球可以預測他們和其他人日後的貢獻，不知道如何進行一個公平的長期分割；擔心萬一他們或其中一名創辦人決定離開，會造成什麼影響；也擔心自己不夠精通可以引導精準分配所有權的某種「秘密科學」。不知為何，他們擔心搞砸這件事會讓投資者卻步，擔心投資人會因為分配狀況岌岌可危，而認為創辦人不夠成熟幹練。最重要的是，創辦人擔心甚至自己只是提出這些關切，便產生可能對共同創辦人或事業本身不忠誠的暗示。就像在規劃婚禮的時候，就先談起離婚這件事，那會帶來什麼樣的感覺？我發現創辦人處理這種焦慮最常見的做法就是忽視，他們拖延，他們延後。但這讓事態更加惡化，因為創辦人對貢獻度和應得所有權的看法變得更加根深蒂固，使得公平和客觀的分配協商更為困難。

在使用幾個例子說明這種相互作用之前，先讓我分享，我建議的是一種評估你做法是否正確的跡象。最重要的結果是，實現了我稱之為「感覺良好」的分配。「感覺良好」表示這個分配很合理地說明了我們和夥伴的貢獻價值。諾姆．華瑟曼建議考量的因素要包括時間、機會成本、過去貢獻、未來貢獻，甚至是雄心壯志。「感覺良好」的分配可以激勵我們和團隊努力工作讓事業成功。如果各位設想的是一種股權分配的科學，能夠指導各位預先進行無懈可擊的永久分配，那麼我的建議可能會讓人驚訝。好吧，讓我坦白地說，分配所有權比較像是藝術而不是科學。「是否正確」只是小小反映這名義上的百分比分配是否理想。一旦承認你無法預先知道隨時間所顯露的一切，就需要在協議中加入日後得知大家的貢獻狀況時，分配會出現的相應改變。

R & R 感覺良好的分配

先前提及的 R&R 為我說的「感覺良好」的分配，提供了一個很好例子。在這個案例中，鮑伯．賴斯在前往加拿大旅行時，察覺了這個益智桌遊的機會，決定運用他先前的經驗及產業人脈在美國成立一個遊戲公司。他的共同創辦人及其他企業前合作者山姆．卡普蘭（Sam Kaplan）投資了五萬美金，並且分享了一個珍貴的供應鏈關係，其中包括後來製造這款遊戲的廠商。由於遊戲產業的本質屬於一時流行的產品，因此只剩下十八個月的時間可以把握這個機會，賴斯和卡普蘭禁不起把時間浪費在協商分配上。因為先前合作所培養出來的信任感，他們說好一個感覺良好並同時激勵兩人努力工作的分配方式：以各占五十的做法分配股權，各位覺得這樣公平嗎？

被問到這個問題時，我的一些學生認為鮑伯應該拿到更多，畢竟，這是他的想法，他憑藉多年經驗和能力，察覺到遊戲從加拿大移入美國的模式。其他人則說卡普蘭應該分到更多，因為考慮到他是唯一帶有附加價值貢獻的投資人，而且他在相關產業的人脈讓事業得以成功。班上大部分的人對於均分的做法大多感覺良好，因為賴斯和卡普蘭各自作出「精神上」價值相當的貢獻。學生也看出諾姆．華瑟曼的見解，即先前的合作者在隨後的創業中比較有機會成功。他們同時發現，為了多幾個百分點，在生命週期短暫的產品上浪費好幾個月的時間是無益的；大部分學生了解到我們隨後將仔細討論的這句創業格言的智慧：與其在小餅中占大，不如在大餅中占小。

按照一個數據點去推算，並作出還是最好平分股權的結論，這樣當然是危險的。每個情況都不同，需要有細微差別的做法，而我絕對不想聽到有人說：「沃謝鼓吹五五分配。」因為正如大家很快會發現，有時我贊成，有時卻不是。

比起名義上的百分比分配，我更關心的、而且大家也應該關心的是：初始分配是否一成不變？是否能因應後來不可避免的改變？這裡指的是在第一次承諾分配時，沒有人能預先料到的變化。從諾姆．華瑟曼的數據中得出一個令人震驚的見解：

73％的新創公司在成立一個月內進行股權分配，而且在大部分的情況下，這種分配是永久性的。事實上，儘管賴斯和卡普蘭之間的 R＆R 分配是感覺良好分配的一個良好例子，但它還是有缺陷，不是因為名義上五十／五十的分配，而是因為這個分配是靜態的。為了說明這可能造成的危害，我們將再看看兩個處理股權分配的例子——Zipcar 和 Ockham。

Zipcar 的愚蠢握手

在 Zipcar 汽車共享公司這個案例中，兩位共同創辦人羅蘋・崔斯（Robin Chase）和安潔・丹尼爾森（Antje Danielson）甚至還沒一起工作，就在企業剛開始發展時，為公司五十／五十的股權分配，握手達成共識，而且這項協議不容許任何未來因素改變這項分配，最後崔斯辭職，改而在 Zipcar 全職工作，丹尼爾森則繼續原本的工作，在 Zipcar 只是兼職，後來更是完全退出。兩人的股權分配協議沒有任何條款可以因應丹尼爾森的重大改變，而崔斯無法擺脫平等分配。在哈佛商學院的一次座談中，崔斯承認他很遺憾沒有作出更具動能的協議，以藉此依據丹尼爾森的計畫改變來進行調整。「我們以五十／五十的比例握手達成共識，而我覺得『太棒了！』那真是一次愚蠢的握手，因為誰知道隨著公司發展，什麼樣的技能、什麼樣的里程碑、什麼樣的成就才算是有價值的。這第一次握手，在接下來的一年半間，造成了巨大的焦慮。」[48]

生活就是這樣。創辦人會生病，會因為孩子而需要改變工作和生活之間的平衡；他們也會厭倦，或是喜歡上另一條職業道路。沒有人應該評判這些不可避免的影響，它們會改變創辦人的投入動能，而這是剛創業時沒人料想得到的變化。同時，明知最初創辦時的環境在日後會有所改變，像崔斯和丹尼爾森那樣訂立一成不變的分配是沒有道理的。

Ockham 的動態分配

Ockham Technologies 則是一個完全不同的股權分配故事。吉姆（Jim）、麥可（Mike）和肯恩（Ken）三位前同事搭檔成立一家軟體公司，以處理三人在顧問公司上班時所觀察到的銷售人力管理需求。這家公司有一項令人驚訝的實情，這些創辦人都沒有任何編寫程式的經驗。他們創造價值的是，自己對於顧客需求的商業洞察。藉由外包業務給程式人才，他們得以向 IBM 銷售其管理軟體的價值，創辦的幾個月內，就取得了價值百萬美金的合約。

就我們目前討論的問題來說，Ockham 提供的關鍵見解在於三個創辦人並沒有訂立均等的初始分配，而是依據三人在最初十五萬美金資本中的投資金額而定：吉姆投資七萬五千美金，得到50%；麥可是四萬五千美金，占30%；而肯恩只在新公司中兼職工作，投資三萬美金，占20%。但是，他們的協議並非一成不變，協議沒有堅守早期的股權分配，而是表明在第一年營運結束後，分配比例可能會有怎樣的改變，就像Zipcar的丹尼爾森，肯恩還未全職在Ockham工作。因此，因為這種動態分配，激勵了肯恩成為全職創辦人，同時也激勵吉姆和麥可繼續投入工作。以下是哈佛商學院Ockham案例研究中描述的股東協議摘錄：

1. 2.1 創辦股東收購權

b. 如果任何創辦股東（「終止股東」）在二〇〇〇年四月十九日（初始分配一年後）當日及之前停止為公司服務……續留的創辦股東應有權按比例購入終止股東持有的部分或全部股份。

c. 如果肯恩．貝羅斯（Ken Burrows）在二〇〇〇年四月十九日不是公司全職員工，其他創辦股東有權……購入50%貝羅斯持有的股份。

4. 2.2 創辦股東支付的購買價格。創辦股東依照2.1(a)條款從終止的創辦股東購入股份所支付的購買價格，應為終止股東原始購入該股份的價格。[49]

如果吉姆和麥可仍在Ockham工作，即使是兼職，還是有權保有所有股權，其他人唯有在他們完全沒有加入工作時才能夠購買他們的股份。肯恩也一樣，如果他完全沒為 Ockham 工作，就必須讓出所有股權，而且僅限肯恩的狀況，如果他未來無法全職工作，就必須讓出50％的持有股份。同時要留意的是，讓渡股權的價格就是原始購買價，如果公司有重大發展，這條款可能具有懲罰性。

這種針對 Zipcar 靜態分配問題的解決方案可能包括其他因素，這份協議只有為期一年，那萬一情況在二〇〇〇年四月十九日之後有所變化呢？它使用這個日期作為評估投入的神奇時間點，那麼在這日期之前的一年間呢？它使用肯恩的全職工作和吉姆、麥可的兼職工作之雙重標準，作為衡量投入和貢獻的唯一方式，可能會遺漏其他價值貢獻的衡量方式。然而，就我的經驗來說，按照日後得到的新資訊來調整初始分配，即使是一個不完美的嘗試，還是能夠解決靜態分配所帶來的弊病。例如，如果崔斯和丹尼爾森在其協議中納入這樣的條款，就可以讓崔斯不會那麼痛心，並留下丹尼爾森離開公司之後仍能持有的大量股權。

儘管我了解若股權分配「安於」初始永久分配，可能讓人感覺比較舒服，但新創世界的市場標準是避免靜態分配的，在股權分配中加入動能的最常見也通常最簡單的方式是，按照在公司的工作時間來給予股份——經過一段時間後得到股權，而不是一開始就立刻擁有。典型的鎖股期間是四年，一年懸崖（cliff，最短生效期），這表示除非留在公司至少一年，否則拿不到任何股權。上述的 Ockham 協議就是這種懸崖形式，以二〇〇〇年四月十九日作為懸崖日。在典型的協議中，期滿一年得到25％的授予股權，達兩年再增加25％，達三年再多25％，滿四年大關就得到原本承諾的全部股權。這種以時間為依據的鎖股機制，只有期滿才能完全擁有所屬股權，協助確保沒有人會帶著不是自己賺來的股權離開。外部投資人會強迫在所有員工的股權上加入鎖股條款，對象也包括原始創辦人。當一個有意投資的創投業者表示，需要收回並重新授予各位以為已擁有的公司股權時，可能很令人震驚。但想像一下投資人的觀點，他們在乎的是什麼？投資人想要讓股權留在會被股權激勵而留下來努力工作的人手中。儘管 Zipcar 已從崔斯和丹尼爾森「非常愚蠢的握手」中恢復，卻為崔斯帶來了巨大的焦慮，而且天知道有多少投資人因為兩人的靜態分配而卻步。不幸的是，許多創業公司甚至連創辦人的股權都未採用鎖股機制，在想要增加外部資金時，就已屬於「到醫院前死亡」的狀態。我的前布朗學生及創投業者丹尼爾．布雷耶說：「這是迄今我在新進創辦人中所見到的最大危險信號。」訂立靜態分配將使得從外部投資人籌募資金更加困難，而一開始訂立動態分配則會向投資人發出各位是睿智創辦人的信號。

除了基於時間的鎖股機制外，還可以盡情發揮創意，就像 Ockham Technologies 的吉姆、麥可和肯恩那樣，可以加入回購條款等其他細節。我建議至少訂立一個動態股權分配，讓創辦人可以藉此賺取股權所有權，而不是如 Zipcar 的靜態分配，不管有沒有投入公司或作出貢獻，仍固定維持合夥人擁有的股權。

我聽到學生回應說，真希望自己能從這次討論中吸取到教訓，但當時他們不是沒有專心上課，就是自認本身的合夥關係和 Zipcar 創辦人的本質不同，而且永遠不會改變。

現在，他們的合夥人離開，或是改變對公司的投入程度，他們不斷在努力協商解決這種衝突，而他們的合夥人卻缺乏這麼做的動力。有時，我會應邀去幫助他們釐清狀況。相信我，各位不會希望自己置身這樣的狀況。變成問題之後，就很難協商，最好的時機是在一開始，這時沒有人知道我們或合夥人會處於協商的哪一方；也還不知道誰會離開、誰會留下，因此每個人一開始都有動力為其他人建立一個公平的動態協議。

大家可能會認為這種情況像是婚前協議。在某種程度上，甚至還未步入禮堂，就預料離婚的狀況讓人沮喪。但身為人類，我們總會改變。我們或是合夥人的個人生活可能會有問題，可能出現健康問題，可能經歷著個人悲劇，或可能就是失去興趣，各位當中可能就有人會改變原本對企業的承諾和投入。全球最大不動產公司創辦人蓋瑞．凱勒（Gary Keller）不說它是協議，而說它是一種「分歧」，因為「只有在出現分歧時才會查閱它」[30]。至少以時間為基礎採取鎖股機制，光是這樣就可以免除後來痛苦的頭痛時刻。

這是一場困難的對話，因為如同我前面所提，它預想了創辦人的完美計畫可能會改變，而談論此事可能意味著「不忠」的時刻。事實上，這件事非常困難，所以我建議不要在沒有人協助的情況下進行。詢問一個值得信賴的顧問、導師或是老師來協助促進討論，要求他們對各位施壓，確保各位徹底談論這個議題，並建立一個動態協議。進行這樣對話及達成這種協議所預先感受到的一點不自在，將會避免日後更多的心痛。

NextView 公司的大衛．巴塞爾（David Beisel）對如何應對這種困難對話有一些傑出意見，他提議，分開處理會使用哪些標準進行分配，以及每個人將會得到的具體股權。我喜歡這個建議，因為它以賺取股權的角度來進行討論，幫助創辦人後退一步，更加客觀地思考對所有人都公平的方案。

想法毫無價值

如果無法落實，世界上所有偉大想法和願景都毫無價值……

——美國前國務卿／柯林．鮑威爾（Colin Powell）

如同上述所提，徹底思考股權的分配標準時，應該列入考量的因素包括時間、機會成本、過去貢獻、未來貢獻，甚至是雄心壯志或動力。誰先有了這個想法，創業團隊往往會對此試著賦予價值。讓我坦白地說：光是想法毫無價值。我每天在沖澡或在校園行走時，都會迸現新想法，但沒有人會因此付我半毛錢；也不應該如此。或許我所有的想法都是壞點子，而且即使我想出了一些好主意，「洞察、解決、擴展」的三步驟也是關於把想法轉換成機會。在著手整理這套企業進程之前，光是想法——

沒有經過找尋並驗證未滿足需要的**洞察**，制定價值主張的**解決**，和創建永續模式的**擴展**，這是毫無價值的。

「想法」會毫無價值的其中一個原因是，如果有了什麼想法，可以假設至少有一個別人已經想到了。十八世紀早期數學家牛頓（Newton）和萊布尼茲（Leibniz）幾乎同時間各自發明了微積分。這怎麼可能？在整個人類歷史上，過去從沒有人想到衡量遞增改變的數學架構，卻有兩個人同時提出這個想法嗎？沒錯，到了該有人想出微積分的時候，結果就有兩個人想出來了——如果沒有更多我們不知道的人也想到的話。

大家可能都聽說過達爾文，知道作為演化論基礎的「天擇說」被認為是由他提出的，但可能不知道艾弗德．羅素．華勒斯（Alfred Russel Wallace）也在同時期有了同樣的想法，有些人聲稱在達爾文之前還有其他人也想到了。光是有了天擇這個想法並沒有價值，對它發表可以理解的文章、讓它普及，並且應用它——以「洞察、解決、擴展」的說法，藉由制定價值主張和永續模式來把這個想法轉換成機會，才是每個學習自然科學的中學生知道達爾文這個名字而不知道華勒斯的原因。

在成立團隊，並且依據各自所帶來的不同東西，進行評估股權價值的階段，要留意不要為想法本身分配太多價值。如同 NextView 的大衛．巴塞爾說的：「一般來說，成功的新創公司是根據執行結果，而不僅僅是靠一個想法，所以我個人只會把分配時的一個小比例歸類為這個因素。」[51]

Chapter 8

創建永續模式——籌募金融資源

第三步驟：擴展

當我開始思考接下來這個關於籌募金融資源的章節時，我頓了一下，因為意識到要在不同學科和背景中提供這些資源的方法，細節是非常不同的。學術背景的補助金有其規則和特性，非營利組織則是透過其他方式募款，在典型的高成長的科技業中，最常見的是天使和創投資金，它們也有不同的遊戲規則。許多地方可以取得這些細節，甚至只要簡單的 Google 搜尋就可以深入了解，我不打算贅述，我在這裡是要提煉出適用於所有創業募資過程的基本原則，並與大家分享。

創辦人困境

諾姆．華瑟曼發現，當創業家必須在繼續控制自己的事業和籌募資源以協助擴展之間作選擇時，會出現一種兩難困境，簡單來說就是：要錢？還是要自己可以繼續稱王稱后？我認為，如果不打算讓出一些控制權，以便讓事業成長到可以產生大規模長期影響的程度，那就是限制了它的永續性，這樣就不算是在實踐創業行為。也許有方法既可以避免帶來投資人和其他合夥人，又可以在保持控制權的同時，盡可能提高事業的成長力。如果有，我鼓勵大家努力去追求，但就我的經驗（以及華瑟曼的經驗），各位最終都需要在兩者之間作出選擇。

這個困境也適用於其他背景。例如，當研究人員決定申請補助，像是從國家衛生院（NIH）申請補助時，就必須願意讓出研究過程的一些控制權。申請並接受NIH等其他類似資助的部分協議是，接受對方的研究員行事規範，同意遵守研究的道德標準，同意出版研究結果，以及接受其他許多條款。沒有人強迫我們成為接受NIH資助的研究員，但當引進NIH作為合夥人並接受它的資助時，我們就不再是獨占這項研究的王者。大部分的研究人員會欣喜若狂地接受這種協議，因為知道NIH的資助和認可對於他們希望該研究能產生的影響至關重要。

我們可以將先前提及的開放原始碼性質的永續模式，視為創辦人兩難困境的極端例子。為了換取許多新開發人員的貢獻，以迅速產生大規模長期影響，因而讓出產品研發方式和產品使用權所有人的控制權。想像一下，在上述研究背景中進行這樣的事，如果你讓出的不只是一些控制權給予NIH，而是讓出控制權給多樣性的相關研究人員社群，這樣的社群比起那些數量有限的貢獻者，可以對研究和發展過程作出更大的集體貢獻。在更早之前，我們也提到了類似的案例，即透過 Topcoder.com 競賽所進行的肺癌開放性創新方案。簡單來說，就是去想像在不顧及當前掌握的資源下，追求研究目標的情況——也就是說，要將自己視為一個創業家。我們也在 ProfitLogic 的史考特．弗蘭德身上看到這個困境，當時公司需要將它的永續模式戰略轉向到採用授權軟體的方式，而他了解到自己沒有適當的先前經驗。但同樣的，我不會宣揚應該讓出多少控制權。然而在創建長期永續模式時，至少應該知曉並衡量這些不同的選項。

退場機制

一旦選擇了需要外部投資者的資源和支援來執行「放大格局」／大規模影響／最大化回報方法，就需要考慮企業如何退場（exit），讓投資人收回他們的原始投資和回報。「但這是我的寶貝，我怎能捨得跟它分離？」沒錯，這是合理的情緒，如果熱情的創業家沒出現這樣的感覺，倒是會讓我驚訝。然而，這是創辦人困境中典型的權衡之一。如果準備從外部投資者手上吸引資金或其他資源，以作為加速企業成長的工具，就需要提供這些投資人賺取投資回報並取回資金的方式。在營利的新創公司中，主要方式是透過合併或收購（M&A）；另一個少見的方式是透過首次公開發行（IPO）。在補助金或其他資助的情況下，相似概念的適用情況是，任何挺身協助各位事業的人，都會期待它得到某種形式的結果。保持這樣的精神紀律，了解自己沒有無止盡的時間來獲取成功，需要以退場等某種形式來結束它，這也是一種受益於資源短缺的例子。在這個例子中，短缺的資源是時間，這可以讓我們保持精神紀律，集中行動來達成目標。

大餅中的一小塊

在極度控制權和實現大規模長期影響之間考量取捨，是放大格局思考的一個必然結果，也就是隨著事業成長，引進投資人後，我們最後擁有的比例就會較小，這是我們將擁有較小控制權的更精確說法。如果各位在創辦人困境的分類帳中，更有興趣當王稱后，那麼我倒不會強制大家釋出控制權。但如果各位想要成為創業家並產生大規模長期影響，這就是一個需要熟悉適應的關鍵概念。關心個人利益（例如致富）並在創辦人困境中偏向「產生重大影響」的睿智創辦人大多了解，重要的不是所有權的百分比，而是所有權的價值。當退場換算所屬部分時，如果關心的是如何優化它的價值，誰會在乎它代表多少百分比，而是在乎它有多少價值。這樣說吧，購買IBM股票時，你在乎的是什麼？它代表的公司百分比？當然不是，大家甚至不會嘗試釐清這個比例，只在意低買高賣。我了解開始經營新事業時，有其他許多細節要考量，只是不要讓自己繞著「我的百分比」這種軸心打轉。

籌募時間，不是金錢

籌募金融資源時，請以「月」為單位而不是以「貨幣單元」來作考量。例如，早期新創公司的一個良好經驗法則是，爭取募資到創業家稱為「額外跑道」

（additional runway）的十二到十八個月時間，這個額外跑道應該可以讓事業達到下一個可募資的里程碑。這不是隨意的時間點，而是將會實現某種具體成就的「拐點」（inflection point）。這可以是研發路徑上的一個技術里程碑，或在商業方面可能是以營收為基礎的里程碑，像是第一個付費顧客。如果只是展望金庫裡有更多現金，那就錯過了分階段的募資要點——下文將會詳細介紹這一點。請把這額外資金設想成爭取到更多時間，讓人可以實現有價值的事物。哈佛商學院的比爾·沙曼反轉「時間就是金錢」這句古老格言來表達這種心態：創業時，金錢就是時間。

債務、股權和「股權債」

籌募資金有許多種方式，我在此簡要討論其中三點。如果想要了解更多細微差異的細節，網路上有大量資源可供參考。債務意指一種借款，因為必須歸還，所以偏向短期。股權意指投資人購買部分公司，成為長期合夥人。而我以下要解釋的兩者混合體（可說是「股權債」？），則是早期新創公司常見的一種融資機制。

透過舉債來籌措資金時，是借錢後承諾在明確時限內連本帶利還款，並抵押有價值的東西作為擔保品。對貸方來說，風險在於沒拿到還款，好處是放貸的利息。換句話說，債務將貸方的報酬限定在借貸的利息，擔保品限定了貸方的損失，而債務關係往往有時間限制。以債務的用語來說，其中有一個「期限」限定債務必須歸還的時間。或許可以把它想成是在「租錢」，就像租房子一樣，預計短期租用，以利息形式支付租金，並抵押稱為擔保品的東西作為押金。

透過股權來籌募資金時，是藉由出售部分的公司來進行，在這種情況中，風險／報酬的程度是反轉的，沒有償還投資的義務，但如果事業成功，投資者得到的好處也沒有限制。在此，沒有「期限」限定這種關係的時間長短。重要的是，要記住，股權投資人成了具有合法權利的合夥人，這樣的權利決定了他們如何及擁有多大權利，來掌控原本只有我們能掌握的東西，在本章隨後的「股權條件書概念」單元，我們會再仔細介紹這些權利。

可轉換債是債務和股權的混合體，是投資人可以在未來的股權募資中，選擇轉換成股權的一種借款。它為什麼成為早期募資中如此受歡迎的投資結構？一個原因是，它巧妙處理了股權投資所需要的估值挑戰。公司估值在早期階段通常很難確定，可轉換債允許大家等到後面幾輪的投資，屆時具有經驗並得到更多資訊的後續投資者可以更容易進行企業評估。記錄可轉換債務也很容易，而且成本低廉，Google 搜尋「可轉換債文件」（convertible debt documents），就可以找到數以百計可供下載的多頁標準文件範例。而另一方面，股權的紀錄卻很複雜且昂貴。

可轉換債中有兩個細微差別，取決於具體協議而有所不同：即折扣和估值上限（cap）。為了獎勵可轉換債的投資人，因為他們在早期投資而承擔較多風險，於是在轉換債權為股權時，通常可以獲得20%的股權價格折扣。他們也能夠以預先裁定的最高估值（估值上限）來轉換債，即使這項估值低於轉換當時的市場價值。

想像一下，我們透過可轉換債在早期階段投資了一家可望高飛的新創公司，延後設定估值，只是持有在下一輪股權投資時把債轉換為股權的選擇權。接著，在我們轉換成股權之前，這家新創公司迅速成功，估值飆升。但事實上，我們在公司早期價值極低時投資，即使20％的折扣也無法補償這時所承擔的額外風險。因此，為了吸引我們在今日進行可轉換債投資，就設定了日後決定轉換時的估值上限。例如，倘若我們設定的上限是六百萬美金，而下一輪股權投資的實際市場估值是一千萬美金，這時我們就可當成六百萬美金的估值來進行轉換，再加上20％的折扣。而在這一輪的新投資人是以一千萬美金的估值來投資，並沒有得到折扣。這兩種甜頭——折扣和估值上限——激勵我們加入早期投資。

實際上，在可轉換債務中若出現違約情況，能使貸方有權收回貸款的特點是虛構的。因為不管抵押的擔保品是什麼，只要公司破產，擔保品就毫無價值，即使它的結構是債，也不會發揮現實中的債權功能。就這個角度來說，可轉換債和標準的銀行貸款是不同的。

為了避免這種不實狀況，架構此類交易的一種更透明和直接方式就是所謂的未來股權簡單協議（SAFE）。SAFE是由受歡迎的事業加速器公司Y Combinator發明，它架構這種早期投資的機制，其中沒有他們認定的不必要複雜事物，也沒有可轉換債「不可言說」的虛幻。在Y Combinator的網站[1]可以找到關於SAFE的更多詳細資訊，也可以下載ＳＡＦＥ文檔，但目前請把ＳＡＦＥ視為可轉換債的簡易版本，同時把兩者當成在事業早期階段取得資金的普遍、簡單、低廉的工具。

E Ink 公司如何分段融資以反映事業發展

創業家為什麼要分段融資？畢竟，在大公司、政府和非營利組織中，提案通常會尋求全額專案資金，而資金來源的授予則以二分法來裁定：全給或全無。分段融資的做法與投資人如何安排投資，與反映企業發展的里程碑有關，因為投資人資訊有限，不知道未來會如何發展，這樣做可以減輕他們的風險，同時確保管理團隊的紀律和動力。分段融資對投資人和創辦人都有好處，所以最後也會讓雙方利益一致。

我們可以看到這種分段投資的好處在 E Ink 公司[68]完全發揮出來，也讓我們詳細了解到這些好處。在 Amazon 的 Kindle 電子書閱讀器誕生的十二年前，E Ink 的「電子墨水」科技預想能夠驅動一種稱為電子紙（Radio Paper）的東西，而它的外觀、觸感和功能會像真正的紙張一樣。它的發明者、麻省理工學院媒體實驗室的物理學家喬．雅各布森（Joe Jacobson）有一天帶錯了書去海灘，因此發現了這個潛在需求。他的價值主張是要做出一種電子版本，讓他當場就能選擇不同書籍[2]。我們都知道，這是現在平板可以讓我們辦到的事，而碰巧 E Ink 的技術就是 Kindle 的核心。

E Ink 的首要主題想法之一是稱為**關鍵路徑**（critical path）的概念，它描繪了開發團隊所採取的遞增步驟，將團隊的技術從大型零售環境所使用的粗略大面積顯示器，發展成面向消費者並且最終展望成為電子紙的一種平板顯示器。每一個步驟都展現了額外的技術掌握，每一步驟都增加了公司將達成最終目標的可能性，而且每一步驟都透露了額外資訊，並且降低以這條路線繼續前進所帶來的風險。「關鍵路徑」是產品開發中的基本概念，也是創建具有大規模長期影響的永續模式中的關鍵部分。E Ink 的大面積顯示器證實，電子墨水科技在任何層面，甚至是在這種大而粗略、遠不及公司長期目標的電子紙所需規模上，都可以發揮功效。而如果在這樣的規模無法奏效，就沒有理由繼續下一個里程碑——平板顯示器，這產品將展現更高的螢幕解析度和更好的耗電率。同樣，如果 E Ink 無法達成這些進展，就沒有理由繼續接下來的里程碑——電子紙，它除了其他進展外，還需要一種感覺和表現更像紙張的彈性面板。換句話說，這三個產品進展不是隨機選擇，甚至不是具有行銷或其他商業吸引力的選擇，而是反映了潛在的關鍵研發途徑。

而同一時間，投資人（這個例子是創投業者）把沿著關鍵路徑的每一步視為一種實驗，用來證明或否定該公司達成這些技術突破的能力。根據每個實驗證明的內容，投資者可以選擇是否要繼續提供資金。如果不繼續，他們可以試著收成目前已經發展出來的東西，或是乾脆放棄。以撲克術語來說，每一張額外發牌都透露了額外的資訊，玩家可以選擇加注或蓋牌。

考慮這兩種情況。一個是，我們提供投資 E Ink 在未來十年開發電子紙所需要的一億七千萬美金的全部經費；另一個是，我們分階段投資：兩千萬美金注資關鍵路徑第一階段的大面積顯示器；然後，唯有第一階段實驗成功，才能夠選擇追加五千萬美金投資下一個階段的平板顯示器；接下來，唯有第二階段實驗成功，才能選擇繼續追加一億美金注資下一階段的電子紙。

想像一下，如果預先投資全部的一億七千萬美金，並且告訴喬．雅各布森及其團隊，我們要在十年內見到上述成果。儘管總是有例外，但人們在面對較短期時機及需要證明進展時，會更有動力全力以赴，這是受益於資源短缺的另一個良好例子。資金和時間資源短，能夠為E Ink團隊的表現導入紀律，如果做不到就會資金耗盡，無法吸引更多融資，這樣的紀律讓投資者和創業者雙方都得到好處。

分段融資的方法也分配了合理的股權數量給投資者，同時保留創辦人足夠股權以繼續激勵他們努力工作。我們透過一種稱為「投前和投後估值」的簡單計算，來衡量投資者將擁有多少，以及留下多少給現有股東。投前估值是新投資注入前的企業價值；投後估值是新投資後的價值：投前估值＋新投資＝投後估值。新投資所代表的持股比例＝新投資／投後估值。其他股東的持股比例＝投前估值／投後估值。在早期階段，投資者可能希望擁有大約30%的股權，留下70%繼續激勵創辦團隊。

在E Ink的早期階段，讓我們想像投前估值是一百萬美金。如果我們預先投資全部的一億七千萬美金，這表示投後估值是一億七千一百萬美金，我們的新投資者會擁有一億七千萬美金／一億七千一百萬美金，或說是99.4%的公司，這樣只會留下0.6%給喬和他的團隊。即使投資者願意在沒有額外資訊的情況下，直接投入一億七千萬美金的賭注，這樣的交易只會留下微量的公司股權給E Ink團隊。沒有創辦人願意進行這樣的交易，也沒有投資人會願意進行，因為他們希望團隊繼續擁有大部分的公司，這樣才能保有高度的表現動機。隨著投資的每一個接續階段，如果團隊在前一個階段成功，公司價值就會增加。這表示創辦人需要售予投資人的公司比例就會下降，因此能為自己保有的比例就會較高。簡單來說，這種分段投資的方式和提供額外資源給創業團隊的投資者，利益是一致的。

大型公司和其他成熟組織在內部專案中通常不會分段注資。例如，Knight Ridder報業在加入網路的專案上，沒有採取分段投資的方式。當東尼見到Google和Yahoo!等新創業者侵蝕了該公司最賺錢的廣告產品時，他的心態從對這種新興媒體漠不關心，改而將其視為生存威脅，他認為：「如果我們不做修正，就會讓整體加盟報業置於危險之中。」[3]在這樣的恐慌中，大公司會怎麼做呢？它會投入大量資源以大賭注對抗威脅，而不是採取增量方式。

早期，在Knight Ridder開始感受到來自網路競爭對手的壓力之前，鮑伯・英格爾則是放心嘗試「快速失敗，降低代價」的做法，他進行數百次廉價實驗，在沒有太多關注的情況下進行迭代。如同前面的討論，這種資源短缺使得鮑伯完成了報紙上線。而接下來，當Knight Ridder感覺到新競爭對手的火力時，我們見到相反的行為。東尼和資深領導團隊花費可觀的資源來捍衛地盤、維護堡壘。他們從一開始剎奪鮑伯的資源，到三年斥資七千萬美金。這種方法相當於一次給予 E Ink 團隊發展電子紙所需要的全部資金，或換句話說，因為 Knight Ridder 顧及目前掌握的資源來試著解決該公司的問題，這種方法就不是創業作為。分段融資是一種永續模式的資源結構，它迫使我們採取創業家的行為。

怎樣的投資人契合？

我們需要選擇性地尋求成為我們事業財務夥伴的人，**因為他們將會成為我們的合夥人**。要在投資人身上找尋兩個重要特質：他們能帶來投資以外的附加價值、作為合夥人，能擁有他們這件事讓人享受。如同我們在第七章壯大團隊所討論的，透過分享互補的專長領域、觀點和人脈，一個好夥伴會讓我們變得更好。而且和生活中的任何領域一樣，壞夥伴會破壞我們的使命感，分散我們對目標的注意力，削弱我們的熱情。我們會「想要花時間和這位新夥伴在一起」這件事很重要，因為我們將會有很多時間跟他們在一起。不管從事什麼事業，有人可以分享並驗證我們對事業的熱情，是很令人陶醉的經驗，但是這樣還不夠。

具有附加價值的投資人所貢獻的價值遠超過他們的資金。當鮑伯．賴斯招攬老朋友暨前合夥人山姆．卡普蘭加入他的桌遊事業時，卡普蘭顯然就符合這樣的敘述。如果描述卡普蘭的角色，我們可能會流利說出一長串他可以貢獻的事，像是他的人脈、印刷知識、辦公室空間……而最後可能會說：「哦，他還開了一張五萬美金的支票。」我喜歡按照這種順序展開以上見解，因為在說明卡普蘭的貢獻價值時，這是正確的優先次序。沒錯，他提供了資本，但他的其他貢獻更有價值。

我記得自己第一次學到適任投資者的這兩個特質，是在我剛成為新鮮的創業投資人的時候。當時，我對一家叫作「Greentree」的線上維他命新創公司，進行個人第一場重大投資。除了資金，因為我們的公司專攻消費性健康產品，所以能夠同時提供相關的專業知識和寶貴的人脈。我們是具有附加價值的投資者，我們的產業專長和關係對綠樹公司的意義遠勝我們的資本，因為我們不是最大的投資者，而是由另一個較大的公司進行「帶頭協議」（lead the deal）。這樣的帶頭角色包括交涉協議條款，進行投資人盡職調查，並且投資這次交易中的重大比例（即使不算是最大比例）。

有一天，當Greentree的共同創辦人艾瑞克（Eric）在舊金山巨人隊的棒球比賽，跟一名潛在投資者共度了幾小時後，便清楚浮現了契合的投資人另一個特質——我們會享受擁有該投資人作為夥伴。球賽過後，艾瑞克告訴我，即使只跟這名潛在投資者相處幾小時，就讓人很難受。他的態度粗暴，令人不快，而且不像艾瑞克那樣對維他命產業感興趣。儘管我們原本希望雙方能夠談成，我還是詢問艾瑞克如果覺得該投資人在棒球賽中讓人難以接受，那麼在第一線、在董事會及其他壓力層級升高的狀況，會是什麼情景？這件事成了我的棒球比賽投資者試金石。我在哈佛商學院的同學麥可．卓伊安諾（Mike Troiano）這麼說：「記住，典型的創投關係比典型的婚姻關係持續更久。在追求期間，雙方都對一起合作感到興奮是很重要的，因為當現實闖入浪漫後，很少有人能維持同樣的熱情。」[4]

當比爾・史東（Bill Stone）——哈佛法學院畢業生、創投財務專家，以及一家創新的法律事務所「Outside GC」的共同創辦人——在我的課程講課時，他要求學生在一張冗長且詳盡的創業投資條件書上找出最重要的術語。我們花了一個多小時深入像是反稀釋條款、特別股、董事會組成和股息等深奧概念（本書隨後都會探討這些概念），直到下課鈴響時，比爾指出最重要的術語是「Cheatum Fund IV」投資條件書上方的創投公司名字。在比爾前來授課的這些年中，確認「Cheatum」這個名字為投資條件書上最重要的部分，或者說關注到這個名字的學生只有一個。然而，就像我給 Greentree 艾瑞克的建議，和投資人建立的合夥關係可以決定事業是否成功。

不管任何類型的投資人，他們都會對我們進行大量的盡職調查，各位難道不覺得自己也需要有所回報嗎？詢問投資人投資組合的其他公司，他們作為合作夥伴是什麼樣子？是否有潛心協助，他們的名聲是否是「具有附加價值投資人」？所以務必要與未能成功的投資組合公司對話？投資者是否支持他們，甚至還在形勢危急時增加價值？以下是 NextView 公司合夥人兼共同創辦人羅伯・高（Rob Go）的寶貴建議，他建議對投資人進行盡職調查時，要深入挖掘，而不是只查看線上能找到的當前投資組合：「看看是否有該創投者曾經投資，但後來卻從其線上投資組合消失的公司。公司失敗或出現問題時，就會從創投投資組合消失，而在洽談過程的某個階段，你可能會想和這些創辦人談談。」[5]

如果投資人將成為合夥人，請務必考量這段合夥關係會是什麼情況，在評估想跟哪一個投資人合夥時，不要只考慮他們的錢。

先找到主要投資人

在投資的每一個階段，都有兩種類型的潛在投資人：主要投資人（leads），他們有能力協商協議條款，進行投資人盡職調查，即使不是投資資本中的最大比例，也是占投資的重大比例；另外就是跟投人（followers），他們接受條款，然後簽支票。即使具有附加價值，我們也享受跟他們一起工作，但不是所有投資者都有能力或有興趣作為可靠的主要投資人。這裡的「可靠」表示他們有成功投資的良好紀錄，知道主要投資人所需要的角色作為。缺乏經驗的創業家往往會誤以為所有潛在投資者都有能力領頭，然後在過程中浪費時間。在確定找到可靠的主要投資人之前，沒有理由和跟投人見面或爭取他們。一旦找到主要投資人，其他人就會跟隨。例如，倘若你在尋求醫學相關的人道主義事業資金，如果有比爾蓋茨基金會（Gates Foundation）這種領投資金贊助者的投入，就會更加鞏固其他較不知名捐助者的興趣，反之則不然。如何知道誰有能力或有興趣領頭呢？直接詢問他們是否可以即可。這是個合理又複雜的問題，領投和跟投雙方都會欣賞各位的直率。

股權投資條件書概念

股權投資條件書在幾頁文件中，概述了投資者所提議的交易，得以確認我們是否與投資人意見一致，所以可以先消化和協商這些事項之後，再做出更仔細、複雜且最後會作為協議正式紀錄的法律文件。因為只需要一次 Google 搜尋，就可以找到投資條件書上所有不同用語的定義，我就不多加說明。我僅提及其中幾項，用來說明它們通常分為的兩大基本類別：公司控制權和投資者回報。

控制權

特別股：了解兩種不同類型的股票很重要，第一種是普通股，它是創辦人和員工所持有的股票，賦予持有人一定比例的公司所有權，對於任何分紅和清算收入擁有按比例的權利，並具有選舉董事會的按比例投票權。OutsideGC 法律事務所的比爾·史東稱普通股為「香草」（vanilla）；特別股則是加上許多不同口味佐料的「石板路」（rocky road）[69]。也就是說，特別股擁有和普通股一樣的權利，外加一長串其他權利：像是在董事會代表等領域，授予額外控制權，以及影響其投資潛在財務回報的權利，像是股息、收購時分配收益的優先權。

投票權：外部投資者擁有參與股東投票的合法權利。

董事會：投資者也幾乎總是在董事會占有一席之地。

約束和限制：除了上述之外，投資者還保留關於一長串重要議題上，約束公司行為的權利。如果認為控制權意指擁有逾50％的公司，這一點可能會讓各位驚訝，那不是真的，各位可能賣掉一股特別股，同時放棄對一連串重要議題的控制權。再次強調創辦人困境的精神，儘管抽象上沒有好壞之分，但約束和限制是您在決定引進新投資者時需要考慮的事情。為了讓大家了解這些限制的細節、範圍和程度，以下是從比爾·史東和學生分享的投資條件書樣本節錄的段落。

> 只要任何B系列特別股保持流通在外，未經當時流通在外的B系列特別股股東至少多數表決或書面同意，公司不得採取任何下述行動：（i）更動或改變任何系列特別股的權利、優先權或優惠；（ii）授權或發行優先或等同於關於股息權、投票權、贖回權或清算優先權等方面任何系列特別股的股權證券；（iii）以更動或改變任何特別股的權利、優先權或優惠的方式，來修訂或放棄公司章程或細則的任何條款；（iv）增加或減少普通股或特別股的授權股數；（v）導致任何普通股股份的贖回或回購（除了按照與服務提供者簽訂的股權激勵協議，給予公司在服務終結時回購股份的權利）；（vi）導致任何合併、整合或其他公司重組，或是有任何交易或一系列交易，造成逾50％的公司投票權被轉讓或是公司資產全部或大部分被出售；（vii）增加或減少公司董事會的授權規模，除非得到包括特別股董事的董事會許可；（viii）導

致支付或申報任何普通股或特別股股份股息；（ix）發行超過二十萬美金的債務；（x）導致公司業務流程的改變；或是（xi）除正常商務過程以外，創辦或承諾公司以公司產品加入合資企業、授權協議，或是獨家行銷及其他經銷協議。

找尋執行長：在這份投資條件書的個別條款中最令人驚訝的術語是，討論找尋一個新的執行長。我們還能想像出比這一點更清楚說明的「創辦人困境」的事嗎？就在協議的投資條件書中，投資人告訴創辦人，他或她的執行長職務要被撤掉了！

回報

股息：特別股投資人鎖定財務回報的其中一種方法是透過股息，這是分派相當原始投資固定百分比的年度現金回報，大約會在 8％的範圍內。因為投資人希望得到高達十倍於投資的巨大回報，沒有人會對 8％的數字感到興奮。但這讓公司在給予投資人回報的責任上，保持誠信。股息的一個細微差異是它們有兩種形式：累積型和非累積型。非累積股息意指如果該年度沒有支付，並不會於下年度支付和累積；累積型股息則會下年度支付和累積，而且還會採取複利。看似平淡無奇的 8％股息，經過幾年後可能增加到極其顯著的數字。

優先清算權：特別股為投資者提供回報的一個更重要方式是，給予清算時如何分配戰利品的優先權。如同比爾．史東所澄清的，清算不只適用在企業走下坡且必須出售企業資產的時候；當企業被收購或是較少見的股票上市狀況，清算可能是好消息。不管具體情況為何，優先清算權讓投資者能優先在其他任何人——例如，身為創辦人的各位——取得他們的部分。在一些情況中，投資人較任何人優先收回數倍的投資金額，可能是兩倍、三倍，我甚至見過高達四倍。在這些情況下，投資人擁有一個選擇：收到其優先回報，或是轉換成普通股，然後跟其他股東一樣按比例分享收益。在投資被定性為「參與式」的其他情況中，投資人得到的不只是一次機會：他們先透過優先清算權或甚至是數倍的優先清算拿回特別股回報，然後也轉換成普通股，按比例分享剩餘的收益。

反稀釋：優先投資者獲得下行價格（downside price）保護。這意味著如果創業企業在未來一輪的融資中以較低價格出售股票，反稀釋條款就會生效，並以該未來較低價格重新定價這些股票。新一輪的融資對早期投資者的股票價值會產生多大影響，取決於反稀釋條款的具體內容。

募資之舞

籌募資金有時感覺就像是跳舞，料想舞伴雙方都知道他們的舞步，如果任何一方嘗試更動太多舞步，就會脫離另一人及舞蹈本身。

誠如所見，在找尋並驗證未滿足需求以及制定價值主張時，有很多發揮創意的空間。募資期間，由於創辦人和擁有金融資源的人之間力量不平衡，缺乏經驗的創業家應該採取傳統慣例的做法。

還記得RUNA這家厄瓜多提神飲料公司嗎？針對創造一系列價值主張，同時處理環境和消費者需求方面，在我的班上沒有團隊比RUNA更具創造力。但是，在開始募資時，他們卻設計了一些我認為可能會嚇到投資人的非慣例方法，我鼓勵他們遵照已嘗試驗證過的事物，因為RUNA反映出我上面提到的力量不平衡狀況，他們需要融資勝於投資人需要RUNA。他們同意我的建議，藉由連續幾輪可轉換債，籌募到全部初始資金，他們表現得跟我所見過採取同樣做法的新創公司一樣出色。當他們後來向創投業者進行正式股權募資，早期融資就轉換為股權。

Honest Tea如何打破規則？

要學習音樂，必須學習規則；要創造音樂，就必須打破它們。

——法國作曲家、指揮家和教育家／娜迪亞・布朗熱（Nadia Boulanger）

該死的規則。

——美國爵士音樂家／約翰・柯川（John Coltrane）

就像許多領域，一旦體驗過遵守規則，就會出現打破它們的適切時候。可以想像成一位音樂家，他花了多年時間精通古典音樂，卻轉變成為爵士音樂家，開始即興演作。有些經歷過慣例募資方式的資深創業家，也可能會富有創造力，想出不同的融資條款。

考慮一下 Honest Tea 創辦人具創造性的募資方式[6]——我在先前創建品牌的章節中曾介紹過這家企業。乍見之下，他們的方式似乎很傳統。在一九九八年成立這家飲料公司時，貝利．奈勒波夫和賽斯．高德曼自掏腰包一起投資了三十萬美金，用來開發並改進他們最早的茶品，同時爭取到 Honest Tea 第一份經銷協議。沒多久，為了支付額外成本，他們從朋友和家人那邊募集了二十一萬七千五百美金，補充最初的注資。在一九九八年後期，他們又進行一輪融資，這次出自一個出人意料的來源：熱情且忠誠的 Honest Tea 顧客，他們非常喜歡這個產品，於是主動接洽該公司表達投資意願。貝利和賽斯從這些顧客手中，得到一百二十萬美金的投入。

典型股權交易會設定一個估值和一個明確股價，這樣投資人就可以確切知道所投資的金錢可以取得多少公司股份。釐清估值和股價涉及到一個談判的過程，它是從投資者提出的預估價值開始協助，後續的來回溝通則圍繞著雙方對於預測的信心。樂觀的創辦人認為他們會達到自己的預測，並且做得如承諾的一樣好。投資人在這些預測中挑毛病，例如，他們會爭論說銷售或量產的預測太樂觀。此時，投資人必須踏出信任的第一步，相信創辦人，他們才能達成共識，並確定預估價值和其隱含的股價。

貝利和賽斯則是嘗試了不同的方法，他們說：「不要信任我們。」不要根據我們對未來的想像、我們的規畫預測，或是我們認為的賽局結果來進行堅定的所有權分配。而是先等候，直到看見事情結束，再來回顧並決定所有權比例。貝利和賽斯為什麼以這種方式來架構他們的協議呢？嗯，首先，這樣可以改進雙方笨拙的舞步，即必須依據對未來的有限及預期資訊來進行估值，而這樣的未來是創辦人和投資人都難以預測的。所以為什麼要嘗試呢？類似於我們先前提到的可轉換債押注估值方式，貝利和賽斯也按照這種方式架構了其協議。我們不需要水晶球來預測未來，而是讓我們先到達未來，而不是憑藉預測；讓我們使用實際發生狀況的新資訊，來確認各自擁有的內容。其次，這是運轉中的賽局理論（game theory）[70]，他們的方式證明了貝利和賽斯對自己的產品深具信心，他們願意冒著比傳統投資結構帶來更大的風險，透過這種方法，他們讓自己的所有權置身危險。如果沒有達到預測，就會交出更多的公司所有權；如果超越預測，就交出較少。在這種情況下，投資人用不著相信貝利和賽斯需要達到原本承諾的表現。貝利和賽斯嵌入非傳統的方式，來面對表現不好的壞處和表現超乎預期的好處；與典型估值方法相較，這樣的動能將約束並激勵他們表現得更好。

人家認為這種方法可有潛在缺點？畢竟，這為什麼是例外而不是規則？這種方法可能會造成投資者的誘因與貝利和賽斯的誘因不一致嗎？可以想像它可能發生的情況嗎？至少從眼前來說，如果公司未能達到預測，機會主義的投資人可以拿到更多所有權。這不太可能，因為投資人和創辦人雙方都是藉由推動長期成功，而不是嘗試安排近期失敗來獲取更多利益。簡單來說，這是一種危險的賽局。在任何早期新創公司中，朝著一個方向尋求成功就已是非常困難的事，而往一個方向費勁努力一陣子，卻計畫急轉彎改往另一個方向，更是困難許多。

我一直不願意採用貝利和賽斯加入其協議中的「按績效付費」（pay for performance）式條款，這讓投資變得複雜，而投資人也不願意讓利益不一致。

然而，在掌握並考慮踩著典型舞步後，在某些情況下，各位至少可能要像貝克和賽斯那樣，探索一下具有創意的替代方案。即使是RUNA創辦人，一旦透過傳統可轉換債籌募到早期資金，也藉由在厄瓜多設立籌集政府補助的基金會，改變了他們的方法。有時，這些創意轉折可以消除分歧，並達成協議。而且，所有我們現在認為是傳統式的協議條款，也曾經一度是突破性的創意。或許各位發明的方法，有朝一日也會成為規範。

Noodles & Company 與加盟

加盟經營說明了本書自始至終都在討論的幾個根本創業原則。永續模式讓加盟業者可以在不顧及目前掌握的資源的情況下，得以成長。加盟業者作為創業者，為加盟權投資自己的金錢，使加盟總部得以利用加盟業者的金融資源。反過來，加盟商也利用了加盟總部的資源。加盟總部花了許多年時間尋找並驗證未滿足需求，創造了價值主張、標準化的營運制度、嚴格的公司文化和有辨識度的品牌。加盟經營也是「易地追隨者」這種創業策略的另一個絕佳例子，易地追隨者就是鮑伯・賴斯把「Trivial Pursuit」在加拿大的成功情況，轉換帶入美國市場所遵從的策略。

Noodles & Company[7]是一家休閒速食連鎖餐廳，提供方便、美味、價格合理，融合了亞洲和地中海美食的麵食。它的創辦人艾隆・肯尼迪（Aaron Kennedy）原本是Pepsi的資深行銷人員，在進行過由下而上的調查，發現餐飲市場在速食和正式餐廳之間有個空間；後來，在紐約市體驗過一家正宗麵食餐廳之後，他離職了。在一九九五年，他憑藉該餐廳的餐飲價值和道地美食，制定了最初的價值主張。經歷過前三個地點的艱難開場之後，他琢磨出值得擴展的Noodles & Company模式。在來自富有人士的個人投資推動下，Noodles & Company在二〇〇一年時已發展成擁有二十七家跨州的分店，並計畫在二〇〇六年之前擴展到三百家分店。當艾隆團隊期待長期擴展時，他們所面對的關鍵問題是：怎麼去做？Noodles & Company面臨的關鍵問題在於：是否繼續透過公司直營單位擴展？還是要透過加盟店？

我向布朗的學生介紹Noodles & Company時，我詢問有多少學生在撰寫大學入學論說文時，曾描述要在畢業後擁有一家加盟餐廳的願景？如果真有人舉手，也是少數。但是，加盟經營是一種有效的擴展形式，對加盟總部和加盟商雙方都同時有利可圖且極具效率。Noodles & Company 所經歷到最令人震驚的創業細節是，該公司透過公司直營單位來擴展所需要的資金（八千萬美金），和透過加盟店來發展所需要的資金（兩千五百萬美金）形成強烈的對比[8]！類似鮑伯．賴斯提供財務誘因給合夥人的外包方式，加盟模式也吸引懷抱個人誘因、想讓業務成長的加盟商。就像易地追隨者，Noodles & Company 的加盟商比 Noodles & Company 加盟總部更了解當地市場，可以找出具有吸引力的地點來開設新餐廳。身為投資自己金錢的創業者，Noodles & Company 的加盟商利用他們並未發明和未曾掌握的資源：速食休閒餐廳的概念、菜單和食譜、標準化營運制度、員工忠誠度是業界平均兩倍的公司文化，還有麵條餐廳的品牌。儘管這種加盟模式有一些潛在危險，例如，Noodles & Company 將有價值的品牌和文化托付給團隊無法掌控的加盟主，但是這樣的協同效應闡明了加盟經營為什麼是一種許多企業部署的常見永續模式。對各位的創業目標來說，如果你們跟我大部分的學生一樣從未想像過這件事，我希望大家至少把它列入實現長期擴展的模式清單中。

群眾募資

群眾募資是最近興起的一種現象，已證實為新創公司早期階段的一個重要資源。類似於從群眾招募成員到團隊的開放原始碼式做法，以及從群眾挖掘創意解決方案的開放性創新，群眾募資則是挖掘金融資源。喬恩．馬格里克（Jon Margolick）是我在二〇〇六年第一次開課時的學生，他提出了一個線上私人公司投資平臺。他對這個想法充滿熱情，而就像許多有創業遠見的人，他提議的東西略早於時代，因為監管環境還沒準備好迎接他的構想。而目前雖然仍屬早期，監管環境則已經開始趕上喬恩的想法，讓創業家現在可以透過線上平臺出售股權籌募資金。在課程開始討論創業投資時，我們要學生列出各種不同的資金來源。在課程前幾年，群眾募資甚至還沒出現在名單上。而在去年，它已成為學生第一個列出的來源。

最常見的群眾募資形式是透過 Kickstarter 或 Indiegogo 等成熟平臺，它們提供了籌募股權資本的替代方案。不是出售企業股份，而是出售產品早期版本，或至少是預購。以這種方式募資有顯著優點，也有一些缺點。優點包括相對於較傳統形式的募資，它可以更快募集資金。與出售股權相較，我們產生的早期收入是「非稀釋性」的，因為它不會減少所有權百分比。就像「走動小錢」，在真正想籌募投資人的資金時，這種早期收入會增加可信度。而且，和最低可行產品的使用者一樣，這些早期顧客可以提供回饋意見。這種現金流很吸引人，因為顧客是提前付款（記住這句格言：今天的一塊錢比明天的一塊錢值錢）。還記得投資 Honest Tea 公司的產品忠誠顧客嗎？這些早期顧客可以成為忠誠的「投資人」，並且持續長期宣傳、傳播產品福音，並支持我們的事業。這也是成熟組織在推出新產品時，可以利用的一種資源。

為了讓人家更感受到群眾募集變得有多麼主流及成功，請參考以下的統計數據：

- 全球群眾募資市場規模預估數字在二〇二一年達到一千一百四十億美金，並在二〇二〇到二〇二五年之間每年成長16%。
- 成功的群眾募資活動平均籌得三萬三千四百三十美金。
- 40%的群眾募資投資集中在商業和創業，20%集中在社會事業。
- Kickstarter已協助策劃了逾十八萬五千四百件成功募資計畫。
- 慈善事業募捐平臺GoFundMe已從全球逾一億兩千萬件捐款中募得超過九十億美金[9]。

群眾募資確實有一些缺點。知名平臺的申請和核准過程相當嚴格、費時，且競爭激烈，大家無法指望一定會被錄取。而一旦得到平臺核准，要產生自己的行銷利益，這需要時間、金錢和專業技巧。在某些平臺，如果沒有達到募資目標門檻，就無法拿回當時的擔保品。這樣的挫敗可能會損害個人的企業聲譽[10]。

和放大格局一樣關鍵和基本的是，**如何**是本章中最需要記得的名詞。一旦放大格局，永續模式的基礎是**如何**呢？而這往往是各種創業家被絆倒的地方。即使他們已找到並確認一個強烈且持久的未滿足需求，還是可能專注在價值鏈中錯誤的部分，如同RUNA險些陷入的困境。儘管克服了會妨礙我們多數人的障礙，即使在有如病毒式擴展的貓耳帽活動中，潔娜還是有可能只專注在這單一計畫的永續性，錯失將編織行動人士社群擴展到其他社會和政治運動的潛力。如同Toreva出版社的葛文承認，她和夥伴克雷裘烏如果想要產生達到其展望規模的長期影響，就必須解決永續模式的問題。Casper床墊立即創造了極大的規模，卻在股票上市以後失去了大部分市場價值，因為光是建立品牌無法維持足夠的長期競爭優勢。

決定何時建立自己的產能、何時外包、要構成怎樣的實體、如何從開放原始碼式資源中獲益；預測獲得一名顧客會花多少成本，並建立品牌來降低這些成本；應用籌募資金的標準規則來「舞動」（dance），知道何時即興創作；從失敗走向成功——以上都是各位現在可以回答的問題：「你將如何兌現你在價值主張中所明確表達的承諾？」最重要的是，現在各位已經了解各自的價值主張將如何在產生長期大規模影響下，解決自己所找到並驗證過的問題。

Part 3

投售簡報

溝通中最大的一個問題就是，認為它已經發生的錯覺。

——英國劇作家／蕭伯納（George Bernard Shaw）

我是在俄亥俄州謝克海茨長大，它是克里夫蘭的郊區城市，素以致力於公共教育而知名。該市的座右銘是：「一個以其培育的學校而聞名的社區。」這也是我們大部分的人視為理所當然的想法。有一次，當學校體系準備探討成立一家科學的磁性學校（magnet school）[71]，因為我父親是美國航太總署的化學工程師，一些早期的籌備人士過來找他，為新學校應該主攻哪些學科徵詢建議。他的回答是：「寫作。」這讓他們驚訝萬分。「不，抱歉，你可能沒聽到我們說的——這將是一間科學的磁性學校。」學校人員澄清。「是呀，我知道。」我父親回答：「寫作是科學家所能掌握的最重要技能，因為不管學生學了多少化學、物理或生物，如果無法溝通他們的所學以及發現，那這一切都沒有意義。」我的父親在我小時候曾多次講述這個故事，因為他也想要我明白這個優先事項。

有效的書寫溝通可以在對事業進行投售簡報時，清楚傳達各位應用了「洞察、解決、擴展」三個基本元素：確認了是什麼問題、如何解決它，以及如何長期擴展這個解決方案。在這個領域，許多創業家因為採取標準方式而錯失良機，所以只要一點額外的努力就可以讓人脫穎而出。

Chapter 9 三份相關的投售文件

創業家花費大量時間思考如何溝通，或足以創業的行話來說，「投售」他們的發現、構想，以及打算做的事。如今，許多創業家仰賴投售簡報——集合了美觀的投影片，嘗試敘述關於企業的故事，以及打算如何擴展事業的方法。儘管它們具有視覺吸引力，但在許多情況下，投售簡報文件（pitch deck）包含太多資訊，使人興趣缺缺，而提供的資訊中又沒有太多可以強化投資人的興趣。

在某些情況中，創業家會以電子郵件寄送投售文件給潛在投資人或合作者，希望激發對方對自己事業的興趣。但往往，這些投影片並沒有可以讓故事自然呈現的足夠細節。在其他情況中，他們採取投售簡報原本英文用語（pitch）的建議，親自「投出」想法，而在這些情況中，投影片擁有太多細節，投資人和其他嘗試吸收理解投售簡報的人，很難集中注意力在目前所說內容和他們正在看的內容。在這些多重背景中，投售簡報往往是「不倫不類」。

更糟的狀況是，投售簡報沒做好溝通過程的前後兩端：先是爭取追求階段的最早部分，此時，各位想要引起投資人或其他合作者的興趣，卻可能準備了遠遠不算仔細的資料；再來就是希望能夠達成的後面階段，此時有興趣的一方會想要比各位的最初分享，得到更詳細的內容。那麼我在這裡要提出怎樣的建議呢？我推薦各位準備三份在不同目的使用的文件：執行摘要、較長形式的永續計畫書，以及十張投影片的發表介紹。

簡潔又全面的執行摘要

應該建立的第一份文件是簡潔又全面的單頁執行摘要。**簡潔**，意指它應該簡短，只有一頁，以尊重讀者的時間；而**全面**，意指它應該以簡短的形式處理各位計畫中的所有關鍵要素。儘管這聽起來可能很矛盾，可能很難取得平衡，但像是馬克・吐溫（Mark Twain）寫給朋友的信後補遺讓我們獲益良多：「我沒時間寫一封簡短的信，所以我寫了長長的一封。」大家可以把執行摘要想成履歷，找工作時，不會因為履歷就被錄用，但希望在最初階段，它能引起注意。執行摘要的目的是要引發別人的興趣，讓他們想要更進一步了解——或許是在會議或面試中，透過詢問各位以得到更多詳細資訊。

執行摘要雖然簡短，卻應該全面而綜合。同樣地，就像履歷，它應該以縮短的形式，包含各位希望在未來的討論，或未來準備的更長的文件中，詳盡說明的所有重要主題；它要預期到讀者想要了解的主題，以便評估是否值得更進一步詢問。因為，誠如所知，「洞察、解決、擴展」這套進程適用在範圍廣泛的問題類型中，每一份執行摘要的確切主題和內容要素會有所不同。先從找出各位的投售關鍵要素開始。在 Casper 的例子中，這可能包括了如何打破床墊行銷和配銷過程，Casper 解決方案的要素、Casper 團隊、五年銷售預測、顧客獲取策略（或許加入終身價值／顧客獲取成本的比率）、尋求籌募的資金規模，以及最後的退場策略。

以這樣的一頁形式，比起在較長的文件中，更容易找到並改正漏洞、缺點和冗詞贅句，拼圖的所有拼塊都呈現在面前。

哈佛商學院的比爾．沙曼多年來一直在傳授一種確認關鍵概念的有效架構：人、機會、背景和協議（POCD）。他的著作《對於商業計畫的一些想法》（*Some Thoughts on Business Plans*）是我的學生在課程第一天就會讀到的書，沙曼在書中強調，了解企業的關鍵是基於契合度：「它的定義是（這四個概念）合力影響成功的可能性。」[1]學生使用 POCD 來評估和分析我們在課堂上討論的企業，然後把這個模式運用在自己的企業上。當要透過溝通傳達自己的企業時，他們並未概述這四個概念的本質，而是將它們作為一個廣泛類別，再把較為細分的關鍵概念歸類其下。

投資家蓋伊．川崎（Guy Kawasaki）在其《執行摘要的藝術》（*Art of the Executive Summary*）中補充提供了溝通中更加細分的九個關鍵概念，這可以使大家一開始就抓住讀者的興趣，投售企業的更多細節，讓讀者想要進一步了解[2]。儘管細節有所不同，但務必符合這些基本概念；而且儘管大家可能會認為這些提示很有幫助，但請不要在摘要中原樣使用這樣的標題或分段。

抓住：從一開始就要抓住讀者的注意力，這樣他們才會有足夠的興趣繼續看下去。以一句簡潔和有力的陳述作為開場白，指出自己對一個重大問題所預計擴展的解決方案。它應該要直接而具體（Imperfect Foods 藉由從農場取得醜陋的農產品，並以低於雜貨店售價三成的價格寄送到顧客家門，來對抗食物浪費），而不是抽象和概念化（Imperfect 的任務在對抗食物浪費）。如果目前已有知名的團隊成員、顧問、投資人、策略夥伴或顧客，務必在此提出來。不要讓投資人看了六個段落之後才發現，你擁有令人驚豔的共同創辦人和顧問——他們可能永遠看不到這裡。Imperfect 在其 B 輪投資的摘要中，一開始就提及星巴克創辦人霍華．舒茲的創投公司 Maveron，已經對他們投資了一千四百萬美金。

問題：對於打算處理的強烈且持久的未滿足需求，使用由下而上調查來說明自己握有第一手的直接證據。而且比直接敘述更好的是，呈現各位潛在顧客正在經歷的痛苦：他們放棄的收入、他們承受的不必要成本、過程中讓他們效率減緩的摩擦、他們遭受到的狹隘配銷或市場取得，他們體驗到的低下效率，或是任何可以識別並說明他們痛苦的方式。另外，不要把各位對問題的陳述和機會大小（見「機會」）混為一談。在 Imperfect 的例子中，團隊可以引用觀察 Apple 分類而收集到的由下而上的調查，它揭露了40%的新鮮農產品遭到浪費的問題。

解決方案：記住以下這三個價值主張的問題：提供什麼？提供給誰？以及最重要的，他們為什麼會在意？使用熟悉的用語，避免用縮略詞。可以在此同時釐清自己在價值鏈或配銷管道中的位置——我們在所屬產業的生態系統中與誰合作，而他們為什麼會熱切跟我們合作。如果已有顧客和營收，請確切提出；如果沒有，則表明何時會有。Imperfect 會說明該公司直接從農人採購原本會丟棄的醜陋農產品，並以低於雜貨店售價三成的價格直送顧客手中的配銷方法。這裡的「為什麼」還會包含可量化的環境好處，像是到二〇三〇年會搶救並售出十億磅重的食物，可以避免兩萬噸的碳排放量，因為不必製造、運送和掩埋上述這些食物。在 Imperfect 的情況中，甚至可以把這些環境好處轉換成更為貼切的語言：相當於從道路上移除兩千八百輛汽車[3]。

機會：再用幾句話引用各位的由下而上調查，以說明基本的市場區隔、規模、成長性和動能，像是這個產業有多少人或公司、多少總值、成長率有多快速，以及促使這項市場區隔的因素。目標最好是放在定義明確、日益成長的市場中一個有意義的百分比，而不是在巨大的成熟市場中，聲稱一個微不足道的百分比。記得要說清楚可以處理的市場，例如，在處理用於新興自駕車領域、價值八千五百萬美金的特殊弧形小工具市場時，不要宣稱在處理價值兩百四十億美金的小工具市場。務必確認調查的來源。

Imperfect 可以加入我在前言中舉例的驗證引述，讓讀者對班恩團隊致力解決的問題規模，產生興趣。如同自然資源守護委員會所說：「美國人去買食品雜貨的時候會帶走五個袋子，但有兩個袋子會被忘在停車場，然後就這麼把它們留在那裡了，這聽起來似乎很瘋狂，但我們每天都在這麼做。」[4]接著，他們可以不要只是採取浪費的百分比，而是以相當於幾個十億磅重的數量、相當幾個十億的美金，來衡量整體機會的規模。

競爭優勢：不管怎麼想，各位都面臨了競爭。最起碼，要跟當前的經營方式競爭，而最有可能的是，即將出現一個旗鼓相當的競爭者或直接競爭對手。要了解自己可持續的真正競爭優勢，並且陳述出來。記住，比爾．史東會鼓勵各位不要只是爭取競爭優勢，而是要爭取有顯著不同甚至會讓投資者說「這不公平」的競爭優勢。像是專利，這是政府准許的獨占權；或是鎖定稀有資源的專有供應合約；以及當前顧客轉向競爭對手所出現的過高轉換成本——這一切都是「不公平」，而且比單純的競爭優勢更加持久。請不要嘗試說服投資者相信你的唯一競爭資產是「先發優勢」，在此是需要清楚說明自己的獨特好處和優勢，應該要能夠在一、兩句話內說明白。

Imperfect 會描述它「直接從農場」取得農產品的模式，以及直送消費者的配銷方法。Imperfect 聲稱可低於主流零售商三成價格販賣農產品，這些供應和配銷的差異增加了這個說法的可信度。

永續模式：要如何產生收益？而且是從誰身上取得？你的模式為什麼可以發揮槓桿作用並可以擴展呢？它為什麼會具有資本效率？評估你的關鍵指標是什麼？是顧客、證照、裝置、營收、利潤等項目嗎？無論如何，在接下來幾年你能達到怎樣令人驚豔的程度呢？Imperfect會強調其吸引人的成本架構和利潤率，即直接採購和直送顧客的收益模式。就像路克．薛文描述的Casper現金流優勢一樣，該公司早於必須付款給供應商之前，就從床墊顧客收到現金支付，Imperfect也可以描述其現金流模式有類似的資本效率好處。

團隊：為什麼你的團隊具備成功的條件？不要只是簡略介紹每個創辦人的履歷，而是要解釋每個成員的背景為什麼重要。如果可以，就說出過去知名雇主的名字，並且預期讀者會對這裡提及的任何東西要求參考資料。為了證明Imperfect團隊的能力，班恩和其共同創辦人可以引用其顧問擁有令人欽佩的經驗，可以給予附加價值，以及霍華．舒茲的創投公司Maveron先前投資了一千四百萬美金。

承諾：對投資人進行投售簡報時，基本承諾就是這項事業將會帶來豐碩的回報。而唯一能做到這一點的方法是，事業的成功規模遠超過資本所需要辦到的程度。財務預測摘要應該要指出這一點，而且要具有可信度。同時應該展示五年的營收、花費、虧損／獲利、現金和員工人數。指出一個關鍵動力可能也很有道理，像是顧客人數或運送件數。Imperfect可以預測五年營收達一億美金，淨利率為正數，以及節省數百萬磅重的食物，證實了它對環境的影響。

請求：包括想要籌募多少資金，這是各位達到下一個重要里程碑所需要的金額。同時，說明未來幾輪融資的時間和資金數目的估計，以及目前對於退場時間和方式的預期。Imperfect 指出其 B 輪融資將籌募三千萬美金，最後透過首次公開發行或收購方式來退場。

我很執著於溝通文件中的一個細節，請務必將執行摘要的段落開頭寫得像是結論，讓它可以獨自存在並講述該段落的故事，而不是通用的置換性文字（例如，與其用「退場」，要推論出「照護裝置的最近收購案驗證了利潤豐厚的退場策略」）。這種做法對讀者發出信號，透露在這段落的隨後細節中他們應該會看到的內容；這種做法給了讀者一個輪廓。不要冒險讓讀者得出不同結論，同時閱讀段落開頭，看看它們是否可以單獨說明你的故事，來查驗整體邏輯和連貫性。以下是上學期布朗課程中一份執行摘要的例子，來自一個叫作 Melior 的團隊，他們致力解決零售商的拋棄式產品庫存問題，同時為快時尚品牌提供一個消除紡織品浪費的平臺。

> 每年有84％的衣服最後進入垃圾掩埋場，Melior 的解決方案同時處理快時尚零售商和千禧世代／Z 世代消費者的問題來源。
>
> 消費者尋求著並不存在的永續性選項，而零售商面對著清除未出售庫存的物流噩夢，時尚廢棄物堆積成山。

Melior 充分利用消費者面對永續性的態度，以及零售商管理大量庫存的方法。

我們著重社群媒體的三階段行銷策略，這將協助我們獲得顧客並且維持有機增長（organic growth）[72]。我們的目標市場是希望尋求永續選項的 Z 世代／千禧世代快時尚消費者。

Melior 的商業模式受二手衣銷售推動，面向快速成長的客群，並在改善營運的承諾資本支持下，減少開支。

Melior 的團隊擁有各種經驗，從成功創辦永續性的新創公司，到涉及創業投資、金融、科技及市場行銷等方面，而我們的顧問具有時尚、逆向物流和新創公司的豐富經歷。

藉由投入提議的三百萬美金投資，改善我們提供給零售商的物流解決方案，我們預測五年營收達到一億一千兩百萬美金，並經由首次公開發行或收購退場。

就像擁有一份履歷，手邊有一頁的執行摘要將給予各位信心，相信自己可以跟顯露興趣的人溝通。沒有執行摘要，會造成各位不把自己放在可以請求首次會見的位置，我許多的校友都認為這是可以在任何背景溝通任何東西的寶貴建議。在博雅教育的傳統中，這個創業技巧是一種可以讓人在許多不同類型的角色中獲益的東西，而不只限於傳統、典型的新創事業角色。

遵循執行摘要大綱的永續計畫書

現在各位已寫好一份出色的執行摘要，並且接獲再提供更多資訊的要求。現在，我們將需要第二件工具：一份充實的永續計畫書，它需要遵循同樣邏輯流程，並具備更加詳細的主題。如果已經精心制訂了一份有效的執行摘要，永續計畫應該就能自然而然寫出來。摘要可以作為計畫書的大綱，甚至摘要中經過仔細思考的段落開頭就可以作為計畫書的章節標題，永續計畫書將協助我們詳盡說明在簡潔摘要甚至是投售簡報中只能暗指的議題。如果激發了合作者或投資者的興趣，他們就會要求各位提供這計畫書所能列出的細節項目。如果沒有要求，就表示他們並不認真看待。而如果各位只能提供一份投售簡報文件給他們，那表示各位也不認真。

遵循同樣邏輯方向的十張投影片

如果這份充實的計畫書能夠鞏固興趣，下一步將是投資者會議。對於這些會議，則需要第三種溝通工具，用來作為和投資者的討論支架：一份同樣按照邏輯流程及先前文件相同標題的十張投影片。可以參照蓋伊・川崎對於如何製作有效率的投售投影片的建議，作為快速指南[5]。這些投影片反映了川崎在執行摘要指導中所分享的架構，而當合作者或投資者表達出興趣，可以使用這些投影片來安排、架構和支持一場親身上陣的討論；並運用它們來說明、強化和強調各位想要分享的關鍵要點。務必讓標題成為結論——就是那些原本用來作為執行摘要的段落開頭，並進而接續到永續計畫書章節的同樣標題。記住：請不要在會議之前預先傳送投影片——這就是前兩份文件的用途。

OutsideGC法律事務所的比爾・史東根據他所見過的眾多投資人簡報會，提出了一些良好建議。「投影片上的字數應該要少，可以是描述問題或展示解決方案的圖片。可以是app的螢幕截圖、原型設計的草圖或照片；可以是現場簡報時所要強調的一個數字或一個字。因為已經有執行摘要和永續計畫書可以參考，沒有人需要一個文字眾多的投影片簡報。」行銷專家塞斯・高登（Seth Godin）對此有一個出色觀點，他的經驗法則是，每張投影片的字數不要超過相當於六個英文字數[6]！

因為重複是一種有用及有效的修辭技巧，以這三種形式分享計畫，有助於溝通並強化所呈現的內容邏輯。對於想要解決的問題本身，以及想要採取的解決方法，各位已是個中專家。對讀者和聽眾展現一些同理心，了解可能需要重複幾次，他們才能了解到剛才提議的潛力。各種傳達感覺的方法會有不同的吸引力，在某些情況中，一個以文字為主的單頁簡潔敘事會引人入勝，而其他狀況中，以圖片為主的投影片會占上風。記住，關鍵是先以執行摘要的簡短形式，完善表達訊息，然後才可以增添永續計畫書和十張投影片。

蓋伊・川崎所分享的其中一個細微差異是他的10／20／30法則：十張投影片、

二十分鐘和三十點的字體尺寸。三十點字體尺寸是我二十歲的學生們從不知道的重要規則之一，卻是我這雙五十七歲的眼睛大為感激的事。

我們先前提過 Fanium 的創辦人格蘭特・葛汀，他也建議新創公司遵照川崎的方法。「我擔任過成功的創辦人，現在則是活躍的投資家，所以經常被問及籌募資金的問題，而我總是首先引導新創公司貫徹蓋伊・川崎的10／20／30法則。令我難以置信的是，各種年紀／經驗的創業家對潛在投資者提供材料的時候，居然有那麼多人認為『愈多愈好』。投資家接獲成千上萬的商機投售，所以投售者愈是簡潔說明他們的事業提出了一個賺錢的重要機會，而且所屬團隊有執行的能力；那麼投售成功的機率就愈高。」

Chapter 10 需要避免的投售錯誤

在身為創業家、投資人和教師的角色中，我經常看到一些常見錯誤。我於是建立了一個名叫「需要避免的投售錯誤」的累積清單，並時時更新。閱讀這份清單有點像是拿到考試的答案，計畫不可能完美，只是不要犯下這些同樣的錯誤——請出現新的錯誤。

記下回饋意見

簡報團隊要避免的一個最嚴重溝通錯誤是，在激動的情況下，他們沒能記下投售對象的回饋意見。這必然會疏遠你的聽眾，同時也讓回饋意見失去價值，而這些意見通常來自比你更有經驗的人。

記住請求

不管溝通的目的為何，記住必須清楚我們對接收者的請求是什麼。令人驚訝的是，許多投售簡報中並未陳述這次投售的目的。如果是對投資人做投售簡報，就需要表明在尋求多少資金。如果是提交補助申請書，就清楚說明請求的東西。如果是試著吸引成員加入團隊，請明確說明請求誰做什麼事。

籌募，而不是請求或希望

這是一個小小的措辭選擇，卻可以顯示出見多識廣。我們是在**籌募** X 數百萬的資金，而不是請求或是希望。

別期望第一次約會就結婚

《創智贏家》（*Shark Tank*）這節目並不實際。除了在電視上，投資人當然不可能當場就開支票給你，授予人不會當場就發出補助金，潛在團隊也不會當場就加入。而各位期待他們做什麼事呢？我們希望激發出他們足夠的興趣，然後對這一切採取下一步，而這下一步就是更加仔細談論這個計畫的另一場會議，或是他們要進行一些盡職調查。簡單來說，別期望第一次約會就結婚，請期待另一次約會。

解釋數字

在計畫書後面附上不明的財務預測或其他數字，卻沒有加以解釋，這樣是沒有效果的。重要的是數字背後代表的邏輯和精明老練，說明了我們思考的邏輯和精明老練，這些不該留給讀者自行弄清楚，投售對象要閱讀數以百計的計畫書、收到數以百計的投售簡報，我們需要親手帶著他們找到我們希望他們關注的事。否則，就會承擔風險，面臨他們作出和我們想法不同的結論和推論。例如，不要以未加解釋的轉折點透露令人印象深刻的營收，務必為銷售成長的原因給予註解。

引用最大數字

計畫書太常出現以利潤數字作為事業未來規模的衡量方法。投資者以營收數字來衡量公司規模（「這是一家一億七千五百萬美金的公司」意指它有一億七千五百萬美金的營收），所以不要使用其他衡量方法加以混淆。這並不是說利潤和其他衡量方法不相關，它們有關聯，但請採用簡略說法來表示規模和放大的格局，盡可能使用最大的數字，也就是採用「top-line」（企業營收或其他實體的對應物），而不是「bottom-line」（利潤和淨收入）。

加入細節讓計畫真實

「讓它真實。」已成了我課程中的真言，讓計畫書愈真實愈好。其中一個方式就是援用由下而上調查中的具體例子。例如，不要描述可能用來作為製造產品的假設代工廠，而是訪問一些特定的製造廠，並分享對談細節。不要描述要把產品賣給全食超市的假設目標，而是和全食超市的採購員或至少找當地的店經理談話，把談話結果加入計畫書之中。此外，是否可以按照最低可行產品來製作一個原始雛型呢？採取額外的步驟加入這種真實細節，往往只需要多花少許的時間和努力，但這樣做卻會在讀者或投資者是否考慮你的計畫上，產生重大影響。

不要忘記 POCD 架構是以人為本

記住，在比爾・沙曼的「人、機會、背景和協議（POCD）模式」中，最重要的領域在於人。年輕和經驗不足的團隊應該補充經驗老道的顧問，如果是真誠且專業地建立這些關係，這樣做並不像它看起來那樣具有挑戰性，而且這樣做是讓計畫書真實的最重要方法之一。

大部分的學生團隊經過一學期的時間，就至少建立了幾個這樣的關係，而這為他們的創業投資發表增加了極大的可信度。記住，不應該把他們稱為顧問委員會或諮詢委員會，因為委員會暗示了你可能無意納入的東西（像是受託責任及持久性）。務必徵求這些顧問的許可後，再把他們納入計畫書中的團隊部分。沒有比下列這種情況更糟的了：投資人事後詢問其中一名顧問，卻發現對方甚至不知道自己是顧問。同時，務必不要像櫥窗展示那樣列出顧問：要闡述每個人已作出的貢獻和未來持續的貢獻（例如，可信度、聯絡他人、特定的業務或技術專長）。在執行摘要、永續計畫書和簡報發表中，想要從團隊附加的可信度來加分，要在靠前的部分就列入團隊。記住，投資者不只看重 A 級創意，首先更想找尋的是 A 級團隊。

問題／解決方案的驗證太少

未能進行足夠的由下而上調查是沒有藉口的，而太多計畫書不夠詳細討論它們的調查結果也一樣，團隊假設消費者會喜歡他們的產品則是另一回事。儘管調查不是決定性因素，但通常可以決定別人是否認真看待我們。

散布而不是傾倒

不要把調查結果傾倒在同一單元，而要有策略性撒落在整個永續計畫書和簡報發表中。撒落散布調查結果，幾乎怎麼做都不算過火，其中一個做法是，每一次陳述時，就以調查證據（由上而下或由下而上的調查皆可）來支持這個說法。

現金流太早轉正數

許多計畫書太早預測收支平衡和正的現金流，大部分的新創公司會比預期中需要在負現金流／投資階段停留得更久。公司的規模和成功通常和公司的早期投資成正比。投資人並不關心事業早期的現金使用狀況，更讓投資者印象深刻的是，各位了解到，為了發展和從事重要的事業，在研發和行銷方面，可能需要時間和有意義的投資。

沒有足夠的「為什麼」

一般來說，計畫書都沒有足夠的「為什麼」。回答許多主題的隱含問題，可以展現計畫書的幹練和思考。例如，計畫書中往往會聲稱這事業將是首創的而值得稱許，卻完全沒有提到為什麼如此。有時候，首創並不見得是優點，所以與其這麼說，不如加以討論為何如此。其他例子包括外包或加盟經營的做法，為什麼會決定（或決定不要）這麼做，這些原因可以透露各位掌握計畫的狀況。僅僅表示打算或不打算外包，並不會傳達對這項計畫的精通程度。記住賽門・西奈克強調的「為什麼」和「什麼」。

行銷預算隨意而且太少

這也是沒有回答隱含的「為什麼」問題的一個好例子。為什麼決定在行銷上花這樣的金額？為什麼這個數字足以滲透市場到我們所說的程度？這個主題一個常見的錯誤是，在銷售預測激增時，行銷預算卻仍保持平緩。這兩者是有因果關係的，不然為什麼一開始要花錢行銷？處理這個主題的一個好方法是，找出在這項產業中類似企業在行銷預算上所占據的銷售百分比。既然準備迎頭趕上，預測至少有相似或更多百分比的花費會比較好，這種方式（例如「因為微軟就是這樣做」）可以展現我們起碼應該傳達的一些思考和幹練；更好的是，設計一個比競爭對手更深入的行銷策略。

資產負債表並不平衡

這就無需多說了。

過度精確顯得很蠢

撰寫一份早期的永續計畫書是為了設立一個整體方向，不是為了精確度。例如，我有時會看到在財務預測上以美分為單位，這樣很蠢。

頭髮並未著火

太多計畫書提出他們的產品或服務存在著「需求」，但事實往往並非如此。如同我先前提及，頭髮著火的人需要一大桶水，但鮮少有計畫書會描述向頭髮著火的人出售一桶桶的水的這種緊急情況。小心不要誇大需求，比較恰當的是，利用由下而上調查來認真找尋這些的「著火」需求，以便一開始就著手處理。

員工平均產值不對

顯示計畫書預測有問題的跡象之一是在公司員工平均產值的計算，以大約的整數計算，製造業應該預期每個員工有十萬美金產值，而軟體業可能倍增（每名員工二十萬美金）。現在各位可能會不解：這到底要怎麼知道？答案就是，就像應該花在行銷上的數字一樣，應該按照所屬產業的標準，藉由檢視潛在競爭對手的費用就可以得知。經由一些迅速的線上調查，幾分鐘內就可以找到答案。

並未表明目前處於創業過程中哪個階段

務必加入一個時間軸圖表（而圖形式的時間軸比表格式的時間軸更一目了然），列出達成的里程碑，以及尚未達成、需要讀者資源來達成的里程碑。務必不要以今日為時間軸的第一個位置，請標示在現下籌募資金之前已達成的寶貴成就。

沒有資金用途

或許很難以置信，但同樣很少有計畫書概述目前籌募資金或其他資源的用途。如果期待讀者能夠有興趣參與或貢獻，務必告訴他們，打算拿這些資源做什麼。

說法沒有標示來源

另一個關於可信度的要點是，務必標示出計畫書各種說法的來源，尤其是來自由上而下或由下而上調查的說法。很多時候，計畫書加入了市場規模、產品需求或其他關鍵假設等未經證實的說法。如果計畫書的說法缺少來源，讀者也可能會假設是你叔叔告訴你的。

計畫書加入估值和所有權百分比等細節

在投售簡報中加入這些或其他「投資條件書」的細節，是非常糟糕的做法。當我們班上一個團隊以一張仔細的投影片，提出他們的估值假設，我們一個創投來賓不禁倒抽了一口氣，再聽到他們指出實際發生的時間，她就不再聆聽了。這是對各位可信度的死亡之吻。正如她說的，對於估值問題的唯一答案是：「我們會讓市場決定我們的估值。」這並不是表示，不該徹底思考可能期望的估值數字。如果預測數字看起來不太合乎情理，那就應該對它進行一番合理的檢視，以作為改變預測的動力。簡單來說，需要知道這個所有權和估值的數字是否能辦到。但我要再說一次：不要在投售簡報或計畫書中加入這些數字。

不要浪費寶貴的標題頁或第一張投影片

在商業計畫書的標題頁或簡報的第一張投影片上放一句驗證的引言，以激發投資人的興趣，並建立一個積極的風格。這句話可以是各位在由下而上調查中所遇見的可靠人士，或甚至是在由上而下調查中的陌生人。有時，這張投影片會停留好幾分鐘，所以為什麼要浪費它？我曾經參與一家協助糖尿病患預防足部潰瘍的醫療器材公司，以下是這家公司在封面頁上作出的類似引言：「我很驚訝社會願意付給外科醫師一大筆錢來切除病人的腿，卻對拯救它一毛不拔。」——蕭伯納。

隨時保持聯繫

這句來自電影《大亨遊戲》（*Glengarry Glen Ross*）裡的知名臺詞，也適用於永續計畫書。如果沒有在計畫書加上聯絡資訊，別人怎麼會認為我們是認真想要他們跟我們聯絡呢？把它放在封面，方便查找。

說出我們準備說的事，再說一次，最後再把說過的事說一次

這句古老格言，對於簡報的整體架構是很有用的準則。利用初始和時近的序位效應（最早說的話和最後說的話給人記憶最深），在前面加入一張簡短的執行摘要投影片，概述想要聽者記住的三件主要事情（反正他們也沒辦法記得更多）。到了最後，以總結摘要的投影片，回頭再次強調這三點。

先說哏，再說笑話

因為聽取簡報的任何人都會在前三十秒鐘（如果沒有更早的話）決定是否感興趣，所以務必馬上切入正題，分享長期願景（例如，我們正在成長率達17%的三十億美金市場，建造一百五十家總營收一億七千五百萬美金的鯡魚全國零售連鎖店），然後再回過頭充實細節。太多做簡報的人從目前的狀況開始（像是：我們現在賣魚狀況有所突破），再建立他們的長期願景，這時候各位已經失去聽眾，所以務必一開始就說出妙語。

太多行銷策略的細節

儘管行銷計畫往往是許多計畫書中最薄弱的部分，但解決方案不是去堆砌眾多策略上的細節（例如：預計第十七個月在《運動畫刊》購買多大版面的廣告），讀者反倒希望看見如何獲取顧客的思考邏輯。這裡需要取得一個平衡，各位可能需要清楚一些行銷和銷售策略，卻不必以明白整個模式為代價。心中考慮這件事，明確知道顧客獲取和該顧客的終身價值，而如果無法證實這個終身價值超過獲取成本，你就沒戲唱了。記住，經驗法則是終身價值應該至少是獲取成本的三倍。

1％的錯誤

許多創業團隊默認一種主張：如果在一個龐大市場可以僅僅滲透百分之一，就得到了極大的事業。我理解這種默認的傾向，邏輯是這樣，如果我們可以藉由僅滲透一個龐大市場的1％，就建立一個大型事業；想像一下，如果不這麼保守的話，會是什麼情況？有好幾個原因讓我每次聽到這樣的說法都覺得畏縮，首先是，這個1％主張就像往空中伸出手指測風向——1％這個數字很隨意，而且投資人和評估這項商機的其他人會尋找這樣預測的由下而上調查基礎。其次，如果對一個已經找到並驗證過的真正問題，提出了突破性解決方案，為什麼會只有1％的市場接受它？第三，1%的市場並非永續性。沒有人期望各位有水晶球，但對於所提出的任何數字，要徹底思考它的邏輯，並且確保它們是基於由下而上調查，並且具備永續性而非隨意選定。

入場和擴展沒有區分

預期公司最終的成長策略（包括計畫裡的所有要素，尤其是產品和行銷方面）和公司成立時的策略相同並不實際。經常發現，計畫書預測日後成長率是根據同樣的初始入門策略，我們應該要區分入場和擴展策略的不同特質，（例如：需要什麼不同的資源？想要滲透什麼不同的領域？要推出什麼不同的產品或服務？）如同哈佛商學院教授泰利斯．特謝拉在〈將一千名顧客轉換成一百萬名〉（Turning One Thousand Customers into One Million）的文章中指出：「從一千到一百萬可能是飛快的旅程，但前提是公司願意改變策略來嘗試新事物。激勵早期使用者加入的策略，和擴大規模所需要的策略根本不同。」[1]我希望如今各位會注意到，這個概念是「洞察、解決、擴展」三個步驟的基礎。發展永續模式和制定價值主張是完全不同的步驟，需要不同的技能、資源和策略。在溝通這些步驟時，務必確認自己能辨別它們之間的顯著差異。

先烤好蛋糕再撒糖霜

這件事以不同的重點表達了對上述終身價值／顧客獲取成本的關切：不相干的細節模糊了基本的經濟模式。聽取我們學期發表的創業投資人曾指出，企業運作和賺錢的基本方式往往不夠清楚。大家在把過多的各種執行細節塞進計畫書或發表簡報之前，請先確保自己極為明瞭經濟模式。創業投資人在班上曾以零售店計畫書的例子來協助闡明這一點，儘管放大格局很重要，但在開始解釋要如何建立一百五十家分店的細節之前，必須確保第一家試營運地點的經濟效益足以保證擴展，而計畫書往往草草結束其入門計畫的關鍵細節。在簡報時，甚至可以停下來詢問聽眾，這些細緻的經濟情況是否已經夠清楚，再進行到擴展的部分。而關於這一點，現在大家應該也已經熟悉，換句話說就是，在嘗試解釋永續模式之前，務必先釐清價值主張。

不要把蕎麥粥和羅宋湯混在一起

好吧，我的祖母莎黛（Sadie）是這麼說的。在這個情境中，我的意思是不要加入百分比之類的資料，來把質化數據看起來像是量化數據（例如：我們交談的人中有75％說他們喜歡我們的產品）。由下而上調查是這創業過程的特點，它是取決於質化而非量化方法。透過引言和「撒落」軼事來利用這些質化見解，會比聽起來偏向量化的事物更具影響力。

進入障礙——說得像是壞事一樣

計畫書和投售簡報經常不正確地使用「進入障礙」（BTE）這個用語，把它當成進入市場所必須克服的東西。這使得障礙聽來像是壞事，相反地，障礙是我們需要設立的阻礙，以防止最終的競爭對手進入市場，因此它是好事——對於維持成功商業確實至關重要。一個強大的進入障礙是轉換成本——這種方式是讓我們的顧客轉向競爭對手時需要高昂成本，手機業者收取的違約費用就是一種明確的轉換成本。更有創意的是隱藏的成本，像是儲存照片並購買沖印副本的Google相簿。一旦用戶在Google相簿儲存並整理了他們所有的照片，轉換到不同的照片儲存網站就會產生隱藏成本。務必徹底思考在預測的市場滲透之後，可以設立怎樣的障礙，不要依賴像是專利這種耗費大量投資資金的明顯事物。同時確保正確使用這個名詞的意義，它指的是我們**打算**設立的障礙，而不是進入市場所需要克服的障礙。

並非所有風險都是均等的

我看過的大部分計畫書中都會列出一個單元，仔細說明該企業將面臨的風險。沒有加入這個單元是個錯誤，但是，務必也要加上如何克服這些風險，更好的是把它們分組歸類成子目錄（像是營運、競爭、監管、財務），這樣列進哪一個目錄就有邏輯可尋。要贏得風險單元的金牌，請按照我二〇二〇年布朗大學春季課程一個團隊的做法。他們以兩個標準來衡量每一個風險：可能性和影響。如此一來，有助於投資人了解我們認為每一個風險發生的可能性，以及如果真有風險，它對我們的事業所造成的影響。

不要承諾種類錯誤的財務回報

創業投資人尤其不想要新創公司承諾現金股息，他們希望透過盡量發展最大實體來尋求資本利益，因此希望我們把利潤重新投資到企業，而不是分發股息給股東。預測高額股息的問題在於看起來很天真——最好是了解投資者想要尋求的前景，然後預測並給予他們。

貪心不足蛇吞象

如果投售的企業在整個配銷網中有供應商和不同的貢獻者，務必讓價值鏈中的每一個人都賺到錢——你、你的供應商、配銷商、零售商等等。太多計畫書在自己的財務上承諾高利潤，但公司所依賴的其他對象都沒有足夠利潤。對價值鏈上游和下游的每一個人都提供足夠的誘因至關重要，否則就無法激勵這些關鍵參與者加入。因為有時就連撰寫計畫書的人也很難看出這個需求，所以我建議採用一張簡潔明瞭的圖表，來說明價值鏈中每一個階段分別是誰在做事。務必以所屬產業的標準來衡量每一個階段的基準，來確保自己的提議合情合理。

順序與銜接很重要

記住一切溝通都應該闡明一個合乎邏輯的論點，因此計畫書中各單元的順序就很重要。時常見到計畫書的獨立單元讀起來都很好，但是銜接的順序卻有瑕疵。在部分情況中，這是因為不同單元是由不同人撰寫。其中一個例子是，在財務和其他單元不相關時，就一股腦兒丟進計畫書，造成這個要點經常太早出現，並且脫離前後文。銜接的意思是從一個單元過渡到另一個單元，協助引導讀者貫通論點。

別在推論出頭痛之前就賣阿斯匹靈

或者是說，在提議吃止痛藥前，要先證明疼痛存在。創業家天生會對自己提議的解決方案、價值主張，覺得興奮激動，而他們也應該如此。然而，在證明疼痛存在之前就提出止痛藥，這種計畫書會是一種問題重重的解決方案。作為另一個關於順序例子，務必利用由上而下和由下而上調查，來釐清和說明所要解決的問題，再提出解決方案或是描述產品。

公司高層太多「長」

避免為早期團隊的每個人冠上時髦的頭銜。很多早期計畫都會加入這些，讓團隊看起來幼稚、浮誇和頭重腳輕。大部分的新創公司都不需要有執行長、營運長、技術長和行銷長，而且隨著公司成長，各位很可能會想聘請擔任這些職務的人，如今職務都被占據，這可能顯示，你在時機適合時會不願找人。不要分配頭銜，可以描述重點的職務領域（像是行銷、財務、工程）。其中一個例外是，你應該清楚誰是執行長（或同等職位的人）。

共同執行長等於沒有執行長

不管怎麼稱呼這個職位，應該清楚誰是團隊中的負責人。這有時候很棘手，但投資人和其他貢獻者期待責任歸屬於一個人——而不是幾個人的團隊。他們會希望我們在接觸他們之前，就先確定這件事，而不是在跟他們討論期間才釐清。有時候，團隊會指派團隊中不只一人擔任共同執行長，藉以擺脫這個決定。儘管這在極少數情況下有效，但投資人還是希望見到是一個人負責。而且其實，共同執行長就等於沒有執行長。

扔皮膚就好，不要連肌肉和骨頭都扔進去

儘管我了解不拿薪水的 skin-in-the-game[73] 潛在訴求，但是這樣做的時間超過純粹的新創階段就不合理。一旦籌募到資金，即使不是基於市場價格，還是要預計付自己薪水。如果不這麼做，投資者可能會擔心各位能夠堅持多久，而且不拿薪水也不能反映企業在脫離創辦人參與後，確切需要的成本基礎。

想找錢時，請尋求建議

OutsideGc的比爾．史東提醒，沒人預期你成為全方位的專家，尤其是在一開始的時候。所以不要害怕提問，不要認為自己需要知道所有答案。就投資人可能知道的事尋求對方的建議，這樣可以傳達許多事：（1）你了解投資人的背景；（2）你重視他人的意見和建議；（3）你不會假裝知道你不知道的事；（4）你知道如何提出深思熟慮的問題。尋求建議也可以建立良好的友好關係，可能為未來的財務支援奠定基礎。

希望藉由分享這些最常見的問題，有助於大家避開它們，在 **dannywarshay.com** 可以看到當前清單和其他相關內容。

Chapter 11

說服性溝通

芭芭拉・泰寧巴姆（Barbara Tannenbaum）是布朗大學明星教授，她在學校開了一門極受歡迎和改變人生的一個課程：**說服性溝通**（Persuasive Communication）。我感受到這門課（由芭芭拉的同事南西・杜巴（Nancy Dunbar）授課）的影響力，無法想像沒有上過這門課，而如此頻繁當眾演講的情景。

回到二〇〇六年的春天，我首次在布朗大學開課的時候，我的學生在向創業投資人進行較長的投售簡報之前，預先做了投售練習。這是一件好事，因為這些投售糟透了——不是內容的緣故，它們遵從了我先前描述的格式，而是學生不知道怎麼發表簡報。我驚慌失措，了解到再幾天這些學生就要對我的創投友人發表他們的創投計畫，我不希望自己和學生難堪。我去找了芭芭拉，詢問她是否能提供協助。她推薦了自己的明星博士學生佩琪・麥吉妮（Paige McGinley，目前是聖路易市華盛頓大學劇場與表演研究的研究生課程主任）來帶領一堂說服性溝通課程，而這產生了魔法般的效果。後來學生對創業投資人的投售簡報真是精采極了——同樣不是因為內容有重大改變，而是因為他們學會並應用了進行正式發表的原理。

我們大部分的人都不是天生就具有說服性溝通技巧，更糟的是，誠如許多人都知道的，當眾演講的恐懼是強烈且普遍的。要成為成功的創業家，必須克服這種恐懼與生疏的經驗，進而掌握並應用投售技巧。好消息是，就像「洞察、解決、擴展」創業方法的其他關鍵要素，各位同樣也可以學到如何進行優秀的投售簡報。

如果說佩琪將一學期的說服性溝通指導濃縮在一堂課之中，已經像是魔術戲法，那麼嘗試在這裡以幾個段落來說明更是如此，但至少我可以提供基本原則。

- 所有說話都是演講，因為你溝通的東西有九成不在於內容，而在你的模樣和語氣。
- 有效溝通是目標導向且以聽者為中心。
- 讓自己專注在聽者在意的內容，有助於實現這種有效溝通。

一切說話都是演講，所以不能不溝通

芭芭拉這種思考方式的基石是：我們隨時都在溝通，無論有無意識到自己在這麼做。在每一次研討會和每一堂課程中，她都喜歡用一句雙重否定句來開場：「我們不能不溝通。」我們可以任由溝通如自動駕駛般進行，或是盡全力掌控它。芭芭拉和其博士學生把他們大部分的學期課程，以及我們單堂研討會的大部分時間都在協助大家做到這一點。

他們第一個建議是，要有條理。這聽起來簡單，卻往往不容易辦到。提出二到四個要點（我推薦三個），並且重複二到四次（我再度推薦三次：告訴他們你準備說的事，之後再說一次，最後再把說過的事說一次）。一開始就陳述想要聽眾記得的事，然後在最後利用兩種稱為初始和時近效應的現象，如同先前所提及，最早說的話和最後說的話給人記憶最深刻。

目標導向／以聽眾為中心

芭芭拉建議，在進行任何類型的溝通之前，利用亞里斯多德（Aristotle）的哲學，先問問自己：「我的目標是什麼，我在和誰溝通？」然後相應調整。記住在這些變數中，我們唯一能夠改變的只有一個：我們的目標，而不是聽眾。以我們的價值主張的說法，可以把目標想成是發表簡報時的特色。

WIIFM法則

芭芭拉教我們以聽眾為中心的一個方法是，記住這個縮寫WIIFM，它代表「這對我有什麼好處」（What's In It For Me）（聽眾），這樣做回答了聽眾為什麼應該聆聽的問題。它幫助我們傳達我們想要交流的訊息和內容；幫助我們說服聽眾採取我們希望他們採取的行動。如果目標是要表達我們簡報的特色，就把WIIFM想成是福利獎金。如同芭芭拉所說：「你的WIIFM再怎麼提早、再怎麼頻繁出現，也不為過。」不要假設投資人有理由聆聽你的話，在面對數以千計的其他投資機會，需要給他們一個聽你說的理由，而且需要儘早並經常這麼做。

把我們的焦點放在聽眾身上，幫助我們在發表中不再困擾於自己的緊張狀態。就我和學生相處的經驗，最後一點很重要。許多人往往對他們的簡報十分焦慮，以致於過度關注自己，只希望趕快完成。把自己的焦點轉向聽眾，有助於減少焦慮並且根據聽者的反映來修正技巧。

可信度

說服力最強大來源之一就是可信度。如果WIIFM法則告訴聽眾他們為什麼應該聆聽，那麼可信度就進一步告訴他們為什麼應該聆聽**你**。正如可信度

（credibility）的語源所表明的那樣（我高中時的拉丁文老師史崔特（Strater）博士會很高興我這個分享：credo 意指「我相信」），它有助於聽眾相信你。一開始就贏得可信度至關重要，這樣會讓聽眾在隨後整個發表過程中相信你說的話。團隊往往沒有一開始就介紹團隊背景，而是到了最後才介紹，因而錯失這樣的機會。如果團隊中有顧問或是有人具有令人欽佩的背景和經驗，請把這個主題移到發表過程前面，以便一開始就贏得可信度。請同時記住我對於利用寶貴的封面或第一張投影片的建議，因為在各位準備發表時，觀眾會盯著這些資料看。

在強力推銷／反對／緊張的時候，建立共同點

可信度的一個寶貴來源是和聽眾建立一個共同點。以「我們」而不是「我」或「你」的說法來發表簡報，每當想要說「我」或「你」的時候，看看是否能改成「我們」。當你進行強力推銷，場上出現反對甚至是緊張氣氛的時候，找出你和聽眾都同意的領域是有幫助的，甚至是關鍵的。

什麼：外在可信度

可信度——我們稱為外在可信度的這部分——大多是我們這一生中所建立出來的東西。我們所曾經學習的、透過經驗得知的，以及所有帶入發表和創業中被證實有價值的東西，這一切應該可以在簡報發表中給予我們信心，可以在觀眾面前對我們有利。如果能夠在當天之前就建立外在可信度，這樣的效果最好。在做簡報之前，透過先前的溝通，引進個人相關的出身背景。可能的話，讓別人在介紹中誇耀你。在介紹芭芭拉．泰寧巴姆時，我總是會分享她令人驚豔的背景、經驗，以及最近的教學和顧問工作，這樣等她開始演說時，全班就會對她印象深刻，認同她的外在可信度。

如何：內在可信度：60／30／10

如果外在可信度的來源早於進行發表之前，那麼可以透過發表時所展現的信心來贏得內在可信度。為了協助大家記住這種可信度的來源，讓我分享從芭芭拉那裡學會而各位將永遠不會忘記的三個數字：60、30、10。有人猜到這是什麼了嗎？嗯，大家可能注意到它們加起來是一百。百分比嗎？沒錯。心理學家艾伯特．麥拉賓（Albert Mehrabian）曾在一九七〇年代研究非語言溝通的重要性，根據他的研究，這三個百分比代表任何發表中三個不同組成部分的相對影響。[12]

因為大學裡的大部分學生都認為，產生最大影響的必定是他們花上好幾星期研究、發展和琢磨的內容，這部分一定占六十，是嗎？錯。那麼三十？還是錯。儘管我們經常把全部的時間和注意力以及幾乎所有的努力花在訊息內容上，研究卻顯示，內容也就是**什麼**只相當於簡報發表中10％的影響。而60％的影響來自「視覺」或我們的模樣，發表中30％的影響來自「聲音」，就是我們聽起來的感覺，這等於我們**如何**發表共占據了90％。好消息是，我們可以左右或甚至控制視覺和語氣的影響，並利用它們展現自信、顯得更加可信。以下是如何做到的一些建議。

視覺

芭芭拉和她的博士學生建議我們進行簡報時「占據空間」，他們提醒，最有效占據空間的候選人較容易贏得選舉。有時是身高較高的候選人，但通常是行為舉止看起來像是占據較多空間的候選人。

- 雙腳張開與臀部同寬。
- 挺起胸膛。
- 不要讓雙手垂放交疊在身前，形成芭芭拉喜歡說的「遮羞葉姿勢」，而封閉起自己。

- 身體重心平均放在兩腳之間。
- 以從容不迫且有意義的動作，稍稍離「家」走動，就算設有小講桌，但不代表我們一定得站在它後面。以我的例子來說，我從來不會嘗試使用小講桌，而是靠近聽眾，這樣有助於和他們建立融洽的關係。
- 如果不知道怎麼擺放臂膀和雙手，試試這個小技巧：把雙手高舉過頭，然後自然垂放在身體兩側，這就是它們的「家」。
- 為了避免看起來和感覺像是機器人，要做些離開「家」的姿勢。
- 為目光提供一個視覺的「家」——一個中立的地點，不是會提供資訊的時鐘，也不是天花板或地板，而是在聽眾頭頂上方某處。
- 在發表的過程中，持續和每一個聽眾進行眼神交會。這會讓聽眾感覺你並非只是單純在發表，而是特地在為他們發表。
- 避免挪移臀部，或是擺弄飾品（不要佩戴）、鑰匙、零錢、頭髮（梳往後方）、筆（不要拿在手上）或是口袋（不要穿有口袋的衣服，不然就用別針別住）。
- 避免偏著頭，這會露出頸靜脈，顯示出一種生物學上的屈服或服從，同時也顯現信心不足。
- 使用不會晃動的索引卡紙，不要用一般紙張。
- 集中注意力在發言的人身上。
- 事先做做伸展運動／瑜伽／跑步，消除緊張的精力，讓自己平靜下來。

聲音

- 以別人可以聽得到的音量說話；採用在整個發表中都可以維持的音高；配合自然的音調變化。
- 撰寫文件的優勢是可以透過斜體字、粗體字或加底線來強調；在說話中，則是使用音高／速度／音量。
- 要避免的習慣：

✓ 非語言的順口字：嗯，像是，好。
✓ 句尾抬高音量，在句尾產生變化。（在腦海中說「該死」，讓句子成為直述句而不是問句。）
✓ 標記問句（是吧？對吧？了解嗎？知道嗎？）：建立真正的問句（大家都清楚我們剛才描述的產品了嗎？）並尋求回饋意見。
✓ 沉默就是力量。（你掌控著沉默，而且人們需要時間來消化：溝通不僅僅只是發表。）
✓ 以聽眾為中心，而不是置身在自己的目標和緊張之中：要與他們同在。
✓ 用丹田吸氣！（尤其當你腦海一片空白的時候。）

完美收場

準備結束發表時，請記住聽眾印象最深刻的是剛開始說的事（初始效應）和最後提醒他們的事（時近效應）。為了更加強化這些影響，可以利用我們上面分享的語言和非語言工具。例如，要表示即將進入另一個單元，或許可以放……慢……步調；或許可以移動到另一個位置——如果站在小講桌後方，或許可以靠近聽眾。然後，如同芭芭拉多次提到的，你會想要「完美收場」。採取標準收場：「謝謝大家，還有什麼問題嗎？」可以得到銅牌。要拿到金牌，就要為發表的結尾設計幾句話。要達到你所設定的目標，可以提醒聽眾你的三個要點來作為結束，甚至在回答問題後，再次重申這三個要點，這樣它們就會是聽眾最後記得的東西。就這個說服性溝通單元來說，這三個要點是：

- 你不能不溝通，因為溝通的東西有几成不在於發表的內容，而是你的模樣和語氣。
- 有效的溝通是目標導向和以聽眾為中心。
- WIIFM法則可以協助你專注在對聽眾重要的事。

結語

我的課程和研討會的最後一堂課以有點情緒化的體驗聞名，落淚並不少見。往年的校友經常加入我們，再次感受落淚體驗。在最後的課程中，我總是分享三件事：賈伯斯的畢業演說、關於成功的一段話，以及表達這個經驗對我的意義。

史蒂夫・賈伯斯

無法往前預先串連點點滴滴；唯有日後回顧時才能連結起來。

——史蒂夫・賈伯斯[1]

即使各位已經看過，還是請大家花十五分鐘看一下賈伯斯在史丹佛大學畢業演說的影片。不知為何，在學習創業過程的背景下看這影片，會產生更深遠的影響，而且往往觸發我上面提到的眼淚。我必須承認，在看這個演說時，我也感到哽咽，因為我父親在二〇一七年一樣死於胰臟癌。影片連結在：

2

做你喜愛的事，這和本書始終如一的宗旨相互呼應。見到賈伯斯這麼說，而我們都知道他並未戰勝癌症，所以當他提及人生苦短的訊息時，就更加令人傷感。

我也喜歡他往前預先「串連點滴」極其挑戰，只能靠著日後回顧才辦到的見解。對我來說，這個看法連接了我的歷史研究和教導創業的熱情：歷史讓我們可以回顧過去，串連點點滴滴業促使我們往前看，創造新的點滴。

成功

這是美國作家蓓西・安德森・史丹利（Bessie Anderson Stanley）對成功的定義（往往被誤以為是拉爾夫・沃爾多・愛默生〔Ralph Waldo Emerson〕的作品）：

〈成功〉

——蓓西・安德森・史丹利

笑口常開；
贏得智者的尊敬
和孩童的喜愛；
得到誠實評論家的賞識
和忍受假朋友的背叛；
欣賞美好，
發現別人最好的一面；
留給世界一點美好，
無論是留下一個健康的孩子，
一塊園地或是彌補一個社會狀況；
知道即使僅有一個生命活得更加輕鬆
只因你曾經活過。
這就是成功。

儘管這些文字鼓舞人心，但除了史丹利之外，不該成為任何人的成功定義。記得熱情，記得目標。

成功的定義因人而異，與其占用賈伯斯或史丹利的定義，不如用他們的靈感來協助找到自己的定義。

我還是用了POCD的架構來總結跟各位互動對我的意義，請原諒這樣的老生常談。

人

在這裡分享「洞察、解決、擴展」創業方法的挑戰之一是，不知道各位是誰。這對我不是一種學術練習，傳授創業是一種參與的運動，希望我的文字和各位的閱讀，只是本書之後能延續的關係的首部曲。

機會

我永遠感激巴雷特．海茲廷在二〇〇五年聯絡我，點燃了我人生的職業目標。能夠有機會講授我喜愛的東西，是我職涯中最心滿意足的事情了——以賽門．西奈克的話來說，這就是我的「為什麼」。這是我有幸去發展的價值主張，去解決剛開始我甚至不知道存在的未滿足需求。現在，透過書這個媒介，以更大規模教學，再次讓我感激不盡。謝謝大家和我一起參與這個機會。

背景

在某種程度上，這種教學的背景很明確：透過書面文字來教學。對各位來說，背景會因為大家閱讀本書時的環境而有所不同。在寫作過程中，我嘗試從 Knight Ridder 的例子吸取教訓，避免「把報紙放上網路」時的錯誤。也就是說，儘管本書的內容和節奏反映相同的創業過程，但背景的轉變，讓人對於吸收內容時採用的不同方法必須保持敏感度。

我在這裡也嘗試了遵照自己的步驟，進行人類學和具同理心的由下而上調查；透過面對面的課程和研討會，教授跟本書相當的最低可行性產品（ＭＶＰ）；認真看待學生的要求，放大格局，寫下書的版本。我還不知道這樣的過程會通往何方，但我確實期待隨著時間可以更進一步擴大教學，產生更大規模的長期影響。我希望大家盡情跟我分享想法和建議。在撰寫開放原始碼的單元時，我開始思考《紐約時報》專欄作家湯瑪斯．弗德曼（Thomas Friedman）對於利用公共開發社群的貢獻而提出的見解，對我而言可以如何運用。或許，各位可以幫我了解這件事，期望讀者「群體」可以幫我取得比單打獨鬥時更好、更快速的進步。

協議

◎感恩節任務

每年十一月，我都會發出一份感恩節任務，這是我效法哈佛商學院教授傑夫．提蒙茲的做法，我曾引用這位教授關於「放大格局」的看法。當我在二〇〇六年第一次在課堂上發出這份任務時，完全不知道會產生這麼大的影響。現在我每年都發給不斷成長的校友名單，人數已經超過三千人，許多人期待收到，如果我沒有在他們預期的日子寄出，有些人還會感到焦慮。聽到這項任務所產生的影響時，有一個主題就是傳播。以「洞察、解決、擴展」的內涵來說，感恩節任務開始產生大規模的長期影響。現在，有些校友形成在感恩節用餐或假日聚餐中談論這項任務的傳統。本著同樣的精神，我很高興提供大家這個任務，也鼓勵各位分享出去。

各位好，

按照行之有年的做法，我把這份任務寄給目前在布朗大學的所有學生，以及在美國、世界各地參加過我課程和研討會的校友，願大家收信平安。

各位校友必定記得這份任務，而如同我過去所說，即使對於不慶祝美國感恩節的國際學生，大家還是有資格進行。我很高興本週已經收到一些校友的電子郵件，他們已在期待今年的任務，急著想要分享他們的經驗。

早在一九九四年時，我的哈佛商學院創業課程教授傑夫·提蒙茲給了我們一份任務，我認為它很有意義，現在我想傳遞給大家。想想所有幫助你取得目前成就的人，每一位教練、顧問、支持者、老師、雇主、導師、親戚和朋友，所有在你申請大學時幫忙寫推薦信的人，所有為你的暑期工作說話的介紹人。即使有分類，更別說還要加上個人的支持者，這份名單對我們所有人來說都是無止盡。

選擇其中一、兩人，親手寫一封信給他們，讓他們知道你目前的狀況，感謝他們幫你過現在的生活。我還記得在一九九四年時，我寄信給布朗大學教授彼得·海伍德和巴雷特·海茲廷，兩人都曾為我在申請商學院時寫推薦信。

我們全都會不時出現在這個等式的兩端，全都知道會有多麼高興得知曾經受我們影響的人的消息——尤其是聽見簡單卻神奇的這句話：「謝謝你。」

我希望藉由這樣做，可以為你的感恩節以及即將收到你消息的那些人的感恩節，增添一些額外的意義！許多人跟我分享過，他們從簡單的行為得到了非凡的體驗，基於這一點，我有信心各位將會發現這件事非常值得。

對於準備慶祝美國感恩節的人，祝你們假期愉快。

一如以往，我期待接到各位的信，期待盡一切可能為大家提供協助。

祝安好

丹尼

正如我在整本書，尤其是第七章所強調的，如果新創公司的成功，很大程度來自於團隊的實力和多樣性，各位可以把這封信當成是一個機會，用來加強隨著時間變弱的羈絆。

最終學生觀點

我的課程校友喬納・費雪（Jonah Fisher）創下紀錄，比任何學生更頻繁參與跟帶領我的創業課程和研討會。因此，我認為很適合由喬納以他經歷過的各種觀點，和大家分享關於「洞察、解決、擴展」的最終學生觀點。

在紐約的摩天大樓之間成長，作為布朗大學的學生來這裡，「商業」的概念獲得了一種超然的機械化光環，彷彿它是一個由獨特的金融天氣模式所支配的世界。在我置身丹尼教室的第一天的第一分鐘，當他在黑板上以大寫字母寫上「人」這個字，作為整個學期的開始時，這個意象立刻爆裂。丹尼為我和許多人打開了一扇大門，讓我們知道，如果在個人生活和工作中劃分各種關係的優先順序，就可以解鎖強大的事物。沒有說教或是教條，丹尼幫我們了解，一旦等式中的「人」到位，機會、背景和交易就會自然來到。

過去十五年，喬納跟許多學生和我分享了我的教學對他們的影響。他們告訴我，這套「企業進程」如何影響了他們的職業，甚至人生軌道，創業課程所能影響的範圍比我想像的更大。

許多人催我寫本書，分享我傳授給他們跟幾千名創業家的創業方法。他們指出，我之前只進行了前兩個步驟。我發現也驗證了，有志創業家在學習創業時尚未滿足的需求，也發展出在布朗大學課堂上及世界各地的密集研討會中，傳授結構化企業進程的價值主張。這些學生要我寫這本書，他們的論點是，我沒有遵照自己的進程。我沒有創建永續模式，我沒有擴展價值主張來產生大規模的長期影響。我沒有放大格局思考。他們用我的教學內容，以這個巧妙的策略說服了我。

大部分的老師都說教學相長，想像有多少像這本書介紹的人跟像喬納那樣的學生教導了我！現在，令人興奮的是，我可以藉著寫書來進化我一直在傳授的方法。

跟我在第一章所說的一樣，透過過去的學生和研討會參與者所形成的正式校友網絡，實踐和教學已經彼此強化。持續的意見回饋群體讓我得以參考他們的創業經驗，琢磨改進這套進程。我很興奮能把這本書貢獻給這群人。

保持聯繫

現在的狀況是，請跟我以及各位的讀書夥伴保持聯繫。我有很多過去的學員在新事業上互相合作，並在出國時互相造訪。我以各種方式和成千上萬的前學員保持聯繫，我寫了幾百封信幫他們進入研究所和其他地方，也為許多人在各自的創業公司提供建議。

我大約每星期都會接到這些學員的消息，有時一天好幾封。例如，我昨天收到瑪莉莎．戴蒙德（Melissa Diamond）的信，她曾參加二〇一五年我在約旦所帶領的和平種子研討會。瑪莉莎是「自閉症全球之聲」的創辦人，該組織協助難民和受衝突影響的社群，以教室、家庭和社區支持位於自閉症光譜和發展障礙的孩童。她讓這個組織從一個概念發展成成功的非營利機構，在十三個受衝突影響和難民的社群中，為超過一萬六千人提供協助。在昨天的 WhatApp 訊息中，她的熱忱展現了課程校友網絡已變得強大和有意義，產生了重大的影響，而且往往是以我毫無所知的方式。

去年，你介紹我認識你以前的布朗學生艾米莉（Amelie），她的新創公司Formally讓難民更容易填寫線上的庇護表格。她邀請我在form.ally會議中發言，我在會後聯繫了一名身為移民律師的發言人士。在我們的對話中，我分享了一個敘利亞家庭的故事，他們協助過我們在約旦的全球之聲團隊，卻落入非常危險的情況。這名律師聽到故事，便聯繫她的熟人，然後我們找到把這個家庭帶到美國的方法！……這全都要感謝有機會在二〇一五年遇見你，還有介紹我認識艾米莉。我的下一步是為這個家庭找到贊助組織，以募款支持他們第一年的生活，現在要為他們的到來作準備。有很多事要做，但我從未如此興奮！謝謝你！

那天上午稍早，我收到來自特拉維夫大學過去的MBA學生莫耶·墨尼克（Moe Mernick）的WhatApp影像簡訊，他談到我們每天看似微不足道的動作，可能產生出乎意料的影響。當我看到瑪莉莎的電子郵件時，我體會到他的意思。

為了透過不斷擴展的課程校友網絡加強聯繫，每年陣亡將士紀念日的週末，我都會邀請前學員參加聚會，原本辦在我家，現在換到布朗大學尼爾森創業中心舉行。

我想邀請各位透過新的線上網絡來進行類似的活動，只開放給像各位這樣讀過這本書的人。記住，這個過程是參與性運動，不是觀賞性運動，它需要透過多樣性團隊的合作。作為各位創業旅程的下一步，我邀請大家前往 dannywarshay.com，使用額外的最新內容和資源，並加入線上團體。

期待接到大家的消息，讓我知道各位目前的進展——藉由「洞察、解決、擴展」把問題轉換成突破性的成功——以及我還能如何在這方面為大家提供協助。

致謝

就像任何創業行為一樣，寫作本書是團隊合作的結果。為了組成這支團隊，我試著尋找人脈網絡的強連結和弱連結，並從多樣性觀點受益。正如前面所說，在學生敦促我之前，我從未考慮寫書，希望現在我已讓他們引以為傲。我很興奮，想要看到寫這本書的過程會對我的課程產生什麼影響，也期待這本書會產生什麼樣的大規模長期影響。

我不採用典型的隨意名單，而是以本書許多慷慨貢獻者的背景作為區分。我和一些人在不同方面都有過合作，為了致敬，各位可能會注意到有些貢獻者不只出現在一個背景分類。

創業課程校友：艾利·唐納修、勞霍·戴伊、喬納·費雪、丹尼爾·布雷耶、利夫·西蒙斯、艾瑪·巴特勒、克莉絲汀·馬許基安、泰勒·蓋奇、戴倫·喬登、蘿拉·湯普森、茱莉·西蓋爾、希納·曹、格蘭特·葛汀、艾莉西亞·利歐、裘德·雅各·凱頓、米凱·韓德勒、賴沙·哈柯翰、希納·曹、史考特·葛瑞斯、葛文·穆高迪、凱提·劉、海莉·霍夫曼-史密斯、班恩·崔斯勒、丹恩·亞齊茲、柯提斯·史戴爾斯、安妮莉絲・蓋茲、路克・薛文、尼爾・帕利克、尼可・希默、賈斯汀・海夫特、瑪莉莎・戴蒙德、莫利・韋斯特・杜菲。

教學專家：巴雷特・海茲廷（布朗）、貝利・奈勒波夫（耶魯管理學院）、泰瑞莎・艾馬柏（哈佛商學院）、蒂芙妮・華森（史貝爾曼學院）、瑪莉安奈特・福爾摩斯（史貝爾曼學院）、芭芭拉・泰寧巴姆（布朗）、艾米莉・費瑞爾（布朗）、艾許莉・香檳（布朗）、珍妮佛・納札雷諾（布朗）、芭努・歐茲卡贊-潘恩（布朗）、艾奈爾・米爾豪斯（CareerDevs電腦科學機構）、裘德・雅各・凱頓（特拉維夫大學）、喬納・費雪（特拉維夫大學）、丹恩・尼凹米安（特拉維夫大學）、特洛伊・漢尼科夫（凱洛管理學院）、德魯・博依（辛辛那提大學）、諾姆・華瑟曼（葉史瓦大學）。

家人：黛比・賀曼博士、馬林・沃謝、蓋比・沃謝、馬修・沃謝。

專業合作者：鮑伯・強斯頓（策略創新團體）、馬塔・瑞斯（策略創新團體）、道格・貝特（策略創新團體）、曼尼・史騰、比爾・史東（OutsideGC法律事務所）、渥特・查令德（實踐創新）、曼鈕爾・卡格奈路提（儀器科技）、湯姆・路柯、艾米莉・克雷（illume hire人力公司）、梅伊・艾巴崔恩（埃及國會議員）、克里斯・布朗（Goodwin Procter律師事務所）、蓋伊・川崎。

書籍寫作專家：提姆・巴利特和艾莉絲・非弗（我在St. Martin's出版的編輯）、約翰・麥斯（我在Park & Fine的傑出經紀人）、豪伊・雅各布森、安儂・列瓦夫、約翰・藍卓、黛比・賀曼博士、傑爾・洛瑞、麥特・柯許、泰瑞・艾波特、安娜絲塔西亞・奧斯卓斯基（皇家藝術學會會員）、泰勒・蓋奇、莫利・韋斯特・杜菲。

內容專家：潔娜・茲威曼（貓耳帽計畫）、派屈克・莫尼漢（海地計畫）、安琪拉・麥錫納（海地計畫）、柯比・鮑克（海地計畫）、莎娜・格林（瑜伽老師）、班恩・崔斯勒（Imperfect）、艾瑪・巴特勒（Intimately）、鮑伯・賴斯（R&R）。

特別感謝：有些支持者值得特別一提，因為他們的貢獻遠遠超過我所預期，本書的品質不只反映了我個人的努力，也同樣反映了他們的辛勤。我太太黛比・賀曼（Deb Herman）的耐心和充滿智慧的貢獻，無人能及；她在這段寫作過程給予我的支持無人能及，就像她在我大部分的人生中所做的那樣。傑爾・洛瑞（J. R. Lowry），自從閱讀他在哈佛商學院《*Harbus*》的專欄，我就體會到他的寫作天賦，他在我難以估算的日子和小時中，慷慨地為我展示了策略及編輯技巧。而才華洋溢的豪伊・雅各布森自從我在二〇一八年鼓起勇氣，開始寫本書的第一份Google文件以來，就一直是我的寫作指引和良心。除了他豐富的寫作經驗，還有他在成書過程中提供的一切明智指導，我最珍視的是他的誠實和創造力。比爾・史東多年來在我追求創業，尤其是本書出版的過程中，始終作為我的律師支持我。他也讀了本書的幾個早期版本，給予了寶貴的指導。而我將永遠感謝我最長久的老朋友麥特・柯許（Matt Kursh），我從他在希伯來學校五年級對我丟粉筆時就認識他了。正如俗話說的，我和麥特可以替對方接著說完想說的句子。這本書的句子因為麥特傑出的洞察力、創業專業知識和寫作才能而更顯出色。各位一目了然。

【中文版註釋】（以[]標註的編碼）

[1] 又譯作「文理教育」，在古典時代，被認為所有公民都必須接受的教育。現在則包括更廣泛的領域和科目，像是人文、社會科學、自然科學；它並非法律、工商管理、資訊工程、醫學等專才訓練，又譯作文理教育。

[2] 「交換替代」之意。

[3] 美國的 Heinz 番茄醬。

[4] 英國的跨國消費品公司，由荷蘭聯合麥淇淋公司和英國利華兄弟公司合併而成，總部設在荷蘭鹿特丹和英國倫敦，產品包括食品、飲料、清潔劑和個人護理用品等等。

[5] 二〇二〇年由米凱・韓德勒（Micah Hendler）、奧斯丁・威拉赫（Austin Willacy）與莎拉・布拉特博德（Sarah Brajtbord）成立的一家創意文化轉型公司，他們透過音樂、對話與影像敘事的力量，來釋放合作對象與參與者的熱情，目標是為團隊、組織、公司和社區帶來創造力、使命感與高效的活力。

[6] 中東地區最大的創業盛會，始於二〇一三年，是每年舉辦一次、為期三天的創業馬拉松活動，由一百五十多家新創公司向他們的潛在客戶、合作夥伴和投資者展示商品、發表主題演講，目的是將中東和北非地區的創業生態系統整合在一起。

[7] Apple Inc.，一九七六年由史蒂夫・賈伯斯（Steven Jobs）等人共同創立的電腦與手機設計、軟體研究、線上服務公司，與 Amazon、Google、Microsoft、Meta 並列為美國五大科技巨擘。

[8] 一九八四年由 Apple 公司設計、開發和銷售的個人電腦系列產品，一九九八年後多被簡稱為「Mac」。

[9] 一八二二～一八九五，法國微生物學家、化學家，微生物學的奠基人之一。

[10] 三五四~四三〇，羅馬帝國末期北非的柏柏爾人，天主教的神學家、哲學家，曾任大公教會在阿爾及利亞城市安納巴的前身希波（Hippo Regius）的主教。

[11] 「pussy」也指女性的私處，媒體揭露當時的美國總統唐納・川普（Donald Trump）曾在二〇〇五年說過，女人會讓他「抓住她們的私處」。

[12] 《野性的思維》（*La Pensée Sauvage*），一九六二年，法國 Plon 出版社。

[13] 美國福特汽車創辦人。

[14] 治療和預防急性或慢性腹瀉造成的輕度脫水藥物。

[15] 美國作家、企業顧問、都市設計研究者。

[16] 指美國零售巨擘「沃爾瑪」（Walmart），以傳統的大賣場形式聞名。

[17] 柯比接受採訪時，談到籃球生涯為何如此成功，他回答：「你見過凌晨四點的洛杉磯嗎？我見過，因為那是我開始練習的時間。（Have you seen Los Angeles at 4am? I see it often because that's when I start training.）」

[18] 又稱「焦點小組」，將訪談的技巧運用於團體情境，在主持人的引導下，藉由互動過程，將參與者在不同意見交流激盪，表達經驗、情感與看法，達到收集資料的目的。

[19] 美國脫口秀主持人、電視製片人、演員、作家和慈善家，美國最具影響力的非洲裔名人之一，曾入選《時代》雜誌的百大人物。

[20] 美國企業家，「SpaceX」創辦人，「特斯拉」投資人與執行長。

[21] 位於美國舊金山的一間經營經紀業務與銀行業務之理財公司，由查爾斯・施瓦布（Charles Schwab）於一九七一年創立，為世界上大型規模折扣經紀商之一。

[22] 美國亞馬遜公司創辦人。

[23] 是全球最大型且最具影響力的環境保護宣導機構之一。

[24] 美國商人、企業家，曾擔任星巴克咖啡的執行董事長和首席執行官，美國西雅圖超音速籃球隊的前老闆。

[25] 或譯翻「無障礙服裝」，意指要讓衣服的設計和材質去適應人的需要，而不是人去遷就衣服的設計，目前多指專為殘障或行動不便人士所設計的服裝。

[26] 美國慈善組織，總部位於新澤西州肖特希爾斯（Short Hills），致力於為脊髓損傷和其他神經系統疾病引起的癱瘓尋找治療方法。這個組織名稱源自飾演電影《超人》的演員「克里斯多福・李維」，他在一場馬術比賽中意外傷及脊椎，造成全身癱瘓。

[27] 這個名詞以色情片類比，意指為了健全者的好處，物化身障人士，把他們當成模範進行勵志宣導。

[28] business-to-business，也稱「公對公」，指企業間透過電子商務的方式進行交易，並利用網際網路來支援之間各種買賣的資訊流、商流、金流、物流的經營流程與架構。

[29] 二十世紀七〇年代中期，美國商人蓋瑞・達爾（Gary Dahl）販賣的寵物石頭（Pet Rock）曾經風靡美國。

[30] Cabbage Patch dolls，一九八二年 Coleco Industries 生產的布娃娃系列玩偶，並連續三年創下玩具產業銷售紀錄，是八〇年代最受歡迎的兒童授權產品系列之一。

[31] Pokémon Go，一個跨媒體製作的作品系列，包括遊戲、動畫、漫畫、卡片遊戲及相關產品，一九九六年由任天堂於「Game Boy」平臺發行首款遊戲，因其獨特的遊戲系統廣受大眾歡迎。

[32] 社會學及教育學領域的研究方法，質性研究實際上並不是指單一種方法，而是許多不同研究方法的統稱，其中包含但不限於民族誌研究、論述分析、訪談研究等，質性研究者的目的是更深入了解人類行為。

[33] 相對於「質性調查」，量性調查是運用與社會現象有關的數學模型、理論或假設來進行，其著重的是測量過程，與其背後現象的「經驗觀察」與「數學表示」。

[34] 當個人無法在平視眼中感知到意外刺激時，就會發生不注意盲或知覺盲，這純粹是由於注意力不集中，而不是由於任何視覺缺陷。

[35] 由美國的公家機關、私營企業、民間基金會、大學院校於二〇〇〇年開辦的活動，目的是為羅德島創建和培育能夠增加當地就業的成長型公司。

[36] 為創業或發展業務的社會企業家提供支持的計畫，它提供了一系列資源，例如指導、交流機會和獲得資本的機會，目的是通過為社會企業家提供開展業務所需的工具來幫助他們在市場上取得成功。

[37] 駭客空間或黑客空間，譯自黑客和空間的組合，有的時候也叫作創作空間或創客空間，出自Make Magazine，是一個真的地方，在這裡的人們有相同的興趣，一般是在科學、技術、數碼或電子藝術，人們在這裡聚會，活動和合作。

[38] 典出《金剛經》的「不應住色生心，不應住聲、香、味、觸、法生心，應無所住而生其心。」「應無所住」並不是談什麼都不要存在，而是因為有什麼問題發生了，不可以用否定、排斥、逃避的心態，乃必須去面對，去認識，去探討，了解，要從「有」中下手才能發現，進而突破顯現「無」的修養。

[39] 位於美國阿拉斯加州中南部，全長兩百九十英里，是全美第十大河流。

[40] 位於美國阿拉斯加州惠蒂爾（Whittier）南部的美麗峽灣。

[41] 創投公司凱鵬華盈（KPCB）合夥人，史丹佛大學創業精神講師，著有《僧侶與謎語》（*The Monk and the Riddle*），並與約翰．慕林斯（John Mullins）合著《做好B計畫》（*Getting to Plan B*）。

[42] 指前期銷售低，末期銷售會有突發性增長，以其需求曲線形似曲棍球桿而命名。

[43] 哈斯拉姆（Haslam）創業與創新特聘教授，克拉克家族學院（Clark Family Faculty Research）研究員，安德森創業與創新中心（Anderson Center for Entrepreneurship and Innovation）研究主任。

[44] 阿里森商學院（Reichman University Herzliya）市場行銷學教授，研究重點是創造力、新產品開發、創新傳播、市場動態的複雜性和社交網絡效應。

[45] 耶路撒冷工程學院（Jerusalem college of engineering）資訊工程系講師。

[46] SIT 聯合創始人兼CIO（首席創新官）。

[47] 希伯來大學（Hebrew University）商學院市場行銷學教授。

[48] 在《*Nature*》發表名為〈人們會系統性地忽視減法變化〉（People systematically overlook subtractive changes）的研究論文，研究團隊設計了一系列問題解決實驗，通過這些實驗觀察人們對不同問題的處理方式。

[49] まつおばしょう（Matsuo Bashō），一六四四～一六九四。日本江戶時代的俳諧師，被譽為日本的「俳聖」。

[50] 又稱穿孔卡又稱霍爾瑞斯式卡或IBM卡，是一塊紙板，在預先知道的位置利用打洞與不打洞來表示數位訊息。現在幾乎是一個過時的記憶體，但其設計轉變成現今常用於考試及彩券投注等用途的光學劃記符號辨識卡片。

[51] 為紀念死於愛滋的親友，相關團體最早在一九八七年於華盛頓特區國家廣場鋪上逾一個足球場面積的愛滋拼被。拼被由志願者縫製提供，以八塊三呎乘六呎的拼布組成，拼布上標示紀念對象的名字及各種圖案。這個視覺展示此後成為常態活動。

[52] 一家美國的私人公司，經營著分類廣告網站，該網站設有專門的部分，專門介紹工作，住房，銷售，通緝物品，服務，社區服務，演出，簡歷和討論論壇。

[53] 美國大聯盟前職業棒球員、球探與企業家，一九九七年出任奧克蘭運動家隊的總經理，二〇一五年球季出任奧克蘭運動家的球團副總裁。他利用棒球統計學的數據作為決策依據，帶領運動家隊以少許經費立足於美國職棒大聯盟

[54] 呼應前文〈不要太早灌混凝土〉。

[55] 擁有眾多專利技術的美國發明家與企業家，主要專注於先進材料的開發應用。

[56] moonshot，原本是指發射太空船登上月球，現在意指看似難以達成、雄心十足的計畫。

[57] 卡內基鋼鐵公司（Carnegie Steel Company）是一家鋼鐵生產公司，主要由安德魯·卡內基（Andrew Carnegie）和幾位親密的合夥人創建，負責管理十九世紀末賓夕法尼亞州匹茲堡地區的鋼廠業務。該公司成立於一八九二年，隨後於一九〇一年以二十世紀初最大的商業交易之一出售，成為美國鋼鐵的主要組成部分。

[58] 美國電腦科學家和網際網路企業家，他們兩人於一九九八年共同創辦了Google。

[59] 一九六七年成立的美國平價連鎖超市。

[60] 英國生物學家、動物行為學家、人類學家和著名動物保育人士，長期致力於黑猩猩的野外研究。

[61] 990表格為免稅實體的營業稅申報表格，適用的對象包括免稅組織、政府實體與退休帳戶，用來申報與支付收入中任何與免稅無關的稅賦，可能是投資、房地產或其他資產，但只有慈善機構的990－T表格必須公開，而隸屬於個人的退休帳戶則是機密。

[62] 一種心理學工具，可以將人格分為十六種不同的類型，用於評估個人的人格特質和偏好。

[63] 美國記者、傳記作家，著有《賈伯斯傳》，曾任《時代》雜誌執行總編輯、CNN董事長兼執行長、美國廣播理事會（BBG）主席。

[64] 倫敦的第一家咖啡館，一六五九年哈林頓創立的政治辯論團體「羅塔俱樂部」，即以這家咖啡館做為活動場所，十八世紀英國知名文人「詹森博士」常和朋友在此聚會交流。

[65] 一種由美國醫療器材商 Intuitive Surgical 設計和製造，使用微創手術方式來協助進行複雜手術的機器人外科手術系統。

[66] 原書副標題。

[67] 美國經典犯罪電視電影系列，本劇集的特色是案件採用少見的「倒敘推理」，著重如何抓住犯人，而不是去查證誰是兇手，主角可倫坡的名言是：「世上沒有完美犯罪。」

[68] 一九九七年由喬・雅各布森（Joe Jacobson）成立，在二〇〇九年由臺灣的元太科技收購。

[69] 帶有棉花糖、堅果的巧克力冰淇淋或巧克力甜點。

[70] 具有競爭或對抗性質的行為稱為賽局行為，賽局理論考慮遊戲中的個體的預測行為和實際行為，並研究它們的最佳化策略，又稱「對策論」或「博弈論」。

[71] 意指以專門課程吸引周邊地區學生前來就讀的特色學校。

[72] 也稱作「內部增長」，主要是指公司透過現有資源增加生產能力、輸出更多產品或服務而獲得增長，有別於收購和合併的成長。

[73] 據稱是巴菲特創造出的說法，意思是公司高階主管投資自己公司股票，企業由利害與共的人管理，而有效降低風險。作者借用這個說法表示，雖然患難與共，但丟皮膚進去就好，不要連骨頭和肌肉都放進去。

【原書註解】

非 [ ] 標註的編碼

【參考文獻】

【全書索引】

國家圖書館出版品預行編目資料

解決問題的人：布朗大學改變世界的商業思考 / 丹尼・沃謝著；陳芙陽譯 --初版.--臺北市：平安文化, 2023.8 面；公分. --(平安叢書；第765種)(邁向成功；90)
譯自：See, Solve, Scale: How Anyone Can Turn an Unsolved Problem into a Breakthrough Success
ISBN 978-626-7181-76-8 (平裝)

494.1 112010929

平安叢書第0765種
邁向成功叢書 90

解決問題的人

布朗大學改變世界的商業思考

See, Solve, Scale: How Anyone Can Turn an Unsolved Problem into a Breakthrough Success

作　　者—丹尼・沃謝
譯　　者—陳芙陽
發 行 人—平　雲
出版發行—平安文化有限公司
台北市敦化北路120巷50號
電話◎02-27168888
郵撥帳號◎18420815號
皇冠出版社(香港)有限公司
香港銅鑼灣道180號百樂商業中心
19字樓1903室
電話◎2529-1778　傳真◎2527-0904
總 編 輯—許婷婷
執行主編—平　靜
責任編輯—蔡維鋼
行銷企劃—薛晴方
美術設計—兒日設計、李偉涵
著作完成日期—2022年
初版一刷日期—2023年8月

法律顧問—王惠光律師

讀者服務傳真專線◎02-27150507
電腦編號◎368090
ISBN◎978-626-7181-76-8
Printed in Taiwan
本書定價◎新台幣520元/港幣173元